Auf dem Weg zum neuen Mathematiklehren und -lernen 2.0

Katja Eilerts · Regina Möller ·
Tobias Huhmann
(Hrsg.)

Auf dem Weg zum neuen Mathematiklehren und -lernen 2.0

Festschrift für Prof. Dr. Bernd Wollring

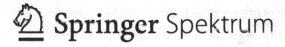

Hrsg.
Katja Eilerts
KSBF, Institut für
Erziehungswissenschaften
Humboldt-Universität zu Berlin
Berlin, Deutschland

Regina Möller
KSBF, Institut für
Erziehungswissenschaften
Humboldt-Universität zu Berlin
Berlin, Deutschland

Tobias Huhmann
Fakultät 2 – Fach Mathematik
Pädagogische Hochschule Weingarten
Weingarten, Deutschland

ISBN 978-3-658-33449-9   ISBN 978-3-658-33450-5   (eBook)
https://doi.org/10.1007/978-3-658-33450-5

Die Deutsche Nationalbibliothek verzeichnet diese Publikation in der Deutschen Nationalbibliografie; detaillierte bibliografische Daten sind im Internet über http://dnb.d-nb.de abrufbar.

Lektorat: Marija Kojic
Springer Spektrum ist ein Imprint der eingetragenen Gesellschaft Springer Fachmedien Wiesbaden GmbH und ist ein Teil von Springer Nature.
Die Anschrift der Gesellschaft ist: Abraham-Lincoln-Str. 46, 65189 Wiesbaden, Germany

Vorwort

Die vorliegende Festschrift widmen wir unserem langjährigen und geschätzten Kollegen Bernd Wollring anlässlich seines 70. Geburtstages. Wir sehen diesen Geburtstag als willkommenen Anlass, sein Lebenswerk umfassend zu würdigen. Seinem persönlichen Wunsch folgend, steht im Fokus des Festkolloquiums die Zukunft des Mathematikunterrichts und damit eng verbunden auch die Zukunft der Lehreraus- und -fortbildung. Ein glücklicher Umstand ist die Tatsache, dass dieses Jubiläum mit dem 100jährigen Bestehen der Grundschule zusammenfällt.

Die Festschrift wurde mit großer Freude und viel Elan zusammengestellt. Der Blick zurück betont, wie weitreichend Bernd Wollring die Mathematikdidaktik in den letzten Jahrzehnten geprägt hat.

Einleitend erfolgt ein kurzer Rückblick auf sein wissenschaftliches Werk und dessen Würdigung. Die weiteren Kapitel stehen im Zeichen des Lehrens und Lernens im Mathematikunterricht sowie von Inhaltsbereichen der Mathematikdidaktik, wobei einzelne Felder, die auch Bernd Wollring bearbeitet hat, berücksichtigt werden.

Die Herausgeberinnen und Herausgeber
Katja Eilerts
Regina Möller
Tobias Huhmann

Dezember 2020

Einleitung

Bernd Wollring wurde am 23.07.1949 in Unna in Westfalen geboren. Er studierte von 1969 bis 1974 Mathematik, Physik, Pädagogik und Philosophie an der Universität Münster und legte dort 1974 die ersten Staatsprüfungen für das Lehramt an Gymnasien ab. Nach einigen Monaten auf einer Assistentenstelle an der Universität Münster wechselte er zusammen mit seinem Doktorvater, Prof. W. Jäger, im Oktober 1974 nach Heidelberg. Vom 01.11.1974 bis zum 01.04.1977 wurde er aufgrund seiner hervorragenden Leistungen durch ein Promotionsstipendium des Cusanus-Werkes gefördert und schloss seine Promotion zum Thema *Anwendung stabiler Homotopie bei Existenzsätzen für nichtlineare Gleichungen* erfolgreich Anfang 1978 ab.

Bereits auf das Ende seiner Promotion zustrebend zog es ihn zurück nach Münster, und er verwaltete dort von Frühjahr 1977 bis Sommer 1978 eine Assistentenstelle im Fach Mathematik an der Pädagogischen Hochschule Westfalen-Lippe. Hier wurde er im Februar 1978 zum Wissenschaftlichen Assistenten ernannt, mit dem Aufgabenbereich Forschung und Lehre im Bereich der Didaktik der Mathematik. Vom 01.02.1982 bis zum 31.03.1983 leistete er, von der Universität Münster beurlaubt, am Bezirksseminar Münster den verkürzten Vorbereitungsdienst für das Lehramt an Gymnasien in den Fächern Mathematik und Physik und legte hier die Zweite Staatsprüfung ab. Seit Oktober 1983 war er dann an der Universität Münster im *Zentrum Wissenschaft und Praxis* mit der Organisation der Schulpraktischen Studien aller Lehrämter befasst und parallel dazu am *Institut für Didaktik der Mathematik* mit Forschung und Lehre zur Didaktik der Mathematik und der eigenen Durchführung Schulpraktischer Studien. Im Februar 1984 erfolgte die Ernennung zum Akademischen Rat, im April 1986 die zum Akademischen Oberrat.

Im Mai 1995 erhielt er am Fachbereich Mathematik der Universität Münster die venia legendi für Didaktik der Mathematik, das Thema der Habilitationsschrift lautete: *Qualitative empirische Untersuchungen zum Wahrscheinlichkeitsverständnis bei Vor- und Grundschulkindern.* Seine erfolgreichen Forschungen wurden durch zwei Sachbeihilfen der Deutschen Forschungsgemeinschaft (DFG) gefördert.

Es folgten zahlreiche Professurvertretungen: im Wintersemester 1994/1995 hat er eine C2-Professur am Fachbereich Erziehungswissenschaft der Universität Hamburg vertreten, im Sommersemester 1995 eine C3-Professur zur Didaktik der Mathematik am Fachbereich Mathematik der Universität Münster. Im Wintersemester 1995/1996 und im Sommersemester 1996 vertrat er eine C4-Professur für Mathematik und ihre Didaktik an der Erziehungswissenschaftlichen Fakultät der Universität zu Köln und im Sommersemester 1996 hat er zudem Lehraufträge an den Universitäten Dortmund und Münster wahrgenommen.

Im Jahr 1996 erhielt Bernd Wollring einen Ruf auf eine C4-Professur für *Erziehungswissenschaft unter besonderer Berücksichtigung der Didaktik der Mathematik* an der Universität Hamburg, den er im Januar 1997 wegen des Rufs aus Kassel ablehnte. Den Ruf an die Universität GH Kassel hat er 1997 als C4-Professor für *Didaktik der Mathematik* am Fachbereich Mathematik angenommen. Die Aufgaben umfassten fachdidaktische, fachinhaltliche und schulpraktische Forschung und Ausbildung in Mathematik für die Lehramtsstudiengänge der Primar- und der Sekundarstufe. Die Forschung erstreckte sich neben dem Schwerpunkt Fachdidaktik auch auf interdisziplinäre Bezüge einschließlich vieler Themen der Lehrerfortbildung.

Im Rahmen seines Forschungsschwerpunktes „Empirische Schul- und Unterrichtsforschung" hat Bernd Wollring 1998 sein nachhaltig erfolgreiches „Mathematikdidaktisches Labor für die Grundschule" am Fachbereich Mathematik der Universität Kassel eingerichtet, als Forschungslabor und Studienwerkstatt mit den Arbeitsschwerpunkten *Empirische Forschung, Design von Lernumgebungen* und *fachdidaktische Ausbildung für den Mathematikunterricht in der Grundschule.*

Die Forschungs- und Entwicklungsarbeit zum Mathematikunterricht ist für ihn ein Arbeitsfeld, das durch fachsystematische, methodische und empirisch-analytische Komponenten bestimmt ist. Einen seiner Forschungsschwerpunkte bilden empirische Untersuchungen und Unterrichtsentwicklung sowie Lernstandsanalysen zum Mathematiklernen. Diesem Ansatz liegt eine ausgeprägte experimentelle Komponente im ständigen interdisziplinären Austausch mit der Erziehungswissenschaft und der Psychologie sowie eine gezielte Kooperation mit weiteren Einrichtungen innerhalb der Universität zugrunde. Dies bezieht sich auf andere Fachbereiche (insbesondere Erziehungswissenschaft und Naturwissenschaften) und das Zentrum für Lehrerbildung (bei dem Bernd Wollring lange Zeit Vorstandsmitglied war) und Einrichtungen außerhalb der Universität, etwa dem Hessischen Kultusministerium, dem Amt für Lehrerbildung, den Studienseminaren und Institutionen der Lehrerfortbildung. Resultierend aus diesen persönlichen Intentionen und im Rahmen seiner weiteren beruflichen Entwicklung ist Bernd Wollring bis heute das Konzipieren neuer Studieninhalte und neuer Studienelemente mit dem Ziel einer langfristigen Verankerung im Lehramtsstudium besonders wichtig. Mit den neuesten Entwicklungen im Bildungssystem liegt ihm mit Maß, Argument und Ziel insbesondere die Professionalisierung zum digital unterstützten Lehren und Lernen aller am Lernprozess des Kindes Beteiligten am Herzen. Bereits Anfang der 2000er Jahre leitete Bernd Wollring die vom Hessischen Kultusministerium und vom Hessischen Ministerium für Wissenschaft und Kunst gemeinsam eingesetzte Expertengruppe, die im Januar 2003 „Empfehlungen zur Aktualisierung der Lehrerbildung in Hessen" vorgelegt hat. Unter den Vorschlägen wurden insbesondere die Neustrukturierung der Ausbildung für Grundschullehrerinnen mit einem verpflichtenden Studienelement Mathematik und die Erweiterung der Lehrerbildung mit diagnostischen Modulen auch zur Fachdidaktik umgesetzt. Sein Mathematikdidaktisches Labor trägt maßgeblich dazu bei, dafür die Forschungsbasis und ein profiliertes und praxisorientiertes Bildungsangebot zu gewährleisten. Seine Arbeitsschwerpunkte im Mathematikdidaktischen Labor, welche auch in drei Projekten von der Deutschen Forschungsgemeinschaft (DFG) gefördert wurden, lagen in den folgenden Bereichen:

- Empirische Schul- und Unterrichtsforschung: Untersuchungen zu mathematischem Lernverhalten, Aneignungsverhalten und Korrespondenzverhalten
- Empirische Forschung und Ausbildung zur fachdidaktischen Diagnostik und darauf bezogenen Ausbildungselementen in den Studiengängen der Lehrämter
- Empirische Forschung zur Entwicklung von Lernumgebungen
- Empirische Forschung in Vernetzung mit anderen Projekten in der angestrebten „Forschergruppe Empirische Schul- und Unterrichtsforschung" an der Universität Kassel

In diesem Kontext hat Bernd Wollring den Begriff der Lernumgebung und ihre Kennzeichnung für die Mathematikdidaktik besonders geprägt. Im Sinne seiner Entwicklungsforschung zur Lernumgebung ist ihm eine Rückkopplung mit Elementen der Kompetenzforschung bedeutsam, damit die Lernumgebungen keine „mathematisch imperative Schlagseite" bekommen.

Seine Forschungsarbeit ist stets eng verbunden mit seiner Lehre in der fachlichen und fachdidaktischen Ausbildung in der Mathematik für die Lehramtsstudiengänge der Primarstufe und der Sekundarstufen, da er den Forschungsergebnissen die Nutzbarkeit und Wirksamkeit in der Lehre abverlangt. Sein besonderes Anliegen liegt darin, im Rahmen interaktionspraktischer Studien gemeinsam mit Studierenden gewonnene Forschungsergebnisse Studierenden in der Ausbildung zugänglich zu machen.

Von 1977 bis 2006 war er Mitglied des Beirats der *Gesellschaft für Didaktik der Mathematik (GDM)* für das Ressort Grundschule und von 2001 bis 2003 im Team der Herausgeber des *Journals für Mathematikdidaktik (JMD)*, der Zeitschrift der Gesellschaft für Didaktik der Mathematik (GDM). Im weiteren gehörte er der Fachgruppe Mathematik der internationalen Vergleichsstudie *IGLU* an und war gutachtender Mitarbeiter des Schweizer Schulbuchs *mathbu.ch*. Einen weiteren Ruf auf eine C4-Professur nach Oldenburg lehnte er 2002 ab. Im Sommer 2003 war er im Leitungsteam des von der Europäischen Union geförderten Sokrates-Comenius-2.1-Projekts zur Lehrerbildung *Communicating Own Strategies in Mathematics Teaching (COSIMA)*, an dem Wissenschaftler und Lehrer aus Großbritannien, Tschechien und Deutschland beteiligt waren. Ferner war er an dem von der Europäischen Union geförderten Sokrates-Comenius-2.1-Projekt *Initiating Innovative Approaches in Teaching Mathematics (IIATM)* zur Lehrerbildung mit Partnern in Großbritannien, Griechenland, Tschechien und Deutschland beteiligt.

An der Universität Kassel hat er sich sehr engagiert und drei Jahre das Amt des Dekans wahrgenommen. Besonderes Interesse und Engagement hat er in dieser

Zeit dem fachbereichsübergreifenden Zentrum für Lehrerbildung an der Universität Kassel gewidmet. Seit seiner Gründung 2001 war er Mitglied im Vorstand und hat es erfolgreich von 2006 bis 2011 geleitet. Im Rahmen der *Kasseler Forschergruppe zur empirischen Bildungsforschung* hat er gemeinsam mit Prof. Helmut Vogt (Biologie) ein DFG-Projekt zu Schülerbearbeitungen von Modellbildungen in den Fächern Biologie und Mathematik durchgeführt.

Seit 2011 ist er Mitglied im Team der Aufgabenentwickler zu VERA3 und seit 2015 Mitglied im Wissenschaftlichen Beirat der Stiftung „Haus der kleinen Forscher".

Am 31.03.2015 wurde er in den "Un-"Ruhestand versetzt und ist seitdem deutschlandweit an verschiedenen Universitäten als Lehrbeauftragter sowie im Rahmen von Vorträgen und Fortbildungen tätig. Er ist ein besonders geschätzter Kollege und stets sehr positiv evaluierter Dozent bei Studierenden und Lehrkräften.

Bernd Wollring hat durch seine Beteiligung an der politischen und wissenschaftlichen Diskussion immer an prominenter Stelle, die zahlreichen Initiativen in seinem je eigenen Bereich und seine persönlichen Forschungs- und Entwicklungsarbeiten die Reformen der letzten Jahre in Bildung und Ausbildung sowohl auf Schul-, wie auf Hochschulebene wesentlich mitgeprägt. Dieser Grundgedanke hat auch den Titel der vorliegenden Festschrift „Wege zum neuen Mathematiklehren und -lernen 2.0" geliefert, der – ganz im Sinne von Bernd Wollring – Beiträge zu einem aktuellen Thema aus verschiedenen Perspektiven beleuchtet und zur Diskussion stellt.

Die Beiträge der vorliegenden Festschrift stehen im Zeichen vom Lehren und Lernen im Mathematikunterricht sowie von Inhaltsbereichen der Mathematikdidaktik, wobei einzelne Felder, die auch Bernd Wollring bearbeitet hat, berücksichtigt werden.

Mit einer Art Prolog beginnt Hedwig Gasteiger zum Thema „Mathematikdidaktik im Spannungsfeld zwischen Empirie und Praxis – Gedanken zu möglichen Positionierungen".Sie zeigt uns Mathematikdidaktik als stark vernetzte Wissenschaft, die sich in einem ausgeprägten Spannungsfeld zwischen Empirie und Praxis befindet. Dabei betont sie das gewinnbringende Miteinander der verschiedenen Positionen sowie die Notwendigkeit der stetigen Reflexion der eigenen Position als MathematikdidaktikerIn.

Petra Scherer berichtet in ihrem Beitrag zum Thema „Umgang mit Vielfalt im Mathematikunterricht der Grundschule – Welche Kompetenzen sollten Lehramtsstudierende erwerben?" von praxisorientierten Lehrveranstaltungsangeboten, die Lehramtsstudierende auf den Umgang mit Heterogenität vorbereiten. Dabei gilt es, gleichermaßen fachliche, fachdidaktische und sonderpädagogische Aspekte zu berücksichtigen. Sowohl die Erfahrungen, als auch die daraus gewonnenen Erkenntnisse werden vorgestellt.

Ausgehend von der Frage, ob formative Assessments im alltäglichen Mathematikunterricht der Grundschule gelingen können, stellen Maike Hagena, Michael Besser und Werner Blum eigene Untersuchungen an. Die AutorInnen weisen in ihrem Beitrag „Individuelle Diagnose und lernprozessbegleitende Rückmeldung im Mathematikunterricht der Grundschule" mit einer empirischen Studie in einer zweiten Klasse positive Ergebnisse nach und stellen den erforderlichen Mehraufwand heraus, den formative Assessments für Lehrkräfte bedeuten.

Nora Haberzettl und Tatjana Hein beschäftigen sich in ihrem Beitrag „Förderung des mathematischen Argumentierens im Inhaltsbereich Raum & Form bei mathematisch begabten Kindern der 4. Klasse" mit der Annahme, dass Lernende, die selbst Lehrverantwortung übernehmen, dabei ihr mathematisches Argumentationsvermögen verbessern (Lernen durch Lehren). Sie beschreiben ein konkretes Unterrichtssetting, in dem sich mathematisch begabte Lernende zunächst intensiv mit einem mathematischen Thema auseinandersetzen, um anschließend in die Rolle der Lehrenden zu schlüpfen. Im Rahmen der Auswertung der Ergebnisse zeigen sich positive Effekte; die Autorinnen weisen jedoch auch darauf hin, dass es weiterer klärender Untersuchungen bedarf, inwieweit diese Effekte tatsächlich durch die Rollenübernahme zustande kamen.

Kathleen Philipp stellt in ihrem Beitrag „Facetten diagnostischer Kompetenz im Fach Mathematik" fest, dass der allgemein anerkannten großen Bedeutung der diagnostischen Fähigkeiten von Lehrpersonen für den Unterrichtserfolg eine überraschend unzureichende Ausbildung diagnostischer Kompetenzen gegenübersteht. Sie ermöglicht in ihrem Beitrag einen Einblick in die Breite unterschiedlicher Konzeptualisierungen diagnostischer Kompetenz aus fachdidaktischer Perspektive.

Jens Holger Lorenz plädiert in seinem Beitrag „Die Entwicklung mathematischer Ideen von der Grundschule bis in die Sekundarstufe – Eine mögliche Ausrichtung in der Lehrerausbildung" dafür, dass Grundschullehrkräfte im Mathematikunterricht nicht in abgeschlossenen Unterrichtsinhalten denken und sich bei ihren Aufgabenstellungen der Tragweite der darin enthaltenen Ideen bewusst werden. Er zeigt auf, dass die Trennung von fachlichen und fachdidaktischen Themen in der Lehrerausbildung die Zusammenführung von Inhalten aus verschiedenen, auch außermathematischen Bezugsfeldern erschwert. Anhand ausgewählter Beispiele beschreibt er die Entwicklungsverläufe von mathematischen Ideen von Kindern während der Schulzeit und zeigt, dass die in der Grundschule angelegten Ideen sich im Laufe der Jahre ständig anreichern.

Elke Binner greift mit ihrem Beitrag zum Thema „Lernumgebungen – Chancen für Unterrichtsentwicklung nutzen" Wollrings sechs Leitideen zu Lernumgebungen in Unterrichts- und Schulentwicklungsprozessen auf und setzt sie in Bezug zu eigenen Erfahrungen als Fachberaterin. Im Hinblick auf die angestrebte Qualitätssicherung und -entwicklung im Unterricht fordert sie, das Denken in Lernumgebungen systemisch zu etablieren.

Tobias Huhmann und Ellen Komm beschäftigen sich unter dem Titel „Entdeckendes Lernen in substantiellen Lernumgebungen fördern: Zur systematischen Gestaltung von Spiel- und Dokumenten-Räumen" mit der Wechselwirkung von entdeckendem Lernen und dessen Dokumentation durch die Lernenden. Aus ihrer durch die vieljährige Begleitung von Studierenden im Praxissemester gewonnenen Erfahrung sowie mit umfänglichen Theoriebezügen zum entdeckenden Lernen entwickelten sie ein Konzept zur reziproken Gestaltung von Spiel- und Dokumentenräumen in substantiellen Lernumgebungen mit dem Ziel, Prozesse des Entdeckens durch die Verwendung selbst erstellter Dokumentationen zu ermöglichen, zu unterstützen und zu vertiefen. Sie gehen in diesem Kontext wichtigen Fragen zu den Bedingungen für die erfolgreiche Gestaltung von Dokumentations- und Dynamisierungsprozessen nach.

Simone Reinhold stellt in ihrem Beitrag „Erkunden, Entdecken und Dokumentieren im Mathematikunterricht der Grundschule: Konsequenzen für das Studium künftiger Grundschulmathematiklehrkräfte?" die Frage, inwieweit das Konzept Lernumgebungen Aspekte des Erkundens, Entdeckens und Dokumentierens berücksichtigt. Daran schließt sich die Frage an, welche Bedeutung diese

Aspekte für die Praxis des Grundschulmathematikunterrichts und für die Gestaltung von Studienszenarien für Lehrkräfte haben. Insbesondere betrachtet sie, inwiefern Ansätze des forschenden Lernens eine entsprechende Haltung zur Realisierung des Erkundens, Entdeckens und Dokumentierens bei zukünftigen Grundschullehrkräften fördern können.

Jessica Hoth und Aiso Heinze thematisieren das Schätzen von Längen in der Grundschule. Sie beschreiben in ihrem Beitrag „Das Schätzen von Längen in der Grundschule: Welche Schätzsituationen sollten im Mathematikunterricht thematisiert werden?" zunächst die Vielfalt der möglichen Anforderungen in alltäglichen Schätzsituationen. Anschließend leiten sie daraus Kriterien für die Gestaltung von Schätzaufgaben ab und illustrieren sie anhand von Beispielen.

Steven Beyer, Dominik Bechinie und Katja Eilerts betrachten in ihrem Beitrag „Digitale Assistenz in der Schul- und Lehrkräftebildung" – ausgehend vom Begriff der Lernumgebung im Wollringschen Sinne – zwei Teilprojekte aus dem math.media.lab der Humboldt-Universität zu Berlin, die sich mit zwei konkreten Einsatzmöglichkeiten von Assistenzsystemen im Mathematikunterricht der Grundschule und ihrer Gestaltung auseinandersetzen. Die Projekte stehen beispielhaft für die fortwährende Auseinandersetzung mit gewonnenen Erkenntnissen über zeitgemäßen Medieneinsatz im Mathematikunterricht sowie zeitgemäßer LehrerInnenbildung.

„Zur aktuellen Bedeutung von Algorithmen im Mathematikunterricht – Perspektiven der Digitalisierung" stellen Regina Möller, Katja Eilerts, Peter Collignon und Steven Beyer in ihrem Beitrag fest, dass sich sowohl die Rolle als auch die Bedeutung von Algorithmen im Mathematikunterricht in den letzten 30 Jahren erheblich verändert hat. Sie fordern eine Analyse des aktuellen Bedarfs im Mathematikunterricht, insbesondere mit Blick auf die Herausforderungen einer zunehmend digitalisierten Lebenswelt.

Gerhard Stettler hält zum Thema „Gleichgewicht „Invention – Konvention": Versuche mit dem Rhombendodekaeder" ein Plädoyer für die Aufnahme des Rhombendodekaeders in den bei dem Thema Körper traditionell stark vom Würfel dominierten Geometrieunterricht der Grundschule. Er zeigt das reiche Entdeckungspotenzial, das sich aus dem Zerlegen und neu Zusammensetzen des Körpers ergibt. Als theoretische Grundlage zieht er Bernd Wollrings Anregung, im Mathematikunterricht ein Gleichgewicht zwischen Invention und Konvention herzustellen, heran.

Lorenz Luginbühl stellt abschließend zum Thema „Zur Neurobiologie des Gleichgewichts „Invention – Konvention": Was kann die Mathematikdidaktik von Kindern mit einer Entwicklungsdyspraxie und -dyskalkulie lernen?" fest, dass sich aus grundlegenden Aspekten der Neurobiologie und Ideen der Mathematik sowie Beobachtungen in der entwicklungsneurologischen Praxis Schlussfolgerungen für die Mathematikdidaktik ergeben. Er skizziert einige dieser Grundlagen, stellt ausgewählte Beobachtungen dar und legt daraus abgeleitete Ideen für die Mathematikdidaktik vor.

Bei all den guten Erinnerungen haben wir die Hoffnung, ja mehr noch die Gewissheit, dass das Jubiläum seines 70. Geburtstages nicht der definitive berufliche Abschied von Professor Wollring ist, sondern dass wir weiterhin von seinem Rat, seiner Erfahrung und seinem Engagement profitieren dürfen. Wir danken ihm für die gute Zusammenarbeit in persönlicher und menschlicher Nähe. Er bleibt stets ein hochgeschätzter Weggefährte auf den Wegen zum neuen Mathematiklehren und -lernen 2.0.

Die Herausgeberinnen und Herausgeber

Humboldt-Universität zu Berlin	Katja Eilerts
Humboldt-Universität zu Berlin	Regina Möller
Pädagogische Hochschule Weingarten	Tobias Huhmann

Inhaltsverzeichnis

Herausgeber- und Autorenverzeichnis

Über die Herausgeber

Katja Eilerts KSBF, Institut für Erziehungswissenschaften, Humboldt-Universität zu Berlin, Berlin, Deutschland

Tobias Huhmann Fakultät 2 – Fach Mathematik, Pädagogische Hochschule Weingarten, Weingarten, Deutschland

Regina Möller KSBF, Institut für Erziehungswissenschaften, Humboldt-Universität zu Berlin, Berlin, Deutschland

Autorenverzeichnis

Dominik Bechinie Institut für Erziehungswissenschaften, Abteilung Grundschulpädagogik – Lernbereich Mathematik und ihre Didaktik, Humboldt-Universität zu Berlin, Berlin, Deutschland

Michael Besser Institut für Mathematik und ihre Didaktik, Leuphana Universität Lüneburg, Lüneburg, Deutschland

Steven Beyer Institut für Erziehungswissenschaften, Abteilung Grundschulpädagogik – Lernbereich Mathematik und ihre Didaktik, Kultur-, Sozial- und Bildungswissenschaftliche Fakultät, Erziehungswissenschaften, Mathematik Primarstufe, Humboldt-Universität zu Berlin, Berlin, Deutschland

Elke Binner Dipl.Fachlehrerin Mathematik/Physik, Land Brandenburg, Potsdam, Deutschland;
Humboldt Universität zu Berlin, Berlin, Deutschland

Werner Blum Institut für Mathematik, Universität Kassel, Kassel, Deutschland

Peter Collignon Erziehungswissenschaftliche Fakultät, Mathematik, Universität Erfurt, Erfurt, Deutschland

Katja Eilerts Institut für Erziehungswissenschaften, Abteilung Grundschulpädagogik – Lernbereich Mathematik und ihre Didaktik, Kultur-, Sozial- und Bildungswissenschaftliche Fakultät, Erziehungswissenschaften, Mathematik Primarstufe, Humboldt-Universität zu Berlin, Berlin, Deutschland

Hedwig Gasteiger Professorin für Mathematikdidaktik, Universität Osnabrück, Osnabrück, Deutschland

Nora Haberzettl Studienseminar GHRF, Kassel/Eschwege, Deutschland

Maike Hagena Fachbereich der Mathematik, der Informatik und des mathematischen Anfangsunterrichts, Universität Hamburg, Hamburg, Deutschland

Tatjana Hein Grundschule Am Heideweg, Kassel, Deutschland

Aiso Heinze Abteilung Didaktik der Mathematik, IPN – Leibniz-Institut für die Pädagogik der Naturwissenschaften und Mathematik, Kiel, Deutschland

Jessica Hoth Abteilung Didaktik der Mathematik, IPN – Leibniz-Institut für die Pädagogik der Naturwissenschaften und Mathematik, Kiel, Deutschland

Tobias Huhmann Pädagogischen Hochschule Weingarten, Weingarten, Deutschland

Ellen Komm Pädagogischen Hochschule Weingarten, Weingarten, Deutschland

Jens Holger Lorenz Pädagogischen Hochschule Heidelberg, Institut für Mathematikund Informatik, Heidelberg, Deutschland

Lorenz Luginbühl Universität Freiburg, Freiburg, Schweiz

Regina Möller Kultur-, Sozial- und Bildungswissenschaftliche Fakultät, Erziehungswissenschaften, Mathematik Primarstufe, Humboldt-Universität zu Berlin, Berlin, Deutschland

Kathleen Philipp Institut Primarstufe, Professur für Mathematikdidaktik und ihre Disziplinen, Pädagogische Hochschule FHNW, Basel, Schweiz

Simone Reinhold Institut für Pädagogik und Didaktik im Elementar- und Primarbereich, Universität Leipzig, Leipzig, Deutschland

Petra Scherer Fakultät für Mathematik, Didaktik der Mathematik, Universität Duisburg-Essen, Essen, Deutschland

Gerhard Stettler Langnau im Emmental, Bern, Schweiz

Mathematikdidaktik im Spannungsfeld zwischen Empirie und Praxis – Gedanken zu möglichen Positionierungen

Hedwig Gasteiger

1 Einleitung

Mit der Übernahme einer Professur für Mathematikdidaktik geht in der Regel der Auftrag einher, das Fachgebiet in Forschung und Lehre zu vertreten. Hierin besteht zunächst kein Spannungsfeld. In einigen Wissenschaftsdisziplinen und Fachgebieten – man mag etwa an die reine Mathematik oder die theoretische Physik denken – gibt es per se (von Grundlagenveranstaltungen einmal abgesehen) inhaltlich eine relativ hohe Deckung zwischen Forschung und Lehre, da die Lehre eng an die Forschung geknüpft ist. Der Gedanke an Praxis oder an Anwendung spielt nicht zwangsläufig eine Rolle. Zwar ist auch die Lehre in der Mathematikdidaktik (oder auch in allen anderen Fächern, die im Lehramtsstudium verortet sind) mit empirischen Erkenntnissen verknüpft, es gilt jedoch über ein

---

Mathematikdidaktik ist als wissenschaftliche Disziplin mit vielen anderen Bezugswissenschaften vernetzt. Darüber hinaus befindet sich Mathematikdidaktik – wohl mehr als viele eher grundlagenorientierte Wissenschaftsdisziplinen – in einem Spannungsfeld zwischen Empirie auf der einen und Praxis auf der anderen Seite. Dies erfordert immer wieder, zu reflektieren, wo man sich als Mathematikdidaktikerin, als Mathematikdidaktiker positionieren kann oder auch sollte. Der Prolog dieser Festschrift folgt Gedankenspuren, die von den Wurzeln der Mathematikdidaktik als Disziplin ausgehen, Spannungen aufzeigen, eine Positionsbestimmung anregen und Fragen nach der Wirksamkeit anstoßen. Zum Festkolloquium anlässlich des 65. Geburtstages von Bernd Wollring am 31. Oktober 2014 wurden diese Gedanken an der Universität Kassel vorgetragen.

H. Gasteiger (✉)
Professorin für Mathematikdidaktik, Universität Osnabrück, Osnabrück, Deutschland
E-Mail: hedwig.gasteiger@uni-osnabrueck.de

© Springer Fachmedien Wiesbaden GmbH, ein Teil von Springer Nature 2022
K. Eilerts et al. (Hrsg.), *Auf dem Weg zum neuen Mathematiklehren und -lernen 2.0*,
https://doi.org/10.1007/978-3-658-33450-5_1

Vermitteln des Stands der Forschung hinaus, den Studierenden ein solides Fundament zu bereiten, damit sie ihrer späteren Aufgabe als Lehrerinnen und Lehrer im Unterrichtsalltag gut nachkommen und Mathematik möglichst optimal unterrichten können. Nimmt man überdies die Praxis im Sinne des Schulalltags jenseits der Ausbildung in den Blick, eröffnet sich für Professorinnen und Professoren der Mathematikdidaktik zusätzlich auch noch das Aufgabenfeld des Praxistransfers empirischer Erkenntnisse in Fort- und Weiterbildung. Das von Empirie[1] und Praxis aufgespannte Feld ist weit und vielschichtig. So ergibt sich zwangsläufig für jeden von uns Mathematikdidaktikerinnen und −didaktikern die Frage, wo man sich in diesem breiten Feld positioniert.

Einige Gedankenspuren mögen helfen bei dieser Positionierung, die letztendlich jeder für sich selbst vornehmen muss: Wo kommt die Mathematikdidaktik eigentlich her? Wo stehen wir als Mathematikdidaktikerinnen und Mathematikdidaktiker aktuell? Welche Spannungen gilt es auszuhalten oder auch beiseite zu räumen? Was könnte oder sollte unser Ziel sein und woran wollen wir uns messen lassen?

Diese Gedankenspuren erheben nicht den Anspruch einer bis ins Detail fundierten Aufarbeitung der Thematik, sondern sind sicherlich auch subjektiv geprägt. Jeder möge für sich entscheiden, inwieweit sie als Gedanken− oder Diskussionsanregung dienlich sind.

2   Wo kommt die Mathematikdidaktik eigentlich her?

Dieser Frage könnte man sehr umfassend nachgehen. Eine sehr schöne Aussage dazu findet sich bei dem deutschen Mathematiker Alfred Pringsheim (1850–1941). In seiner Rede „Ueber Wert und angeblichen Unwert der Mathematik" an der königlich bayerischen Akademie der Wissenschaften am 14. März 1904 in München sprach er sich klar dafür aus, dass es „wert ist" – oder noch besser – „Not tut", sich mit dem Lehren einer so komplexen Wissenschaft wie der Mathematik explizit professionell zu beschäftigen.

> „*Lehren* ist eine schwere *Kunst*, und das Lehren der mathematischen Anfangsgründe der schwersten eine. Nun wird man ja niemals darauf rechnen dürfen, durch Unterweisung *Künstler* zu erziehen. ... Ich möchte diese Bemerkung nicht etwa in *dem* Sinne

---

[1] Hier wurde bewusst der Begriff der Empirie (nicht etwa der der Theorie) gewählt, da empirisch zu arbeiten einen wesentlichen Teil des Auftrags der Forschung, der an Professuren ergeht, ausmacht. Theorien oder Hypothesen werden empirisch überprüft und/oder es werden empirische Befunde generiert, welche zur Theoriebildung führen.

verstanden wissen, daß ich die ... *höhere* wissenschaftliche Ausbildung der Lehrer für überflüssig halte: ganz im Gegenteil! Aber ebenso notwendig, ja noch notwendiger wäre doch eine systematische Ausbildung in der Kunst, Elementarmathematik zu lehren. ...Was uns in Wahrheit not täte, das sind Universitäts-Vorlesungen und Seminar-Übungen aus dem Gebiete der *mathematischen Pädagogik,* welche sich auf alle einzelnen in den Mittelschulen zu lehrenden Disziplinen zu erstrecken hätten. ... Aber, ... aller Wahrscheinlichkeit nach würde die Durchführung jenes Planes die Errichtung besonderer Lehrstühle für *mathematische Pädagogik* erfordern." (Pringsheim, 1904, S. 28 f., Hervorhebungen im Original)

Pringsheim bemängelt die große Divergenz zwischen den Inhalten der Fachvorlesungen und den „Lehrgegenständen der Schule" (Pringsheim, 1904, S. 28) und spricht sich in seiner Rede Anfang des zwanzigsten Jahrhunderts für die Schaffung von Professuren für „mathematische Pädagogik" aus. Er betont, dass die Kunst des Lehrens auch ein gewisses „Können" jenseits des Fachwissens als Grundlage braucht, welches nur durch solide, universitäre Bildung und nicht im Sinne eines ethisch bedenklichen „Experimentierens an Schülern" (Pringsheim, 1904, S. 29) erworben werden kann.

Während also in der Ausbildung der angehenden Lehrkräfte lange Zeit *nur* fachwissenschaftliche Veranstaltungen vorgesehen waren, gewann zunehmend eine Disziplin an Bedeutung, die das Lehren von Mathematik fokussierte (ohne dabei den Fachbezug außer acht zu lassen). Felix Klein (1849–1925) – Mathematiker und Zeitgenosse Pringsheims – unterstützte dieses Ziel und prägte die frühe Mathematikdidaktik mit den verschiedenen Bänden seines Werks „Elementarmathematik vom höheren Standpunkte aus" (z. B. Klein, 1967). Die fachlichen Zusammenhänge zu verstehen wurde als wichtig erachtet und galt bzw. gilt als eine wichtige Basis, um mathematische Gesetzmäßigkeiten erfolgreich zu lehren. Das erfolgreiche Lehren dieser Inhalte schien aber offensichtlich neben der Fachlichkeit noch anderes „Können" zu erfordern.

Diese Zusammenhänge wurden auch von Seiten der Psychologie als wichtig erachtet. Der Psychologe Jerome Bruner (1915–2016) betonte unmissverständlich, dass Lehren nur erfolgreich sein kann, wenn der Lehrende die Struktur eines Gegenstandes gut durchdrungen hat (Fachlichkeit). Erst dann kann ein Herunterbrechen der Fachinhalte auf die Verständnisebene der Lernenden (wiederum ein anderes „Können" als die reine Fachlichkeit) gelingen:

„How do we tailor fundamental knowledge to the interests and capacities of children? ... It requires a combination of deep understanding and patient honesty to present physical or any other phenomena in a way that is simultaneously exciting, correct, and rewardingly comprehensible." (Bruner, 1965, S. 22)

Die Mathematikdidaktik zeigt in ihren Anfängen also in erster Linie Bezüge zur Bezugswissenschaft Mathematik, aber auch zur Psychologie.

3   Mathematikdidaktik heute

Heute haben wir Professuren im Sinne Pringsheims – zwar nicht für „mathematische Pädagogik", aber für Mathematikdidaktik. Allerdings stellt sich der Kontext, in dem Mathematikdidaktik heute steht, nicht so klar umrissen dar, wie noch in den Anfängen, wo in erster Linie die Mathematik mit Fragen, welche Unterrichtsinhalte bedeutsam sind und wie diese vermittelt werden können, im Mittelpunkt stand.

Nach wie vor ist Mathematikdidaktik natürlich aufs Engste verbunden mit der Fachdisziplin Mathematik – geht es doch nach wie vor darum, das Lernen mathematischer Inhalte so erfolgreich wie möglich zu gestalten. Mathematikdidaktik kann also immer noch eine Mittlerfunktion zwischen Mathematik und Unterrichtspraxis zugeschrieben werden.

Dennoch wirft Mathematikdidaktik als wissenschaftliche Disziplin heute einen deutlich weiteren Blick auf die Unterrichtspraxis:

- Mathematikdidaktik untersucht, ob und unter welchen Bedingungen Lehren und Lernen erfolgreich sein kann und welche Grundvoraussetzungen dafür gegeben sein müssen. Dazu gehören Grundfragen und Überlegungen, für deren Beantwortung auf Erkenntnisse aus den Bezugswissenschaften (z. B. Psychologie, Pädagogik, Soziologie, Neurowissenschaft u.v.m.) zurückgegriffen wird. Mathematikdidaktische Forschung findet also vernetzt mit diversen anderen Wissenschaftsdisziplinen und mit der Praxis statt.
- Mathematikdidaktik entwickelt Konzepte, mit denen Lehren und Lernen von Mathematik gelingen kann. In diesem Fall findet Entwicklungsarbeit statt, bei der in erster Linie die Vernetzung von Mathematikdidaktik mit dem Fach Mathematik und der Unterrichtspraxis deutlich wird. Es spielt also erneut – wie unter anderem von Pringsheim, Klein oder Bruner betont – Fachlichkeit eine wichtige Rolle. Wenn Konzepte evaluiert werden oder Forschung designbasiert erfolgt, verortet sich Mathematikdidaktik darüber hinaus auch empirisch.

Vernetzungen mit Bezugswissenschaften, der Unterrichtspraxis und der Mathematik sowie eine empirische Verortung bilden sicherlich nicht vollständig die Komplexität ab, in der sich die Mathematikdidaktik heute bewegt. Jedoch lässt

sich sagen, dass oftmals nicht alle Beziehungen und Zusammenhänge in der Forschung und auch in der Praxis gleichermaßen berücksichtigt werden können,
da z. B. aus pragmatischen Gründen oder aufgrund des Erkenntnisinteres-
ses Prioritäten gesetzt werden (müssen). Es lässt sich also erahnen, dass sich
Mathematikdidaktik durchaus in einem Spannungsfeld befinden kann.

4 Spannungsfelder

Das Beziehungsgefüge mathematikdidaktischer Forschung und Arbeit zeigt
bereits, dass es Mathematikdidaktikerinnen und Mathematikdidaktikern wohl
kaum gelingen kann, alle Vernetzungen immer in eigentlich notwendigem Maße
zu berücksichtigen. Manche haben sich für die eigene Arbeit bereits positioniert
und setzen klare Schwerpunkte z. B. bei der inhaltlichen Entwicklung oder bei
der Grundlagenforschung, andere versuchen das gesamte Netzwerk abzudecken.
Will man eine eigene Positionierung fundiert vornehmen, lohnt es sich, noch tiefer
einzudringen. Dabei treten weitere Spannungsfelder zutage.

4.1 Spannungsfeld Empirie

In der mathematikdidaktischen Community gibt es allein was das Feld der Forschung anbelangt verschiedene Schwerpunktsetzungen und auch konkurrierende
Standpunkte. Vor allem die Fragen, ob und inwiefern Entwicklung als Forschung
bezeichnet werden kann bzw. ob rein grundlagenorientierte Fragestellungen in
der Mathematikdidaktik Berechtigung haben, wurde teilweise erbittert diskutiert.
Als Gegenpole mögen „design science" (Wittmann, 1992) oder Stoffdidaktik auf
der einen Seite und empirische Bildungsforschung auf der anderen Seite angesehen werden. Ob es sich dabei wirklich um Kontrapositionen handelt, oder ob
nicht eine Integration beider Perspektiven langfristig gewinnbringend sein kann,
mag jeder selbst entscheiden. Ein gut entwickeltes Konzept sollte die empirische
Evaluation genauso wenig scheuen, wie Testinstrumente, die in der Bildungsforschung eingesetzt werden, auf fachlich−inhaltlich fundierten Überlegungen
beruhen sollten.

Auch hinsichtlich der Forschungsmethoden gibt es teilweise extreme Positionierungen, die in der Vergangenheit mit „Grabenkämpfen" einhergegangen sind
oder noch einhergehen. Konkret handelt es sich um die Fragestellung, ob „gute" mathematikdidaktische Forschung qualitativ oder quantitativ erfolgen soll.
Sind in der Mathematikdidaktik eher sozial−konstruktivistische Perspektiven oder

theorieprüfende Verfahren zielführend? Diese Frage wurde bewusst polarisierend gestellt. Letztlich mag auch hier eine Berücksichtigung beider Perspektiven entscheidend sein, wenn es darum geht, die Schulpraxis wirklich voranzubringen. Und je nachdem, ob es um Interventionsforschung, Entwicklungsforschung, Unterrichtsforschung, Grundlagenforschung, Evaluationsforschung, … geht, kann eine detaillierte qualitative Analyse oder die Bestätigung oder Ablehnung einer Hypothese mittels einer Studie mit kontrolliertem Design (wie es beispielweise in der psychologischen Forschung üblich ist) genau die richtige Methode sein, die die Arbeit in der Praxis voranbringen kann. Gegebenenfalls sind es jedoch auch Methodentriangulation oder der Einsatz von „mixed methods", die die entscheidenden, weiterführenden Ergebnisse bringen.

4.2 Praxis im Spannungsfeld

Nicht genug damit, dass eine Positionierung hinsichtlich der Forschungsausrichtung Mathematikdidaktikerinnen und Mathematikdidaktikern einiges an Überlegungen abverlangt. Auch die Praxis, mit der wir uns beschäftigen, ist einem Spannungsfeld unterworfen. Dieses Spannungsfeld eröffnet uns Mathematikdidaktikerinnen und Mathematikdidaktikern wiederum viele Möglichkeiten, sich inhaltlich zu positionieren – egal, ob es um Forschungsgegenstände oder um Zielsetzungen im Praxistransfer geht.

Unterrichtspraxis erfordert auf der einen Seite einen flexiblen und adäquaten Umgang mit Schülerinnen und Schülern und ihren individuellen Dispositionen und Lernvoraussetzungen. Auf der anderen Seite erfolgt unterrichtliches Handeln unter bestimmten Rahmenbedingungen und auf der Basis amtlicher Vorgaben, wie z. B. Bildungsstandards oder Curricula. Nicht nur Schülerinnen und Schüler, sondern auch Lehrkräfte, die das Unterrichtsgeschehen maßgeblich gestalten, bringen sehr unterschiedliche Voraussetzungen mit. Diese umfassen z. B. die persönliche Einstellung zum Lehren und Lernen, den fachlichen Hintergrund, das fachdidaktische Wissen, ein flexibles Methodenrepertoire, diagnostische Expertise und vieles mehr. Mit der Kompetenz und den Voraussetzungen bei den Lehrkräften eng verbunden sind regional und überregional unterschiedliche konzeptionelle Ausgangsbedingungen und Strukturen in der Aus−, Fort− und Weiterbildung – mit verschiedenen Wirkmechanismen, die bislang noch nicht systematisch untersucht sind.

5   Ziele mathematikdidaktischer Arbeit und die Umsetzung in der Realität

Versucht man nun, sich in der in den vorangegangenen Abschnitten geschilderten Komplexität der Wissenschaftsdisziplin Mathematikdidaktik zu positionieren, hilft es, ein festes Ziel vor Augen zu haben. Mathematikdidaktik wird gemeinhin umschrieben als Wissenschaft des Lehrens und Lernens von Mathematik. Es geht also um Fragestellungen, wie z. B.

- Welche Inhalte sind je nach Schulstufe oder Schulart sinnvoll, notwendig?
- Wie sollen die jeweiligen Inhalte gelehrt, unterrichtet werden? Wie können sie gelernt werden? Wann ist Instruktion nötig, wann ist eine konstruktiv−anregende Gestaltung von Lernumgebungen geeignet?
- Wie entwickeln sich verschiedene mathematische Kompetenzen?
- Was beeinflusst den Lernerfolg – auf Seiten der Schülerinnen und Schüler, der Methoden, der Lehrkräfte, der Rahmenbedingungen?
- Über welche Kompetenzen sollten Lehrpersonen verfügen, um Mathematiklernen erfolgreich begleiten und gestalten zu können?
- Wie muss Aus− und Weiterbildung konzipiert, gestaltet und organisiert werden, damit diese Kompetenzen erreicht werden können?

Diese Fragestellungen können in verschiedene Richtungen verfeinert werden und lassen sich natürlich noch fast beliebig ergänzen. Zusammenfassend könnte man jedoch eine vergleichsweise plakative Formulierung wagen: Das Ziel jeglicher mathematikdidaktischer Forschung und Arbeit sollte sein, die entsprechenden wissenschaftlich fundierten Grundlagen zu legen, damit Schülerinnen und Schüler bestmöglich Mathematik lernen können.

Ein kritischer und vielleicht pessimistischer Blick in die Realität mag zunächst eine hohe Mauer zwischen der mathematikdidaktischen Forschung an der Universität auf der einen Seite und der Unterrichtspraxis an den Schulen auf der anderen Seite ausmachen, da es sich ja nun einmal um zwei völlig getrennte Systeme handelt.

Dennoch gibt es Wege, die Mauer zu überwinden: Mathematikdidaktische Forschung beeinflusst (hoffentlich) die universitäre Lehre und Erkenntnisse können somit direkt an zukünftige Lehrerinnen und Lehrer weitergegeben werden. Mathematikdidaktische Forschung kann im Sinne eines Bildungsmonitorings amtliche

Vorgaben beeinflussen oder optimistisch betrachtet förderliche Rahmenbedingungen unterstützen. Und mathematikdidaktische Forschungsergebnisse finden wiederum Eingang in weitere Forschungen, sodass in jedem Fall Wirkungskreisläufe angestoßen werden können.

Nichtsdestotrotz bleibt die Frage, wie groß der Einfluss mathematikdidaktischer Forschung und Arbeit wirklich darauf ist, was letztendlich im Klassenzimmer passiert. Auf Seiten der Schulpraxis gibt es in den meisten Bundesländern eine Seminarausbildung, die losgelöst von der universitären Mathematikdidaktik gestaltet wird, und auch die Lehrerfortbildung ist oftmals von Unterrichtspraktikerinnen und −praktikern gesteuert und gestaltet, die sich in bestimmten Bereichen auszeichnen. Es besteht eine gewisse Gefahr, dass tradiertes Wissen und „bewährte Routinen" direkt und im schlimmsten Falle innovationsresistent „weitervererbt" werden.

Auch bei den amtlichen Vorgaben kann kritisch hinterfragt werden, wer letztlich z. B. die Inhalte oder die zu erwerbenden Kompetenzen in den Curricula bestimmt und inwiefern der aktuelle Stand der Forschung hier Einzug findet. Lehrplanentwicklung ist in der Verantwortung der Bundesländer und wird sehr unterschiedlich gehandhabt.

Es lohnt also die Überlegung, wie es Mathematikdidaktikerinnen und −didaktikern gelingen kann, in der Praxis tatsächlich wirksam zu sein und die Forschungserkenntnisse nutzenbasiert und praxisnah zu verbreiten.

6   Woran wollen wir uns messen (lassen)? – Ein Fazit

Vielleicht ist das Bild mit der hohen Mauer doch sehr extrem – nichtsdestotrotz zeigt es auf, wie breitgefächert und anspruchsvoll das Arbeitsfeld eines Mathematikdidaktikers, einer Mathematikdidaktikerin sein kann, wenn er oder sie erfolgreich und wirksam arbeiten möchte.

Da sich Mathematikdidaktik im Spannungsfeld zwischen Empirie und Praxis befindet, ist es ungleich schwerer, die Frage zu beantworten, woran sich gute Arbeit festmacht, als in einigen anderen Disziplinen. Während Forschende in Disziplinen der Grundlagenforschung in der Regel daran gemessen werden, wie erfolgreich sie ihre Ergebnisse publizieren und wie stark diese rezipiert werden, gibt es in der Disziplin der Mathematikdidaktik noch ganz andere relevante Aspekte.

Erfolgreiche Arbeit in dieser Disziplin kann sich auch daran festmachen lassen, wie hoch die Wirksamkeit in der Praxis oder in der Bildungsadministration ist (Simplicio et al. 2020). Finden die Forschungserkenntnisse Einzug in den Praxisalltag, in die Gestaltung der Lehrpläne oder Bildungsstandards? Ein anderer Aspekt wäre die Wirksamkeit der Arbeit daran zu messen, wie sehr die eigene Forschung als weiterführend in der nationalen und internationalen Forschung angesehen wird und inwiefern sich dadurch Wirkungen zeigen.

Eng damit verbunden ist der Gedanke der Relevanz von Forschung: Wie relevant ist die Forschung für die Praxis? Basieren Forschungsfragen auf zentralen Problemen des Unterrichtens? Fragen sie im Sinne der Grundlagenforschung nach einem wichtigen Puzzleteil, um später grundsätzliche praxisorientierte Überlegungen anschließen zu können? (Gasteiger, 2017)

Ein dritter Aspekt, an dem man sich messen lassen könnte, ist die Evidenzbasierung der Arbeit für die Praxis. Wenn wir als Mathematikdidaktikerinnen und Mathematikdidaktiker in Fortbildungen agieren, dann sind wir es den Praktikerinnen und Praktikern schuldig, evidenzbasiert zu agieren und Fortbildungen zu gestalten, die sich von denen, die auf Erfahrungswissen beruhen, inhaltlich abheben.

Die Frage „Woran wollen wir uns messen (lassen)?" sollte eigentlich besser heißen „Woran will ich mich messen (lassen)?". Und nachdem das Tätigkeitsfeld eines Mathematikdidaktikers bzw. einer Mathematikdidaktikerin so facettenreich ist und durch verschiedene Aspekte geprägt sein kann, *muss* diese Frage jeder für sich beantworten – mit einem notwendigen Bewusstsein und einer reflektierten Redlichkeit unserer Fachdisziplin gegenüber.

7　Für Bernd – ein Epilog

Bernd Wollring war und ist nicht nur ein innovativer Forscher, sondern ein engagierter Fortbildner mit einer unglaublichen fachlich–theoretischen Tiefe und zugleich einer beeindruckenden unterrichtspraktischen Wirksamkeit – motiviert dadurch, die Schulpraxis auch bis hinein in die Bildungsadministration zu verändern. Allein die Produkte seiner Würfelnetz–Lernumgebung fanden und finden über SINUS–Grundschule den Weg in zahlreiche Grundschulklassen, in universitäre Seminare und in die zweite Phase der Lehramtsausbildung.

Dieses Vorbild hat mir vor gut 10 Jahren als junger Wissenschaftlerin geholfen, bei der Positionierung im Spannungsfeld weiterzukommen: Solide Forschung zu machen – immer mit wenigstens dem Hauch einer Idee, wie der angestrebte Erkenntnisgewinn auf die Praxis wirken kann, statt sich in Grabenkämpfe zu begeben, offen zu bleiben und bei der Forschungsarbeit den Transfer nicht aus den

Augen zu verlieren. Das ist meine persönliche Sicht und soll keinesfalls als Fazit aus diesem Beitrag verstanden werden.

In unserer Profession besteht die Chance, sich im Spannungsfeld zwischen Empirie und Praxis zu positionieren – wünschenswert wäre allein, dass diese Positionierungen wohldurchdacht, bewusst und begründet erfolgen. Vielleicht können einige Aspekte dieses Beitrags zu dieser nicht ganz einfachen Herausforderung anregend sein.

Literatur

Bruner, J. S. (1965). *The process of education.* Harvard University Press.

Gasteiger, H. (2017). Forschung macht Schule? – Mathematikdidaktik im Praxiskontext. In Institut für Mathematik der Universität Potsdam (Hrsg.), *Beiträge zum Mathematikunterricht 2017* (S. 3–10). WTM-Verlag. https://eldorado.tu-dortmund.de/bitstream/2003/36463/1/BzMU-2017-GASTEIGER.pdf. Zugegriffen: 3. Aug. 2020

Klein, F. (1967). Elementarmathematik vom höheren Standpunkte aus (Bd. I, 4. Aufl.). Springer.

Pringsheim, A. (1904). *Ueber Wert und angeblichen Unwert der Mathematik.* Festrede, gehalten in der öffentlichen Sitzung der K. B. Akademie der Wissenschaften zu München zur Feier ihres 145. Stiftungstages am 14. März 1904. http://publikationen.badw.de/en/012774899. Zugegriffen: 3. Aug. 2020

Simplicio, H. T., Gasteiger, H., Dorneles, B. V., Grimes, K. R., Haase, V. G., Ruiz, C., Liedtke, F. V., & Moeller, K. (2020). Cognitive research and mathematics education – How can basic research reach the classroom? *Frontiers of Psychology, 11*, 773. https://doi.org/doi.org/10.3389/fpsyg.2020.00773

Wittmann, E. C. (1992). Mathematikdidaktik als «design science». *Journal Für Mathematik-Didaktik, 13*, 55–70. https://doi.org/doi.org/10.1007/BF03339377

Umgang mit Vielfalt im Mathematikunterricht der Grundschule – Welche Kompetenzen sollten Lehramtsstudierende erwerben?

Petra Scherer

1 Einleitung

Hinsichtlich des Umgangs mit Heterogenität stellt die Umsetzung von Inklusion erweiterte Anforderungen für verschiedene Bereiche und wirft Fragen der unterrichtlichen Gestaltung wie auch der Ausgestaltung der Lehreraus- und -fortbildung auf (vgl. Greiten et al., 2017). Auch wenn das Grundschullehramt schon immer auf eine ‚Schule für alle' d. h. auf eine Schule mit heterogener Schülerschaft vorbereitet hat, existierte diese Schulform im selektiven Schulsystem neben dem Förderschulsystem (vgl. Merz-Atalik, 2020, S. 27). Insofern entstehen mit der Umsetzung von Inklusion durchaus neue Herausforderungen.

Diese Herausforderungen können fachübergreifender Natur sein, wie etwa eine unzureichende Bereitschaft zur Inklusion oder die Arbeit in multiprofessionellen Teams (vgl. z. B. Heinrich et al., 2013; Monitor Lehrerbildung, 2015, S. 10). Aber auch die Vorbereitung auf einen inklusiven Fachunterricht verlangt eine stärkere Berücksichtigung des Themas Inklusion, was im folgenden Beitrag für das Fach Mathematik im Lehramtsstudium für den Primarbereich genauer ausgeführt werden soll.

P. Scherer (✉)
Fakultät für Mathematik, Didaktik der Mathematik, Universität Duisburg-Essen, Essen, Deutschland
E-Mail: petra.scherer@uni-due.de

© Springer Fachmedien Wiesbaden GmbH, ein Teil von Springer Nature 2022
K. Eilerts et al. (Hrsg.), *Auf dem Weg zum neuen Mathematiklehren und -lernen 2.0*,
https://doi.org/10.1007/978-3-658-33450-5_2

2 Grundsätzliche Überlegungen zur Gestaltung des Lehramtsstudiums in Bezug auf Inklusion

In den letzten Jahren wurden – maßgeblich auch durch Projekte der Qualitätsoffensive Lehrerbildung (QLB; gefördert durch BMBF) beeinflusst – viele Lehramtsstudiengänge weiterentwickelt, um zukünftige Lehrpersonen angemessen auf ein inklusives Schulsystem und einen inklusiven Fachunterricht vorzubereiten. Festgehalten wurde dabei, dass die verschiedenen schulform- und -typenspezifischen Lehrämter eine Erschwernis inklusiver Sichtweisen, Einstellungen und Haltungen darstellen können. Gefordert wird bspw., Sonderpädagogik als Vertiefungs- und Weiterbildungsfach für alle Lehrämter vorzusehen oder auch einen gemeinsamen Bachelor zu etablieren (vgl. Hofmann in Merz-Atalik, 2020, S. 28 bzw. 31). Die Frage stellt sich, welche konkreten Anforderungen sich dadurch für die Fachausbildung ergeben.

2.1 Inklusionsorientierte Inhalte in der Fachausbildung

Für die fachbezogene Lehrerbildung wird an vielen Stellen eine generelle Stärkung des Schwerpunkts Inklusion diskutiert. Für die beiden zentralen Personengruppen, die im inklusiven Fachunterricht tätig sind – Sonderpädagoginnen bzw. Sonderpädagogen und Regelschullehrpersonen – wird eine Erweiterung der jeweiligen Expertise in den Blick genommen. Gefordert werden sonderpädagogische Basiskompetenzen für alle Lehrpersonen, daneben aber auch eine vertiefte fachliche und fachdidaktische Aus- und Fortbildung für Sonderpädagoginnen und Sonderpädagogen (vgl. Heinrich et al., 2013; Wolfswinkler et al., 2014). So plädiert bspw. die gemeinsame Kommission der verschiedenen Fachverbände Mathematik und Deutsch (DMV, GDM, MNU, SDD, Fachverband Deutsch) für einen Pflichtteil Deutsch und Mathematik für das Lehramtsstudium Sonderpädagogik im Umfang von 20 ECTS (vgl. GKLB, 2017).

Für die Gestaltung der Lehramtsstudiengänge für den Regelschulbereich zeigt ein genauerer Blick zunächst einmal eine große Diversität der Ausbildung, denn es existieren Standorte mit und ohne Sonderpädagogik. Hinzu kommen vielfältige Strukturen, unterschiedliche Studienumfänge für die einzelnen Schulformen und Unterschiede für die einzelnen Fächer. Mit den erweiterten KMK-Standards für die Lehrerbildung (KMK, 2017) und den Empfehlungen zur Lehrerbildung für eine ‚Schule der Vielfalt' (KMK, 2015) wurden die Kompetenzen zur Gestaltung eines inklusiven Fachunterrichts festgehalten und dies unter Betonung der

Arbeit in multiprofessionellen Teams. Auch das Gesetz zur Änderung des Lehrer-
ausbildungsgesetzes 2016 in Nordrhein-Westfalen fordert neben verpflichtenden
ECTS in den Bildungswissenschaften eine fachspezifische Verpflichtung: Für
alle Lehrämter des Regelschulsystems sind in jedem Fach 5 ECTS für Inklu-
sionsrelevante Fragestellungen auszuweisen, d. h. Inklusion wird auch als klare
Verantwortung der Fächer gesehen, wenngleich die strukturelle Verankerung noch
nicht unbedingt etwas über die inhaltliche Ausgestaltung aussagen muss.

2.2   Zugrundeliegender Inklusionsbegriff

Die Diskurse über einen engen oder weiten Inklusionsbegriff werden z. T.
zwischen den Disziplinen, etwa der Sonderpädagogik und der allgemeinen Pädagogik, aber auch innerhalb der Disziplinen geführt. In einem weiten Begriffsverständnis geht es darum, die „Situationen bestimmter marginalisierter Minderheiten
als besondere hervorzuheben – also auch von Menschen mit Behinderungen,
aber eben nicht nur diese" (Kiuppis, 2014, S. 33). Im Unterschied zu einem
engen Inklusionsverständnis (vgl. Budde & Hummrich, 2015) verzichtet der weite
Inklusionsbegriff zunächst auf Kategorisierungen und umfasst somit eine große
Vielfalt an Diversitätsmerkmalen, wie etwa Sprache, soziale Lebensbedingungen,
Geschlecht oder besondere Talente.

Im Rahmen des Lehramtsstudiums und konkreter Lehrveranstaltungen ist es
erforderlich, sich über den Inklusionsbegriff zu verständigen, aber unter Umständen auch Schwerpunkte zu setzen: So kann in einer Lehrveranstaltung durchaus
eine spezifische Diversitätskategorie, z. B. die Kategorie ‚Behinderung' in den
Fokus genommen werden, ohne dabei das Spektrum weiterer vielfältiger Diver-
sitätskategorien aus dem Blick zu verlieren (vgl. dazu auch die Beispiele in
Abschn. 3).

Die Universität Duisburg-Essen hat bspw. im Rahmen ihres QLB-Projekts
‚ProViel – Professionalisierung für Vielfalt' ein Leitbild Inklusion entwickelt, das
vielfältige Perspektiven einbezieht (https://zlb.uni-due.de/das-zentrum/leitbild-ink
lusion-fuer-die-lehrerbildung-an-der-ude/). Initiiert wurde das Leitbild durch die
ProViel-Akteure, beschlossen wurde es durch die ‚AG der Vertreter_innen für
das Themenfeld Inklusion', in der alle 126 lehrerbildenden Studiengänge
der Universität vertreten sind. Durch diesen multiperspektivischen Ansatz sollen
zunehmend – möglichst aufeinander abgestimmte – inklusionsbezogene Studieninhalte verankert werden, um Lehramtsstudierende auf das Unterrichten in
inklusiven Settings vorzubereiten.

2.3   Praxisbezug & Praxiserfahrungen

Die Verknüpfung von Theorie und Praxis im Lehramtsstudium ist von genereller Bedeutung, und so wird bspw. auch für das Thema Inklusion eine Stärkung des Praxisbezugs oder der Einbezug der verschiedenen Phasen der Lehrerbildung gefordert (Monitor Lehrerbildung, 2015, S. 14 f.). Eigene Praxiserfahrungen zum Thema Inklusion haben dabei einen besonderen Stellenwert: Entsprechend der sogenannten ‚Kontakthypothese' (vgl. Heyl & Seilfried, 2014) können Erfahrungen und die Beschäftigung mit relevanten Inhalten, z. B. Erfahrungen mit Menschen mit Behinderung, zu einer positiveren Einstellung zu Inklusion führen. Daher ergibt sich für die fachbezogene Lehrerbildung die Notwendigkeit, Vorerfahrungen zu berücksichtigen und entsprechende Praxiserfahrungen zu ermöglichen. In vielen QLB-Projekten, unter anderem mit dem Fokus Mathematik, wird eine verstärkte Praxisorientierung bzw. die Verzahnung von Theorie und Praxis adressiert (vgl. z. B. BMBF, 2019; Unverfehrt et al., 2019 sowie die beispielhaften Berichte in den GDM-Mitteilungen Nr. 108/2020 unter https://ojs.didaktik-der-mathematik.de/index.php/mgdm/).

Erhebungen des Teilprojekts ‚Mathematik Inklusiv' innerhalb des Projekts Pro-Viel (vgl. z. B. Scherer, 2019a, b; Büchter et al., 2020) in den Jahren 2016 bis 2019 haben gezeigt, dass nach wie vor etwa 50 % der Lehramtsstudierenden im dritten Studienjahr des BA-Studiums auch nach verschiedenen Praxisphasen in Schulen noch keine Vorerfahrungen zum inklusiven Mathematikunterricht mitbringen und sich möglicherweise eher unsicher fühlen, im inklusiven Mathematikunterricht tätig zu sein (vgl. Scherer, 2019a, b). Diejenigen Studierenden, die fachspezifische Erfahrungen vorweisen, berichten häufig über differenzierte Lernangebote im Mathematikunterricht. Diese Berichte lassen jedoch darauf schließen, dass im beobachteten Mathematikunterricht vorab festgelegte Differenzierungsniveaus dominieren, teilweise verbunden mit der Arbeit an ganz unterschiedlichen mathematischen Gegenständen oder in separierenden Förderungen (vgl. Scherer, 2019a). Es scheint vielfach kein Lernen am gemeinsamen Lerngegenstand stattzufinden, sodass den Studierenden im Studium in jedem Fall Praxiserfahrungen zum gemeinsamen Lernen am gemeinsamen Lerngegenstand ermöglicht werden sollten (vgl. hierzu auch Abschn. 3).

2.4   Fach- und Phasenübergreifende Vernetzungen

In den vorangegangenen Abschnitten wurden verschiedene Aspekte angesprochen, die es in der Lehrerausbildung zu berücksichtigen gilt. Studierende werden zu unterschiedlichen Zeitpunkten der Ausbildung und in den unterschiedlichen Fächern und Disziplinen mit verschiedenen Schwerpunkten und Schwerpunkt-setzungen konfrontiert, die sie zusammenführen müssen. Dabei begegnen den Studierenden unter Umständen kontroverse Ansätze (z. B. enger vs. weiter Inklusionsbegriff, siehe oben; verschiedene Differenzierungsansätze im Mathema-tikunterricht, vgl. Krauthausen & Scherer, 2014, S. 15 ff.), und eine entsprechende Positionierung zwischen den Wissensbereichen verschiedener Fachdisziplinen (z. B. Pädagogik, Psychologie, Fachwissenschaften und -didaktiken) ist notwen-dig (vgl. Wrana, 2017). Dabei sind mitunter schon innerfachliche Verbindungen zwischen Lehrveranstaltungen, die z. B. bei der Konzeption von Modulhandbü-chern durch Lehrende angelegt werden, für die Studierenden nicht unbedingt nachvollziehbar. Als Folgerung kann festgehalten werden, dass solche Verbin-dungen an verschiedenen Stellen explizit gemacht werden sollten und dass bspw. ein stärkerer Austausch zwischen Fächern bzw. Disziplinen zum Thema Inklusion stattfinden sollte (vgl. bspw. Gebken et al., 2018). So ist es auch ein Anliegen der Universität Duisburg-Essen, durch das gemeinsame Leitbild (siehe oben) die universitäre Vernetzung weiter zu verstärken sowie Plattformen zum fachdidaktischen Dialog zu schaffen. Daneben sollen phasenübergreifende und (außer-)universitäre Kooperationen, z. B. mit Zentren für schulpraktische Lehrerausbildung, Schulen und Kindertagesstätten, weiter ausgebaut werden.

3 Ausgewählte Ergebnisse aus zwei Forschungsprojekten

In den beiden folgenden Abschnitten sollen exemplarisch zwei aufeinanderfol-gende Lehrveranstaltungen des Bachelor-Studiums mit Lehramtsoption Grund-schule für den Bereich Mathematische Grundbildung skizziert werden. Die beiden verpflichtenden Lehrveranstaltungen im Modul ‚Erkundungen zum Mathemati-klernen' fokussieren den Umgang mit Heterogenität (vgl. Büchter et al., 2020) und beinhalten sowohl theoretische Grundlagen als auch entsprechende Praxisele-mente (vgl. auch Abschn. 2.3). Beide Veranstaltungen sind in Projekte eingebun-den, werden im Rahmen der jeweiligen Begleitforschung weiterentwickelt und evaluiert und können so einen Beitrag zur Entwicklung hochschuldidaktischer Konzepte für inklusiven Unterricht leisten (vgl. Greiten et al., 2017). Dabei wird auch die Ausgangsfrage zum Kompetenzerwerb der Studierenden hinsichtlich des Umgangs mit Vielfalt im Mathematikunterricht adressiert.

3.1   Lehrveranstaltung ‚Mathematiklernen in substanziellen Lernumgebungen'

Die Veranstaltung ‚Mathematiklernen in substanziellen Lernumgebungen' wird im Teilprojekt ‚Mathematik Inklusiv' im Rahmen des QLB-Projekts ProViel beforscht. Die Veranstaltung ist im 5. Fachsemester des Bachelors vorgesehen und umfasst einerseits eine wöchentliche Vorlesung (Pflicht, 90 min), in der der theoretische Hintergrund zu substanziellen Lernumgebungen (SLU), das Konzept der natürlichen Differenzierung in Abgrenzung zu klassischen Formen der inneren Differenzierung, Beispiele zur Planung von Lernumgebungen sowie Analysen konkreter Unterrichtssituationen für verschiedene SLU thematisiert werden.

Andererseits sind begleitende wöchentliche Übungen vorgesehen (Wahlpflicht, 90 min). In diesem Wahlpflichtbereich werden Übungsgruppen (15–20 Studierende) mit unterschiedlichen Schwerpunkten angeboten, neben Schwerpunkten wie Sprachbildung oder Differenzierung auch solche mit dem Schwerpunkt ‚Inklusiver Mathematikunterricht'. Über das Semester hinweg arbeiten die Studierenden in Kleingruppen (2–4 Studierende) innerhalb ihrer Übungsgruppe. Die Studierenden machen Praxiserfahrungen (vgl. Abschn. 2.3), und so gehört zu den Aufgaben einer jeden Kleingruppe die Planung und Durchführung klinischer Interviews mit Grundschulkindern sowie die Analyse und Reflexion der Interviews unter verschiedenen Analyseschwerpunkten. In den Gruppen mit dem Schwerpunkt ‚Inklusiver Mathematikunterricht' geht es explizit um Erfahrungen mit Kindern mit und ohne sonderpädagogischen Unterstützungsbedarf, d. h. es erfolgt eine Fokussierung auf die Kategorie ‚Behinderung' (vgl. Abschn. 2.2).

Die Erfahrungen zur durchgeführten Lehrveranstaltung speziell in den Gruppen mit Schwerpunkt Inklusion seit dem Wintersemester 16/17 zeigen, dass die Durchführungen von Interviews insgesamt große organisatorische Herausforderungen für die Studierenden darstellen. Das Potenzial einer SLU wurde nicht immer vollständig ausgenutzt, und es war eine Tendenz festzustellen, recht schnell zu helfen, gerade bei Schülerinnen und Schülern mit Unterstützungsbedarf. Viele Studierende erkannten, dass bereits bei der Planung eine stärkere Berücksichtigung sprachlicher Anforderungen und auch potenzieller Schwierigkeiten erfolgen sollte (vgl. z. B. Scherer, 2019a).

Um die Kompetenzentwicklungen der gesamten Lehrveranstaltungskohorte genauer in den Blick zu nehmen, wurden in der Vorlesung Fragebögen eingesetzt, die unter anderem sechs Items zu einer retrospektiven Selbsteinschätzung der eigenen Kompetenzentwicklung enthalten. Auch wenn diese Art der Kompetenzmessung hinsichtlich der Validität durchaus kritisch gesehen wird, da sie absichtliche oder unabsichtliche Selbsteinschätzungsverfälschungen beinhalten kann und unter Umständen eher das Selbstkonzept als die professionelle Kompetenz gemessen wird, liefert diese Form der Erhebung Hinweise auf relevante Kompetenzen (vgl. Frank & Kaduk, 2017; Hartig & Jude, 2007; Nimon et al., 2009). Eine Verringerung des Interpretationsspielraums kann etwa durch die möglichst konkrete Kompetenzformulierung bezogen auf die Lehrveranstaltungsziele erreicht werden. Insgesamt ist für die vorliegende Studie eine vorsichtige Interpretation der Kompetenzentwicklung vorzunehmen.

Die hier eingesetzten sechs Items wurden entsprechend der Kompetenzen im Modulhandbuch für die Lehrveranstaltung formuliert. Sie fokussieren SLU, klinische Interviews und die Analysen von Denkprozessen. Die Lehramtsstudierenden sollten ihre eigene Kompetenzentwicklung einerseits allgemein einschätzen, andererseits auch die Bedeutung der drei Aspekte für einen inklusiven Mathematikunterricht, insbesondere für Schülerinnen und Schüler mit sonderpädagogischem Unterstützungsbedarf (vgl. auch Abb. 1). Beispielhaft seien die beiden Items für klinische Interviews genauer betrachtet, die auf einer Likert-Skala von 1 bis 6 (1 = trifft überhaupt nicht zu; 6 = trifft völlig zu) einzuordnen waren.

Abb. 1 zeigt die Ergebnisse der vier Lehrveranstaltungsdurchführungen in den Wintersemestern 16/17, 17/18, 18/19 und 19/20. Vor dem Besuch der Lehrveranstaltung sehen viele der Studierenden nicht unbedingt die Bedeutung klinischer Interviews für den Mathematikunterricht, denn nur ca. 23 % stimmen dieser Aussage zu. Interessanterweise ist die Zustimmung mit Blick auf den inklusiven Mathematikunterricht mit 38 % deutlich höher. Es ist davon auszugehen, dass die Studierenden aus vorangegangenen fachdidaktischen Lehrveranstaltungen (z. B. ‚Didaktik der Arithmetik' oder ‚Mathematik in der Grundschule') den Begriff des klinischen Interviews kennen, aber diese Interviewmethode als Form der individuellen Diagnostik nicht direkt mit dem regulären Unterricht verbinden. Für den inklusiven Unterricht mit einer anzunehmenden größeren Heterogenität der Lerngruppe wird möglicherweise diese Methode der individuellen Diagnostik als bedeutsamer erachtet.

Nach dem Besuch der Veranstaltung (Einschätzung ‚Heute') werden klinische Interviews sowohl für den Mathematikunterricht allgemein als auch speziell für den inklusiven Mathematikunterricht als bedeutsam erachtet, denn 94 % bzw. 82 % der Studierenden stimmen diesen Statements zu. Diese Veränderungen sind hochsignifikant (jeweils $p < .001$; Cohens $d > 1$). Die Studierenden haben möglicherweise durch ihre Praxiserprobungen – gestützt durch theoretische Grundlagen – stärker das individuelle Denken der Schülerinnen und Schüler erfahren und erkannt, dass die Planung von geeigneten Lernangeboten wie SLU

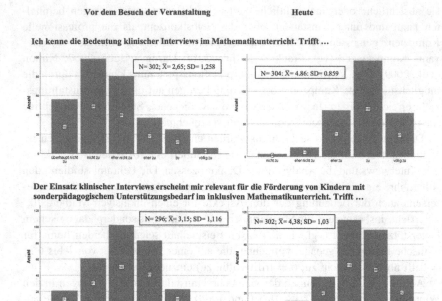

Abb. 1 Ergebnisse der retrospektiven Selbsteinschätzung der eigenen Kompetenzentwicklung hinsichtlich klinischer Interviews

zwar notwendige, aber noch keine hinreichenden Bedingungen für erfolgreiches Mathematiklernen darstellen (vgl. Krauthausen & Scherer, 2014, S. 57 ff.).

Die Unterschiede der eigenen Kompetenzeinschätzung vor und nach dem Besuch der Veranstaltung waren bei allen Items hochsignifikant (jeweils $p < .001$; Cohens $d > 0.8$), wenngleich etwa bei den beiden Statements zu SLU (allgemein: *Ich kenne Merkmale substanzieller Lernumgebungen für den Mathematikunterricht.* Bedeutung für den inklusiven Mathematikunterricht: *Der Einsatz substanzieller Lernumgebungen erscheint mir relevant für die Förderung von Kindern mit sonderpädagogischem Unterstützungsbedarf im inklusiven Mathematikunterricht.*) schon deutlich höhere Selbsteinschätzungen der Kompetenzen vor dem Besuch der Veranstaltung zu verzeichnen waren (allgemein: 37 % Zustimmung). Dieses Ergebnis war aber insofern zu erwarten, da das Thema SLU auch in den oben aufgeführten vorangegangenen Lehrveranstaltungen enthalten ist und die direkte Verbindung zur Planung von Unterricht und konkreter Lernangebote offensichtlich scheint (vgl. auch Scherer, 2019b). Bezogen auf die Bedeutung für

Schülerinnen und Schüler mit sonderpädagogischem Unterstützungsbedarf im inklusiven Mathematikunterricht zeigt sich eine starke Veränderung (vor dem Lehrveranstaltungsbesuch: 33 %; nach dem Lehrveranstaltungsbesuch: 92 %). Hier scheinen die positiven Praxiserfahrungen (vgl. Abschn. 2.3) und die individuellen Lernmöglichkeiten der Schülerinnen und Schüler bedeutsam: Vertiefende Interviews mit ausgewählten Studierenden der Übungsgruppen mit Schwerpunkt Inklusion konnten diese Ergebnisse bestätigen und bspw. für den Einsatz von SLU deren generelles Potenzial für inklusive Settings und speziell die Flexibilität als charakteristisches Merkmal einer SLU herausarbeiten (vgl. Scherer, 2019b).

Insgesamt zeigen diese Ergebnisse wichtige Entwicklungen der Studierenden, gerade weil sich diese Praxiserfahrungen mitunter deutlich von ihren Vorerfahrungen, dem beobachteten Mathematikunterricht, unterschieden.

3.2   Lehrveranstaltung ‚Diagnose und Förderung'

Die Lehrveranstaltung ‚Diagnose & Förderung' ist im 6. Fachsemester des Bachelors vorgesehen (Wahlpflicht) und umfasst einen Blocktag vor dem Semester, ein wöchentliches Seminar (90 min) sowie Praxiserprobungen in der Schule (vgl. Abschn. 2.3). Insgesamt ist die Veranstaltung mit 5 ECTS veranschlagt, und hier sind die verpflichtenden ECTS zu inklusionsrelevanten Fragestellungen gemäß LABG verankert (vgl. Abschn. 2.1).

Auch zu dieser Veranstaltung werden Seminargruppen mit verschiedenen Schwerpunkten angeboten, u. a. mit Fokus auf Schülerinnen und Schüler mit sonderpädagogischem Unterstützungsbedarf (vgl. Abschn. 2.2). In allen Seminargruppen geht es um die diagnosegeleitete Untersuchung der Lernprozesse eines Kindes, die fachdidaktische Analyse der einzusetzenden Diagnose- und Förderangebote mit den jeweiligen Aufgabenstellungen und Materialien, die Planung und konkrete Durchführung von Fördereinheiten auf der Basis der Diagnose und eine semesterbegleitende gemeinsame Reflexion im Seminar. Sowohl die Diagnose als auch die Förderung erfolgen in der Schule. Dies geschieht einerseits aufgrund organisatorischer Rahmenbedingungen, andererseits eröffnet es die Möglichkeit der expliziten Vernetzung mit schulischer Praxis und kann bereits erste Erkenntnisse für spätere Weiterführungen (bspw. im Rahmen des Praxissemesters) liefern.

Das hier vorgestellte Seminar ist in ein Lehrprojekt eingebunden, das vorrangig auf Lehr-Lern-Labore fokussiert: ‚Kompetenzerwerb im Lehr-Lern-Labor Mathematik. Außerschulisch – Forschend – Inklusiv', ein Kooperationsprojekt der Universitäten Duisburg-Essen und Paderborn (https://www.stifterverband.org/

lehrfellowships/2017/haesel-weide_scherer; vgl. auch Del Piero et al., 2019).
Zielsetzungen des Projekts sind unter anderem die (Weiter)Entwicklung von
Seminarkonzeptionen, die Ermöglichung reflektierter Erfahrungen zum gemeinsamen Lernen im inklusiven Mathematikunterricht für Studierende sowie die
Entwicklung und Erprobung passender Evaluationsinstrumente. Insbesondere
wird der Frage nachgegangen, wie der Kompetenzerwerb in Lehrveranstaltungen konkret angestoßen wird, um die Effektivität der Lehrveranstaltung und eine
lernförderliche Gestaltung genauer zu erfassen.

Hierzu wurden in einem Fragebogen neben dem Ziel der retrospektiven
Selbsteinschätzung des Erreichens der Lehrveranstaltungsziele (zur Validität des
Erhebungsverfahrens vgl. auch Abschn. 3.1) auch Rückmeldungen erhoben, welche Aktivitäten die Studierenden für das Erreichen verschiedener Lernziele als
hilfreich empfinden. Das vorgestellte Seminar fokussierte inhaltlich einen geometrischen Schwerpunkt und konzentrierte sich auf das Thema Vierecke. In
Anlehnung an bestehende Modelle (Baumert & Kunter, 2006; Fröhlich-Gildhoff
et al., 2011; Reis et al., 2019) zur Beschreibung von Kompetenzen wurden die
Bereiche Wissen, Handlungspotenziale und Wertorientierung unterschieden. Insgesamt wurden 10 zentrale Lernziele operationalisiert, und beispielhaft sei für den
jeweiligen Bereich ein Item gegeben:

L1 (Fachwissen): *Ich kenne die für die Fördersituation relevanten Fachbegriffe und dahinterstehenden Konzepte (hier charakteristische Eigenschaften
verschiedener Vierecke und Beziehungen zwischen Vierecken).*

L2 (Fachdidaktisches Wissen): *Ich weiß um Schwierigkeiten, die bei Lernenden in der Fördersituation auftreten können (hier Auseinandersetzung mit ebenen
Grundformen).*

L5 (Pädagogisch-psychologisches Wissen): *Ich weiß um die Bedeutung, die
eigene Entdeckungen der Schülerinnen und Schüler für ihr Lernen von Mathematik
haben.*

L7 (Handlungspotenziale): *Ich kann Lern- bzw. Förderziele formulieren und ihr
Erreichen reflektieren.*

L10 (Wertorientierung): *Ich kann in Fördersituationen eine förderliche Lernat-
mosphäre schaffen.*

In einer ersten Pilotierung des Fragebogens nahmen an der Evaluation des
Seminars neun Studierende teil. Exemplarisch sei das Lernziel L2 genauer
beleuchtet, das Kompetenzen im Bereich des fachdidaktischen Wissens bzgl. der
Schwierigkeiten der Lernenden erfragt. Auf einer Likert-Skala von 1 bis 4 (1
= trifft zu; 4 = trifft nicht zu) war zunächst die eigene Kompetenzentwicklung
einzuschätzen. Während in der retrospektiven Selbsteinschätzung nur vier Studierende zustimmten, vor dem Besuch der Lehrveranstaltung über diese Kompetenz

zu verfügen, schätzten alle Studierenden ein, nach der Teilnahme dieses Lernziel erreicht zu haben. Genauer betrachtet werden soll aber hier die Zuordnung zu den lernförderlichen Elementen. Abb. 2 zeigt die Einschätzungen der neun Studierenden, wobei Mehrfachnennungen möglich waren. Am hilfreichsten für das Erreichen des Lernziels 2 wurden der Input der Lehrenden sowie die eigenen Praxiserprobungen (Durchführung der Diagnose bzw. Förderung sowie Beobachtung des Kindes) eingeschätzt, d. h. hier zeigt sich die Wichtigkeit sowohl der eigenen Praxiserfahrung als auch eher theoretischer Grundlagen (vgl. Abschn. 2.3). Auch die Präsentationen der eigenen Praxiserprobungen im Seminar, verbunden mit gemeinsamen Analysen wurden von der Mehrheit der Studierenden als lernförderlich eingeschätzt.

Werden die Selbsteinschätzungen der Studierenden bezogen auf die förderlichen Aktivitäten insgesamt betrachtet, so zeigt sich, dass besonders Kompetenzen im Bereich des fachdidaktischen Wissens und der Handlungspotenziale (Fähigkeiten) bzgl. des Verständnisses des Vorgehens der Lernenden in Praxiselementen erworben werden. Dagegen wird der Erwerb fachwissenschaftlicher Kompetenzen nach der Einschätzung der Studierenden eher dem Input der Lehrenden zugeschrieben.

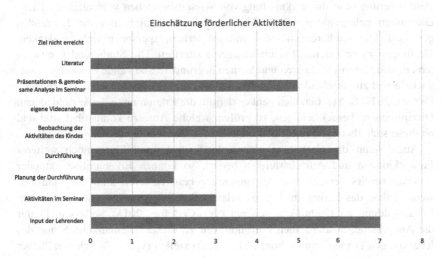

Abb. 2 Einschätzung der Studierenden, welche Aktivitäten zur Erreichung des Lernziels 2 im Seminar als hilfreich empfunden wurden (N = 9)

Auch wenn die Stichprobengröße bei dieser Lehrveranstaltung sehr gering
ist, geben die ersten Ergebnisse Anhaltspunkte für relevante Elemente einer
Lehrveranstaltung. Dies gilt es, in zukünftigen Projekten bei weiteren Lehrveranstaltungen, u. a. mit größeren Stichproben, und Inhalten zu überprüfen.

4   Abschließende Bemerkungen

Zur Vorbereitung auf den Umgang mit Heterogenität und speziell auf einen
inklusiven Mathematikunterricht sollen Lehramtsstudierende im Rahmen ihres
Studiums vielfältige Kompetenzen erwerben, etwa Basiswissen zu zentralen För-
derschwerpunkten oder auch Kompetenzen für die Gestaltung eines inklusiven
Mathematikunterrichts. Die Anforderungen an zukünftige Lehrpersonen erfahren durch die Umsetzung von Inklusion sicherlich eine Erweiterung, sind aber
nicht grundsätzlich neu. Im vorliegenden Beitrag wurden hierzu zentrale Herausforderungen formuliert (Abschn. 2) sowie Erkenntnisse aus Begleitforschungen
zu Lehrveranstaltungen aus der ersten Phase der Lehrerbildung präsentiert, in
denen ausgewählte Aspekte der genannten Herausforderungen umgesetzt wurden
(Abschn. 3).

Bezüglich der Frage, wie für die Studierenden die oben angesprochene
Positionierung bzw. die Verknüpfung von Wissensbereichen verschiedener Fachdisziplinen gelingen kann (vgl. Abschn. 2.4), sind nicht nur die Lehrenden
gefordert. Die Studierenden selbst müssen lernen, „perspektivisch zu denken,
Deutungen zu realisieren, Entscheidungen zu treffen. Die Studierenden müssen
lernen, von Unterricht, Lehren und Lernen begründete und valide Lesarten zu entwickeln und zu entscheiden, welche in der jeweiligen Situation angemessen sind"
(Wrana, 2017, S. 51). Letztlich geht es darum, die Erkenntnisse der verschiedenen
Disziplinen zu berücksichtigen, zu prüfen, welche Ansätze kompatibel sind und
ob diese sich als tragfähig für den inklusiven Unterricht erweisen.

Auch wenn die Gestaltung einer inklusiven Lehrerbildung noch weiterer
Entwicklungen und Ausschärfungen bedarf, so können Erkenntnisse aktueller
Projekte bereits verschiedene Anregungen geben. Generell kann angenommen
werden, dass das Lernen im Lebensverlauf zukünftig gegenüber der beruflichen
Erstausbildung an Wichtigkeit gewinnt (vgl. Cedefop, 2015), sodass nicht nur
die Ausbildung, sondern auch Fortbildungen zu dieser Thematik im Sinne des
lebenslangen Lernens ein wichtiges Element darstellen (vgl. z. B. Scherer, 2019c;
Scherer et al., 2019). Bedenkt man, dass das Fach Mathematik im inklusiven
Unterricht vielfach von Sonderpädagoginnen und Sonderpädagogen fachfremd
unterrichtet wird, gewinnt dieser Aspekt noch stärker an Bedeutung.

Literatur

Baumert, J., & Kunter, M. (2006). Stichwort: Professionelle Kompetenz von Lehrkräften. *Zeitschrift Für Erziehungswissenschaft, 9*(4), 469–520.

BMBF. (2019). *Verzahnung von Theorie und Praxis im Lehramtsstudium. Erkenntnisse aus Projekten der „Qualitätsoffensive Lehrerbildung".* BMBF.

Budde, J., & Hummrich, M. (2015). Inklusion aus erziehungswissenschaftlicher Perspektive. *Erziehungswissenschaft, 26*(51), 33–41.

Büchter, A., Scherer, P., & Wolfswinkler, G. (2020). Professionalisierung für Vielfalt (Pro-Viel) an der Universität Duisburg-Essen – Evidenzbasierung und Vernetzung für die Metropolregion Rhein-Ruhr. *GDM-Mitteilungen,* (108), 11–16.

Cedefop (Hrsg.). (2015). *Job-related adult learning and continuing vocational training in Europe: A statistical picture* (Bd. Cedefop research paper; No 48). Publications Office.

Del Piero, N., Hähn, K., Häsel-Weide, U., Kindt, C., Rütten, C., Scherer, P., & Weskamp, S. (2019). Teacher students' competence acquisition in teaching-learning-labs. In J. Novotná & H. Moraová (Hrsg.), *SEMT 2019. International Symposium Elementary Maths Teaching. August 18–23, 2019. Proceedings: Opportunities in Learning and Teaching Elementary Mathematics* (S. 469–471). Charles University, Faculty of Education.

Frank, A., & Kaduk, S. (2017). Lernen im Fokus von Lehrveranstaltungsevaluation. Teaching Analysis Poll (TAP) und Bielefelder Lernzielorientierte Evaluation (BiLOE). In W.-D. Webler & H. Jung-Paarmann (Hrsg.), *Zwischen Wissenschaftsforschung, Wissenschaftspropädeutik und Hochschulpolitik. Hochschuldidaktik als lebendige Werkstatt* (S. 203–218). Universitätsverlag Webler.

Fröhlich-Gildhoff, K., Nentwig-Gesemann, I., & Pietsch, S. (2011). *Kompetenzorientierung in der Qualifizierung frühpädagogischer Fachkräfte.* DJI.

Gebken, U., Kluge-Schöpp, D., Papenberg, R., Scherer, P., & Sträter, H. (2018). Vielfalt und Inklusion in der Lehrerausbildung. Entwicklungen in den Fächern Sport und Mathematik. *Schule NRW,* (4), 17–19.

GKLB – Gemeinsame Kommission Fachverbände DMV, MNU, SDd und DFDG. (2017). Fachdidaktik für den inklusiven Mathematikunterricht. Orientierungen und Bemerkungen. Positionspapier der Gemeinsamen Kommission Lehrerbildung der GDM, DMV und MNU. *GDM-Mitteilungen,* (103), 42–46.

Greiten, S., Geber, G., Gruhn, A., & Köninger, M. (2017). Inklusion als Aufgabe für die Lehrerausbildung. Theoretische, institutionelle, curriculare und didaktische Herausforderungen für Hochschulen. In S. Greiten, G. Geber, A. Gruhn, & M. Köninger (Hrsg.), *Lehrerausbildung für Inklusion* (S. 14–36). Waxmann.

Hartig, J., & Jude, N. (2007). Empirische Erfassung von Kompetenzen und psychometrische Kompetenzmodelle. In J. Hartig & E. Klieme (Hrsg.), *Möglichkeiten und Voraussetzungen technologiebasierter Kompetenzdiagnostik* (S. 17–36). BMBF.

Heinrich, M., Urban, M., & Werning, R. (2013). Grundlagen, Handlungsstrategien und Forschungsperspektiven für die Ausbildung und Professionalisierung von Fachkräften für inklusive Schulen. In H. Döbert & H. Weishaupt (Hrsg.), *Inklusive Bildung professionell gestalten – Situationsanalyse und Handlungsempfehlungen* (S. 69–133). Waxmann.

Heyl, V., & Seifried, S. (2014). „Inklusion? Da ist ja sowieso jeder dafür!?" Einstellungsforschung zu Inklusion. In S. Trumpa, S. Seifried, E. Franz, & T. Klauß (Hrsg.), *Inklusive*

Bildung: Erkenntnisse und Konzepte aus Fachdidaktik und Sonderpädagogik (S. 47–60). Beltz.

Kiuppis, F. (2014). *Heterogene Inklusivität, inklusive Heterogenität. Bedeutungswandel imaginierter pädagogischer Konzepte im Kontext Internationaler Organisationen.* Waxmann.

KMK. (2015). *Lehrerbildung für eine Schule der Vielfalt. Gemeinsame Empfehlung von Hochschulrektorenkonferenz und Kultusministerkonferenz (Beschluss der Kultusministerkonferenz vom 12.03.2015/Beschluss der Hochschulrektorenkonferenz vom 18.03.2015).* Download unter: http://www.kmk.org/fileadmin/veroeffentlichungen_beschluesse/2015/2015_03_12-Schule-der-Vielfalt.pdf. Zugegriffen: 28. Juni 2020

KMK. (2017). *Ländergemeinsame inhaltliche Anforderungen für die Fachwissenschaften und Fachdidaktiken in der Lehrerbildung. Beschluss d. KMK v. 16.10.2008 i. d. F. v. 16.03.2017.* Download unter: https://www.kmk.org/fileadmin/veroeffentlichungen_beschluesse/2008/2008_10_16-Fachprofile-Lehrerbildung.pdf. Zugegriffen: 28. Juni 2020

Krauthausen, G., & Scherer, P. (2014). *Natürliche Differenzierung im Mathematikunterricht – Konzepte und Praxisbeispiele aus der Grundschule.* Kallmeyer.

Merz-Atalik, K. (2020). Noch 100 Jahre nur 1 bis 4? Wie inklusive Schule Wirklichkeit werden kann. *Grundschule Aktuell,* (149), 26–31.

Monitor Lehrerbildung. (2015). *Inklusionsorientierte Lehrerbildung – vom Schlagwort zur Realität?!* CHE.

Nimon, K., Zigarmi, D., & Allen, J. (2009). Measures of program effectiveness based on retrospective pretest data: Are all created equal? *American Journal of Evaluation, 32*(1), 8–28.

Reis, O., Seitz, S., & Berisha, A. (2019). *Inklusionsbezogene Qualifizierung im Lehramtsstudium an der Universität Paderborn. Konzeption.* Universität Paderborn, Zentrum für Bildungsforschung und Lehrerbildung.

Scherer, P. (2019a). Professionalisation for inclusive mathematics – Challenges for subject-specific teacher education. In D. Kollosche, R. Marcone, M. Knigge, M. Godoy Penteado, & O. Skovsmose (Hrsg.), *Inclusive mathematics education. State-of-the-art research from Brazil and Germany* (S. 625–638). Springer.

Scherer, P. (2019b). The potential of substantial learning environments for inclusive mathematics – student teachers' explorations with special needs students. In U. T. Jankvist, M. van den Heuvel-Panhuizen, & M. Veldhuis (Hrsg.), *Proceedings of the Eleventh Congress of the European Society for Research in Mathematics Education* (S. 4680–4687). Freudenthal Group & Freudenthal Institute, Utrecht University and ERME.

Scherer, P. (2019c). Inklusiver Mathematikunterricht – Herausforderungen bei der Gestaltung von Lehrerfortbildungen In A. Büchter, M. Glade, R. Herold-Blasius, M. Klinger, F. Schacht, & P. Scherer (Hrsg.), *Vielfältige Zugänge zum Mathematikunterricht – Konzepte und Beispiele aus Forschung und Praxis* (S. 327–340). Springer.

Scherer, P., Nührenbörger, M., & Ratte, L. (2019). Inclusive mathematics – In-service training for out-of-field teachers. In J. Novotná & H. Moraová (Hrsg.), *SEMT 2019. International Symposium Elementary Maths Teaching. August 18–23, 2019. Proceedings: Opportunities in Learning and Teaching Elementary Mathematics* (S. 382–391). Charles University, Faculty of Education.

Unverfehrt, M., Rank, A., & Weiß, V. (2019). Zertifikat Inklusion – Basiskompetenzen. Fokussierte Theorie-Praxis-Verbindung in der Lehrer_innenbildung für schulische Inklusion. *HLZ, 2*(3), 214–232.

Wolfswinkler, G., Fritz-Stratmann, A., & Scherer, P. (2014). Perspektiven eines Lehreraus-
bildungsmodells „Inklusion". *Die Deutsche Schule, 106*(4), 373–385.

Wrana, D. (2017). Kostbare Präsenzzeit in der Lehrerinnen- und Lehrerbildung. Wege der
Professionalisierung durch selbstbestimmtes Lernen. In K. Armborst-Weihs, C. Böckel-
mann, & W. Halbeis (Hrsg.), *Selbstbestimmt lernen – Selbstlernarrangements gestalten*
(S. 39–53). Waxmann.

Individuelle Diagnose und lernprozessbegleitende Rückmeldung im Mathematikunterricht der Grundschule

Maike Hagena, Michael Besser und Werner Blum

1   Einleitung

Feedback aims to reduce the gap between where the student 'is' and where he or she is 'meant to be' – that is, between prior or current achievement and the success criteria (Hattie, 2011).

Um die Qualität schulischer Bildungsprozesse nachhaltig zu verbessern, wurden im Jahr 2004 Standards für die Lehrerbildung erlassen, in denen für die vier Kompetenzbereiche Unterrichten, Erziehen, Beurteilen und Innovieren ausgewählte Kompetenzen formuliert wurden, die von (angehenden) Lehrkräften aufzubauen bzw. zu erwerben sind. Im Rahmen dieser Standards wird für den Kompetenzbereich Beurteilen beschrieben, dass Lehrkräfte die Lernvoraussetzungen und Lernprozesse ihrer Schüler*innen erfolgreich zu diagnostizieren und adäquat zu fördern haben und dass Schüler*innen in Abhängigkeit von ihrer individuellen Lernausgangslage zu beraten sind (Kultusministerkonferenz, 2004).

M. Hagena (✉)
Fachbereich der Mathematik, der Informatik und des mathematischen Anfangsunterrichts, Universität Hamburg, Hamburg, Deutschland
E-Mail: maike.hagena@uni-hamburg.de

M. Besser
Institut für Mathematik und ihre Didaktik, Leuphana Universität Lüneburg, Lüneburg, Deutschland
E-Mail: besser@leuphana.de

W. Blum
Institut für Mathematik, Universität Kassel, Kassel, Deutschland
E-Mail: blum@mathematik.uni-kassel.de

© Springer Fachmedien Wiesbaden GmbH, ein Teil von Springer Nature 2022   27
K. Eilerts et al. (Hrsg.), *Auf dem Weg zum neuen Mathematiklehren und -lernen 2.0*,
https://doi.org/10.1007/978-3-658-33450-5_3

Da die Realisierung solch einer individuellen Diagnose und lernprozessbegleitenden Förderung in einer (Grundschul-)Klasse mit bis zu 26 Schüler*innen jedoch eine große Herausforderung darstellt, ist es nicht verwunderlich, dass im alltäglichen Unterrichtsgeschehen die Beurteilung von Schüler*innenleistungen häufig auf eine notenzentrierte Bewertung reduziert wird. So werden Instrumente zur Diagnose des aktuellen Lernstandes (wie z. B. Klassenarbeiten) fast ausschließlich zum Beenden einer Unterrichtseinheit und nicht zur Gestaltung weiterer Lernprozesse genutzt. Die Notwendigkeit solcher Beurteilungsmethoden soll (bspw. auch mit Blick auf Selektionsentscheidungen) an dieser Stelle gar nicht infrage gestellt werden, lernförderliche Effekte weisen diese jedoch kaum auf (Sadler, 1989). Entsprechend erscheint mit Blick auf die Realisierung einer lernprozessbegleitenden Förderung eine Ergänzung sinnvoll, welche weniger auf die abschließende Bewertung einer Leistung ausgerichtet ist, sondern welche – im Sinne des Eingangszitats – die Schüler*innen unmittelbar im Lernprozess unterstützt. Hier setzt die Idee des formativen Assessments an, dessen Kern sowohl eine (kontinuierliche) Diagnose des Lernstandes als auch eine am Lernstand ausgerichtete lernprozessbegleitende Rückmeldung bilden (William, 2010). Inwieweit sich diese zentralen Momente formativen Assessments (bereits) in der Grundschule umsetzen lassen, ist jedoch weitestgehend unklar. Auf diesem Desiderat aufbauend wurde im Zuge eines Unterrichtsentwicklungsprojekts ein Konzept zur Realisierung formativen Assessments für den Mathematikunterricht einer zweiten Grundschulklasse entwickelt und erprobt. Die zentralen, handlungsleitenden Fragen dieser Entwicklungsarbeit lauten:

1. Wie kann ein konkretes Konzept zur Gestaltung und Umsetzung von Diagnose und Rückmeldung (d. h. von formativem Assessment) im Mathematikunterricht einer zweiten Grundschulklasse – am konkreten Gegenstandsbereich einer Unterrichtseinheit zur Zahlraumerweiterung – explizit aussehen? (Unterrichtsentwicklungsprojekt; siehe Abschn. 3.)
2. Inwieweit wirkt sich ein solches Konzept auf die Qualität der Lernprozesse (in Form der Wahrnehmung von Diagnose und Rückmeldung aus Schüler*innensicht) sowie das Belastungserleben der Lehrkraft (als retrospektiver Selbstbericht) aus? (Begleitevaluation; siehe Abschn. 4.)

Im Folgenden werden zunächst einige theoretische Vorüberlegungen zu individueller Diagnose und lernförderlicher Rückmeldung als entscheidende Momente formativen Assessments zusammenfassend aufgezeigt (Abschn. 2). Hieran anschließend erfolgt eine detaillierte Beschreibung von Gestaltung und Umsetzung derartiger Diagnose und Rückmeldung in einer Unterrichtseinheit im Mathematikunterricht der Grundschule (Abschn. 3; handlungsleitende Fragestellung 1). Es schließt sich die Darlegung empirischer Ergebnisse einer Begleitevaluation dieser Unterrichtseinheit an (Abschn. 4; handlungsleitende Fragestellung 2). Der Beitrag endet mit einer zusammenfassenden Diskussion von Ergebnissen und Limitationen (Abschn. 5).

2 Theoretische Vorüberlegungen: Formatives Assessment – individuelle Diagnose, lernprozessbegleitende Rückmeldung

When the cook tastes the soup it is formative, when the guests taste the soup it is summative (Hattie, 2011).

Leistungsmessungen werden in Abhängigkeit von ihrem jeweiligen Nutzungszweck oftmals in summative und formative Leistungsmessungen unterschieden. Während summative Leistungsmessungen genutzt werden, um vorhergegangene Prozesse zusammenfassend und in der Regel abschließend, meist in Form einer Note, zu bewerten, dienen formative Leistungsmessungen der Unterstützung im (Lern-)Prozess. So kosten im aufgeführten Zitat die Gäste die Suppe, um diese final zu bewerten (summative Leistungsmessung), während der Koch sie kostet, um Entscheidungen über die weitere Zubereitung zu treffen (formative Leistungsmessungen). Anhand dieses Beispiels wird deutlich, dass eine spezifische Methode der Leistungsmessung (hier die Verkostung einer Suppe) nicht per se summativ oder formativ ist, sondern dass allein der Nutzungszweck und der Zeitpunkt des Einsatzes entscheidend für die Kategorisierung sind (Maier, 2010). Bezüglich eines solchen Nutzungszwecks gilt für den Begriff des formativen Assessments im schulischen Kontext entsprechend (Black & William, 2009): Werden mit Blick auf ein spezifisches Lernziel die beobachteten Leistungen von Lernenden genutzt, um unter Berücksichtigung der spezifischen Stärken und Schwächen Entscheidungen über die nächsten Schritte im Lehr-Lern-Prozess zu treffen, handelt es sich um formatives Assessment (Andrade, 2010; Black & William, 1998). Im Zentrum formativen Assessments stehen somit der gegenwärtige Lernstand der Lernenden, das spezifische Lernziel des Unterrichts sowie (konkrete) Überlegungen und Handlungen von Lehrkräften, um eine mögliche Diskrepanz zwischen Lernstand und Lernziel zu überwinden und hierdurch eine Adaption der Unterrichtsprozesse an die Lernstände der Lernenden vorzunehmen (Maier, 2010). Als zentrale Momente formativen Assessments sind entsprechend sowohl die individuelle Diagnose des Lernstandes *(„Where the learner is right now")* als auch die lernprozessbegleitende Rückmeldung an Lernende *(„Where the learner is going"* und *„How to get there")* zu verstehen (Bennett, 2011; William, 2010).

2.1 Individuelle Diagnose als zentrales Moment formativen Assessments

Im obigen Beispiel sollte der Koch die Suppe zunächst abschmecken, bevor er diese nachwürzt. Ebenso verhält es sich mit der Lehrkraft. Bevor die Lehrkraft eine lernprozessbegleitende Förderung initiieren kann, ist der individuelle Lernstand des Lernenden zu diagnostizieren *(„Where the learner is right now")*. Hierfür sind explizite Diagnosegelegenheiten zu schaffen, um die individuellen Leistungen der Schüler*innen sichtbar zu machen (Jachmann, 2003). Diese können (Kurz-)Tests, Referate, Portfolios und Hausaufgaben, aber auch Partner*innen- oder Gruppenarbeitsphasen im regulären Unterrichtsverlauf sein. Im Allgemeinen lassen sich diese Diagnosegelegenheiten dabei in formelle und informelle Diagnosegelegenheiten unterscheiden (Bürgermeister, 2014). Während sich eine formelle Diagnosegelegenheit dadurch auszeichnet, dass die Erhebung des Lernstandes im Voraus geplant ist, stellt eine informelle Diagnosegelegenheit eine spontane Erhebung des Lernstandes „on the fly" dar. Trotz dieser Unterscheidung kann eine spezifische Diagnosegelegenheit – analog zur Kategorisierung formativen und summativen Assessments – nicht per se als formell oder informell beschrieben werden. So kann beispielsweise ein (Kurz-)Test auch spontan initiiert werden und die Beobachtung einer Schülerin bzw. eines Schülers im Unterrichtsgespräch anhand eines zuvor ausgearbeiteten Beobachtungsbogens – und somit formell – erfolgen. Entscheidend ist jedoch: Individuelle (formelle ebenso wie informelle) Diagnose bedingt – nicht nur, aber insbesondere auch im Mathematikunterricht – *Aufgaben* zur Überprüfung des individuellen Lernstandes, die mit Blick auf das intendierte Lernziel ein geeignetes Differenzierungspotential besitzen, um das im Unterricht gegebene Leistungsspektrum von Lernenden erfolgreich abdecken zu können (Leuders & Prediger, 2017a; b).

2.2   Lernprozessbegleitende Rückmeldung als zentrales Moment formativen Assessments

Neben der individuellen Diagnose durch geeignete Aufgaben stellen lernprozessbegleitende (Leistungs-)*Rückmeldungen* an Schüler*innen als Antwort auf die Fragen „*Where the learner is going* " und „*How to get there* " ein weiteres, zentrales Element formativen Assessments dar. Für den Begriff der (Leistungs-)Rückmeldungen wird dabei synonym auch der Begriff Feedback verwendet. Unter Feedback sind dabei im Allgemeinen „*actions or information provided by an agent (e.g., teacher, peer, book, parent, experience) that provides information regarding aspects of one's performance or understanding*" (Hattie, 2003, S. 2) zu verstehen. Im Rahmen einer einflussreichen Metastudie konnte aufgezeigt werden (Hattie, 2009), dass derartiges Feedback eine der bedeutendsten Komponenten für die Steigerung schulischen Lernerfolgs ist (Effektstärke: Cohens d = .73). Mit Blick auf die intendierte Lernwirksamkeit sind bei der Formulierung von Feedback jedoch spezifische Kriterien explizit zu berücksichtigen (Hattie & Timperley, 2007). So hat lernförderliches Feedback grundsätzlich mit Bezug auf eine konkrete Aufgabenbearbeitung zu erfolgen (Aufgabenebene) (Kluger & DeNisi, 1996). Unter Rückgriff auf diese Aufgabenbearbeitung werden Informationen über das Gelingen (Stärken ebenso wie Schwächen) der für das Lösen der Aufgabe erforderlichen Prozesse zurückgemeldet (Prozessebene), während gleichzeitig die Nutzung metakognitiver Strategien (Hilfen) angeregt wird (Selbstregulationsebene) (Bürgermeister, 2014). Weiterhin gilt es im Zuge von Feedbackformulierungen zu beachten, dass die Leistung der Schüler*innen entweder in Bezug zu einem inhaltlich definierten Kriterium (kriteriale Bezugsnorm) oder zur individuellen Leistung (individuale Bezugsnorm) gesetzt, jedoch möglichst nicht unmittelbar mit der Leistung anderer Schüler*innen verglichen wird (soziale Bezugsnorm) (Mischo & Rheinberg, 1995). Ein an diesen Momenten/ Ideen ausgerichtetes Feedback hat sich im Zuge der empirischen Unterrichtsforschung i. A. als sehr lernwirksam erwiesen, wobei die faktische Lernwirksamkeit immer auch von der spezifischen Lehr-Lern-Situation, den individuellen Lernvoraussetzungen sowie dem Selbstbild der Lernenden abhängig ist (Mason & Bruning, 2001).

Auf diesen Ideen beruhende individuelle Diagnoseprozesse und lernprozessbegleitende Rückmeldungen – verstanden als formatives Assessment – werden durchaus als „next best hope" (Cizek, 2010) und „powerful tool" (Wylie et al., 2012) zur Qualitätsentwicklung im Bildungswesen angesehen. Entscheidend ist hierbei jedoch: Aktuelle, auf obigen Erkenntnissen aufbauende empirische Studien zeigen, dass sich individuelle Diagnose und lernprozessbegleitende Rückmeldung im Unterricht nicht direkt auf die Leistungsentwicklung von Schüler*innen auswirken. Vielmehr zeigen sich indirekte Effekte, die vor allem vom Grad der durch Schüler*innen wahrgenommenen Adaptivität (hier also: der individuell wahrgenommenen Unterstützung) der Rückmeldung abhängen (Decristan et al., 2015; Harks et al., 2014; Rakoczy et al., 2013). Eine derart als Unterstützung wahrgenommene Implementation formativen Assessments in den alltäglichen Mathematikunterricht ist jedoch als große Herausforderung für Mathematiklehrkräfte zu verstehen (Pinger et al., 2016, 2017) – empirische Evidenzen zu konkreten Möglichkeiten der Umsetzung im alltäglichen Mathematikunterricht liegen kaum vor. Hier setzt das vorliegende Unterrichtsentwicklungsprojekt an. Im Rahmen einer gezielt entwickelten und evaluierten Unterrichtseinheit wird untersucht, ob und wie eine Implementationen formativen Assessments bereits im Mathematikunterricht einer zweiten Grundschulklasse gelingen kann.

3   Unterrichtsentwicklungsprojekt: Gestaltung und Umsetzung von Diagnose und Rückmeldung in einer Unterrichtseinheit zur Zahlraumerweiterung im Mathematikunterricht der Grundschule

Aufbauend auf den aufgeführten theoretischen Überlegungen zur Bedeutung formativen Assessments für die Qualität von Unterricht erfolgte im Rahmen eines Unterrichtsentwicklungsprojekts die gezielte Implementation individueller Diagnose und lernprozessbegleitender Rückmeldung in den Mathematikunterricht an einer Grundschule in Niedersachsen – eingebettet in den regulären Mathematikunterricht im Rahmen einer Unterrichtseinheit zur Zahlraumerweiterung. Im Folgenden wird zunächst die inhaltliche (Abschn. 3.1) und zeitlich-organisatorische (Abschn. 3.2) Gestaltung dieser Unterrichtseinheit dargelegt, bevor dann im Detail auf die konkrete Umsetzung von Diagnose und Rückmeldung in eben dieser Unterrichtseinheit eingegangen wird (Abschn. 3.3). An den aufgeführten Materialien sollen Möglichkeiten und Chancen zur individuellen Lernunterstützung im Mathematikunterricht der Grundschule herausgearbeitet werden – ein abschließendes konkretes Beispiel zeigt ein ausgewähltes Ergebnis der konkreten Umsetzung im regulären Unterricht (Abschn. 3.4).

3.1   Inhaltliche Gestaltung der Unterrichtseinheit

Eingebettet in den regulären Mathematikunterricht einer zweiten Klasse und im Einklang mit dem Kerncurriculum des Landes Niedersachsen fokussiert die Unterrichtseinheit in den dargestellten sechs Wochen inhaltlich die Förderung inhaltsbezogener Kompetenzen im Bereich Zahlen und Operationen am Beispiel der Zahlraumerweiterung bis 100 – bzw. zum Teil auch schon hierüber hinaus[1] (Buddenberg et al., 2017). Im Mathematikunterricht der Grundschule wird der Zahlbereich der natürlichen Zahlen sukzessive durch die schrittweise Erschließung immer größer werdender Zahlräume erarbeitet (Krauthausen, 2018). In diesem Sinne stellt diese Erweiterung des Zahlenraumes bis 100 ein zentrales Thema im Arithmetikunterricht des 2. Schuljahres dar (Schipper et al., 2015). Im Zuge dieser Zahlraumerweiterung sollen die Schüler*innen dabei unterstützt werden, sich sicher im (neuen) Zahlenraum zu orientieren, ein belastbares Stellenwertverständnis zu entwickeln sowie einschlägige Zahl- und Operationseigenschaften zu erkunden (Krauthausen, 2018).

Im Rahmen der in diesem Unterrichtsprojekt verfolgten „sicheren Orientierung im Zahlenraum bis 100" wurden insbesondere folgende Teilaspekte gezielt fokussiert: 1) Sicherheit beim Lesen und Schreiben von Zahlen, 2) automatisiertes Vorwärts- und Rückwärtszählen (auch in (größeren) Schritten), 3) Interpretation und Nutzung verschiedener Darstellungsformen bei der Zahlauffassung und Zahldarstellung, 4) Vergleichen und Ordnen von Zahlen (auch am Zahlenstrahl), 5) Zerlegen und Zusammensetzen von Zahlen sowie 6) die Entdeckung von Analogien (Hasemann & Gasteiger, 2020; Schipper et al., 2015).

3.2 Zeitlich-organisatorische Gestaltung der Unterrichtseinheit

Im ersten Schulhalbjahr 2018/2019 haben insgesamt 22 Schüler*innen einer zweiten Klasse einer niedersächsischen Grundschule über die Gesamtdauer von sechs Wochen an dem Unterrichtsentwicklungsprojekt teilgenommen. Über die Dauer des Projekts haben alle Schüler*innen jeweils einmal pro Woche im Mathematikunterricht passend zum aktuellen Unterrichtsinhalt individuelle Diagnoseaufgaben auf einem sogenannten Diagnose- und Rückmeldebogen (siehe im Detail Abschn. 3.3 und 3.4 sowie Abb. 1 bis 4) bearbeitet und anhand dieser Bearbeitung ein individuelles Feedback sowie adaptiv ausgewählte Lernaufgaben erhalten. Konkret liegt dem Projekt folgende zeitlich-organisatorische Struktur zu Grunde:

---

[1] Da die jeweiligen Zahlenräume einen Orientierungsrahmen bieten, aber keine Begrenzung darstellen (Krauthausen 2018), wurden einzelne Schüler*innen im Zuge der qualitativen Differenzierung unterstützt, bereits in den Zahlenraum bis 1000 vorzudringen.

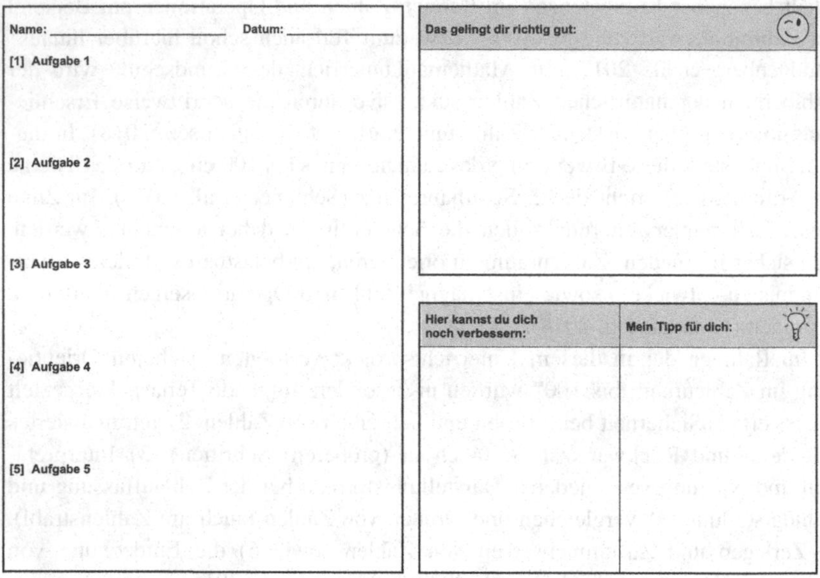

Name: _____ Datum: _____	Das gelingt dir richtig gut: ☺
[1] Aufgabe 1	
[2] Aufgabe 2	
[3] Aufgabe 3	
[4] Aufgabe 4	Hier kannst du dich noch verbessern: / Mein Tipp für dich: 💡
[5] Aufgabe 5	

Abb. 1 Struktur des Diagnose- und Rückmeldebogens

Individuelle Diagnose. Im Rahmen des Diagnose- und Rückmeldebogens wurden den Schüler*innen immer dienstags zu Beginn der Unterrichtsstunde Diagnoseaufgaben vorgelegt. Die Bearbeitungszeit betrug etwa 15 bis 20 min. Während in der ersten Woche die Diagnoseaufgaben für alle Schüler*innen identisch waren, unterschieden sich diese ab der zweiten Woche im Rahmen der intendierten Lernziele (siehe Abschn. 3.1) in Umfang, inhaltlicher Anforderung und Komplexität. Abhängig von individuellen Stärken und Schwächen wurden auf die einzelnen Schüler*innen angepasste Diagnoseaufgaben ausgegeben, um eine möglichst adaptive Förderung gewährleisten zu können.

Lernprozessbegleitende Rückmeldung. Immer donnerstags – also zwei Tage nach der Bearbeitung der Diagnoseaufgaben – erhielten die Schüler*innen individuelles schriftliches Feedback zu ihren Aufgabenbearbeitungen unmittelbar auf dem eigenen Diagnose- und Rückmeldebogen – nach Maier (2010) wird diese Zeitspanne als „formatives Assessment mit mittlerer Feedbackreichweite" bezeichnet, bei welchem noch relativ große Effekte auf Schüler*innenleistungen zu erwarten sind, da diese am ehesten eine Ausrichtung der Unterrichtsprozesse an den individuellen Lernständen ermöglichen. Bei der Rückgabe des Diagnose-

und Rückmeldebogens an die Schüler*innen wurde darauf geachtet, dass ihnen ausreichend Zeit zur Verfügung stand, um die individuelle Rückmeldung – zum Teil mit Unterstützung der Lehrkraft – zu verarbeiten. Bei der Formulierung des Feedbacks wurden die spezifischen, in Abschn. 2 aufgezeigten Gütekriterien (Aufgaben- und Prozessebene, Benennung von Stärken/ Schwächen/ Strategien, keine sozialen Vergleiche) berücksichtigt.

Adaptive Lernaufgaben. Der Forschungsstand zum formativen Assessment legt nahe, formatives Assessment so in den Unterricht zu integrieren, dass die Schüler*innen im Anschluss an die Erarbeitung des Feedbacks kognitiv aktiv an ihren spezifischen Schwächen arbeiten können, denn eine Feedbackschleife ist nur dann lernwirksam, wenn sie zum Handeln auffordert (Maier, 2010). Aus diesem Grund haben die Schüler*innen im Anschluss an die Erarbeitung des Feedbacks adaptiv ausgewählte Aufgaben bearbeitet, um eine aktive Auseinandersetzung mit dem Feedback zu gewährleisten.

Aufgrund des positiven Einflusses, den Routinen auf eine effiziente Klassenführung haben (Helmke, 2009), wurde der wöchentliche Ablauf über die sechs Wochen konstant gehalten. Durch diese Routinen im zeitlichen Ablauf – ein wöchentlich einheitlich wiederkehrender zyklischer Prozess – waren den Schüler*innen nach einmaliger Einführung die Gestaltung des Diagnose- und Rückmeldebogens und der hierauf befindlichen Diagnoseaufgaben (siehe im Detail Abschn. 3.3) sowie der zeitlich-organisatorische Ablauf soweit bekannt, dass sie (weitestgehend) selbstständig mit den adaptiven Lernaufgaben arbeiten konnten. Der „reguläre Unterrichtsablauf" wurde hierdurch nur geringfügig beeinträchtigt, ein entscheidender Baustein für das Gelingen der Implementation formativen Assessments in alltägliche Unterrichtspraxis (Leahy et al., 2005).

3.3　Grundlegende Ideen zur Umsetzung von Diagnose und Rückmeldung in der Unterrichtseinheit

Zentrales Element der Umsetzung individueller Diagnose und lernprozessbegleitender Rückmeldungen innerhalb des Unterrichtsentwicklungsprojekts stellt der in die sechswöchige Unterrichtseinheit implementierte und vom DFG-Projekt Co^{2}CA adaptierte Diagnose- und Rückmeldebogen dar (für einen Überblick über das Projekt siehe K. Rakoczy et al., 2017), dessen den Lernprozess unterstützende Wirkung bereits für Mathematikunterricht am Ende der Sekundarstufe I empirisch nachgewiesen werden konnte (Pinger et al., 2016, 2017; K. Rakoczy et al., 2019). Dieser besteht (siehe Abb. 1 für ein allgemeines Beispiel des Diagnose- und Rückmeldebogens), basierend auf den aufgezeigten theoretischen Vorüberlegungen,

aus 1) einem Aufgabenbereich, der die für die *individuelle Diagnose* des gegenwärtigen Lernstandes zu bearbeitenden Aufgaben umfasst (links), und 2) einem
Rückmeldeteil, in dessen Struktur die Kriterien eines *lernprozessbegleitenden
Feedbacks* direkt aufgegriffen worden sind (rechts). Nicht unmittelbar enthalten
sind 3) *adaptive Lernaufgaben*, diese werden separat angeboten. Konkret ergibt
sich folgende Gestaltung des eingesetzten Diagnose- und Rückmeldebogens:

Individuelle Diagnose (Abb. 1; links). Die eingesetzten Diagnoseaufgaben greifen entsprechend der aufgezeigten Lernziele der Unterrichtseinheit – sichere
Orientierung im Zahlenraum bis 100 (siehe Abschn. 3.1) – sowie im Einklang
mit dem niedersächsischen Kerncurriculums zentrale Inhalts- und Kompetenzbereiche der Zahlraumerweiterung im zweiten Schuljahr auf. Explizit bedeutet
dies, dass beispielsweise Aufgaben zu folgenden Teilaspekten (auch in bewusster Abhängigkeit vom individuellen Leistungsstand der Schüler*innen) eingesetzt
wurden: Aufgaben zum Rückwärtszählen (siehe beispielhaft Abb. 2, Diagnose-
und Rückmeldebogen 1, Aufgabe 3); Aufgaben zum Zerlegen von Zahlen (siehe
beispielhaft Abb. 2, Diagnose- und Rückmeldebogen 2, Zahlenmauern 5 bis
8); Aufgaben zum Entdecken (bzw. hier auch Nutzen) von Analogien (siehe
beispielhaft Abb. 2, Diagnose- und Rückmeldebogen 3, Aufgabe 2).

Lernprozessbegleitende Rückmeldung (Abb. 1; rechts). Im Rahmen des Rück-
meldeteils wurden den Schüler*innen ausgehend von den konkreten Aufgaben
sowohl Stärken (*„Das gelingt dir richtig gut:"*) als auch Schwächen (*„Hier kannst
du dich noch verbessern:"*) individuell benannt. Bei der Formulierung der Stärken
wurde berücksichtigt, dass sich im Kontext empirischer Untersuchungen die Formulierung eines allgemeinen Lobes als nicht lernförderlich erwiesen hat (Hattie
& Timperley, 2007). Entsprechend wurde versucht, das Feedback ausschließlich
auf die Handlungen (Aufgaben- und Prozessebene) und nicht auf die Person
(Selbstebene) zu richten. Im dritten Textfeld (*„Mein Tipp für dich:"*) wurden den
Schüler*innen schließlich geeignete Hilfestellungen angeboten, die ein Überwinden der diagnostizierten Defizite ermöglichen sollten. In Anlehnung an inhaltliche
Überlegungen zur Zahlraumerweiterung (siehe Abschn. 3.1) ergibt sich beispiel-
haft für Diagnose- und Rückmeldebogen 1 (aus Abb. 2) die in Abb. 3 zu sehende
Benennung einer beispielhaften Schwäche in Anlehnung an Schipper et al. (2011)
nebst zugehöriger Hilfestellungen.

Adaptive Lernaufgaben. Die auf der individuellen Diagnose und lernprozessbegleitenden Rückmeldung basierenden, den Schüler*innen angebotenen Lernaufgaben sind nicht Teil des Diagnose- und Rückmeldebogens, sondern werden
auf einem separaten Übungsblatt oder als Angabe von zu bearbeitenden Übungsaufgaben aus dem klassenspezifischen Schulbuch (Lehrwerk der Schule „Denken
und Rechnen") den Schüler*innen zur Verfügung gestellt.

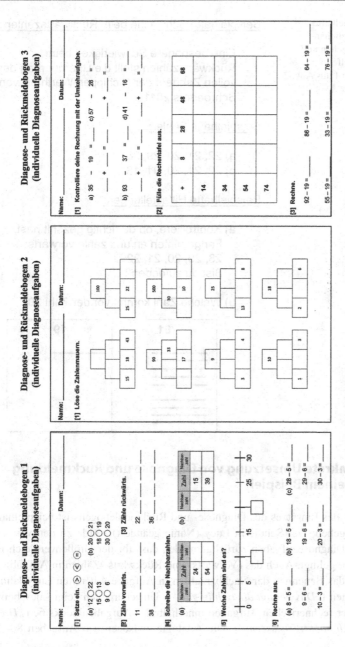

Abb. 2 Individuelle Diagnoseaufgaben auf drei beispielhaft ausgewählten Diagnose- und Rückmeldebögen

Abb. 3 Beispielhafte
Auflistung möglicher
Stärken/ Schwächen und
zugehöriger Hilfen für
Diagnosebogen 1 aus Abb. 2

Beispielhafte Schwäche beim Rückwärtszählen:

Eine besondere Schwierigkeit beim
Rückwärtszählen stellt die Überquerung des
vollen Zehners dar (Schipper, Wartha & von
Schroeders 2011).

Beispielhafte Fehler:

a) 22, 21, 20, 29, 28
b) 22, 21, 20, 91, 18

Beispielhafte Hilfestellungen:

a) Kontrolliere, ob du richtig gezählt hast.
Fange hinten an und zähle vorwärts:
28, 29, 20, 21, 22
Bist du zufrieden?

b) Welche Zahl kommt vor der Zahl 20?

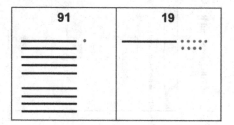

3.4 Konkrete Umsetzung von Diagnose und Rückmeldung an einem Beispiel

Das Ergebnis des Einsatzes des Diagnose- und Rückmeldebogens ist beispielhaft
in Abb. 4 gegeben: Der Schülerin Lucy (Name geändert) wurde zu den von ihr
bearbeiteten Diagnoseaufgaben zurückgemeldet, dass ihr der Größenvergleich in
Aufgabe 1 gut gelingt. Auch das (Vorwärts- und Rückwärts-)Zählen in Aufgabe 2
und 3 sowie das Benennen der Nachbarzahlen in Aufgabe 4 bereiten Lucy keine
Schwierigkeiten (*„Das gelingt dir richtig gut:"*). Unsicherheiten zeigt Lucy beim
Bearbeiten der rechnerischen Aufgaben innerhalb des Aufgabenblocks 6c (*„Hier
kannst du dich noch verbessern:"*). Die Analogie zwischen den Aufgaben 8 – 5

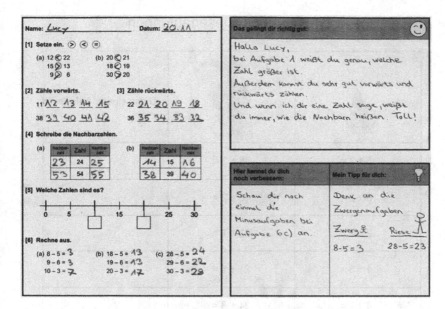

Abb. 4 Individueller Diagnose- und Rückmeldebogen der Schülerin Lucy

und 28 – 5 scheint Lucy nicht auszunutzen, diese Strategie wurde daher als Tipp aufbereitet („*Mein Tipp für dich:* "). Das persönliche Feedback entspricht dem Verständnis eines aufgaben- und prozessbezogenen Feedbacks, das gleichzeitig aber auch für die Lehrkraft in einem angemessenen Zeitrahmen umsetzbar ist. Im Sinne einer möglichst lernprozessbegleitenden Förderung erhielt Lucy im Anschluss an den Diagnose- und Rückmeldebogen ein Arbeitsblatt mit adaptiv zusammengestellten Zwergen- und Riesenaufgaben, das zur Nutzung von Analogien anregt (Abb. 5).

4   Begleitevaluation: Wahrgenommene Qualität des Lernprozesses und Belastungserleben der Lehrkraft

Über Fragen der Gestaltung und Umsetzung der Implementation individueller Diagnose und lernförderlicher Rückmeldung hinausgehend können im Rahmen des vorliegenden Unterrichtsentwicklungsprojektes auch die Wirkung der

Zwergen- und Riesenaufgaben

		**Deine eigene Aufgabe**
5 + 3 =	65 + 3 =	
6 + 2 =	46 + 2 =	
2 + 7 =	82 + 7 =	
1 + 5 =	21 + 5 =	
4 + 3 =	34 + 3 =	
5 + 2 =	55 + 2 =	
1 + 8 =	71 + 8 =	
6 + 3 =	26 + 3 =	

Abb. 5 Adaptive Lernaufgaben für die Schülerin Lucy

Umsetzung und Gestaltung des vorgestellten Konzepts auf die wahrgenommene Qualität des Lernprozesses (in Form der Wahrnehmung von individueller
Diagnose, lernprozessbegleitender Rückmeldung und adaptiver Lernaufgabe aus
Schüler*innensicht) und auf das individuelle Belastungserleben der Lehrkraft (als
retrospektiver Selbstbericht) – wenn auch nicht in hochgradig standardisierter und
belastbarer Form (siehe Limitationen unten) – diskutiert werden.

4.1 Wahrgenommene Qualität des Lernprozesses

Zur Bewertung der durch die Schüler*innen wahrgenommenen Qualität des Lernprozesses wurde bei diesen zu zwei Messzeitpunkten (MZP) – einmal unmittelbar vor (MZP 1) und einmal unmittelbar nach (MZP 2) der sechswöchigen Unterrichtseinheit – ein standardisierter Kurzfragbogen administriert. Der Fragebogen umfasst die folgenden sechs Einzelitems (siehe Tab. 1) als Adaption an etablierte Skalen (Dresel & Ziegler, 2007; Kunter, 2005; Katrin Rakoczy et al., 2005) mit Aussagen zu *individueller Diagnose (2 Items), lernförderlicher Rückmeldung (3 Items)* und *adaptiven Lernaufgaben (1 Item)*.

Die Items waren in dreistufigem Likert-Format gegeben, die Schüler*innen mussten jeweils entscheiden, ob die Aussagen der Items nicht (Score 0), manchmal (Score 1) oder immer (Score 2) auf den Mathematikunterricht der letzten Wochen zutrafen. Hierzu wurden die Items den Schüler*innen zu beiden Messzeitpunkten von der Lehrkraft vorgelesen und es wurde ausreichend Zeit zur Beantwortung eingeräumt. Insgesamt haben 21 von 22 Schüler*innen diesen Kurzfragebogen zu beiden Messzeitpunkten beantwortet.

Tab. 1 Eingesetzte Einzelitems zur Bewertung der wahrgenommenen Qualität des Lernprozesses

Individuelle Diagnose	
Item 1	Meine Mathelehrerin merkt, wenn ich etwas nicht verstehe
Item 2	Meine Mathelehrerin merkt, wenn ich in Mathe besser werde
Lernförderliche Rückmeldung	
Item 3	Die schriftlichen Rückmeldungen meiner Mathelehrerin zeigen mir, was ich schon gut kann
Item 4	Die schriftlichen Rückmeldungen meiner Mathelehrerin zeigen mir, was ich noch besser machen kann
Item 5	Die schriftlichen Rückmeldungen meiner Mathelehrerin verstehe ich
Adaptive Lernaufgaben	
Item 6	Wenn ich etwas nicht verstehe, gibt mir meine Mathelehrerin Aufgaben, an denen ich noch ein bisschen üben kann

Tab. 2 Ergebnisse der Begleitevaluation

		MZP 1	MZP 2	Differenz
	N	MW (SD)	MW (SD)	t-Test
Item 1	21	1.29 (0.85)	1.81 (0.40)	$t(20) = 2.75; p < .05$
Item 2	21	1.43 (0.75)	1.81 (0.51)	$t(20) = 2.36; p < .05$
Item 3	21	1.71 (0.56)	1.81 (0.51)	$t(20) = 1.00; p = .33$
Item 4	21	1.33 (0.73)	1.86 (0.48)	$t(20) = 2.59; p < .05$
Item 5	21	0.81 (0.87)	1.76 (0.44)	$t(20) = 4.74; p < .00$
Item 6	21	1.14 (0.73)	1.67 (0.66)	$t(20) = 2.59; p < .05$

Die deskriptiven Werte sind auf Itemebene (eine Zusammenfassung auf Ska-
lenebene ist auf Grund der empirischen Kennwerte problematisch) in Tab. 2
gegeben. Offensichtlich ist hier zu sehen: Trotz teils bereits hoch ausgeprägter
Anfangswerte zu MZP 1 sind die Mittelwerte für alle Items zu MZP 2 stets größer als zu MZP 1. Diese Veränderungen in der Wahrnehmung der Qualität des
Lernprozesses lassen sich trotz kleiner Stichprobe sogar statistisch nachweisen –
t-Tests mit abhängiger Stichprobe belegen (mit einer Ausnahme) die Signifikanz
der Mittelwertunterschiede zwischen den Messzeitpunkten. Anschaulich ist diese
Entwicklung ergänzend in Abb. 6 gegeben, hier wurden die absoluten Anzahlen
an „Zustimmungen" (Score 2) zu MZP 1 und MZP 2 für alle sechs Einzelitems
gegenübergestellt.

4.2 Individuelles Belastungserleben der Lehrkraft

Die Umsetzung formativen Assessments in der Schule setzt auf allen drei bisher
diskutierten Ebenen – individuelle Diagnose, lernprozessbegleitende Rückmeldung, adaptive Lernaufgaben – ein hochgradig professionelles Handeln der Lehrperson voraus. Geeignete Diagnoseaufgaben sind entsprechend der individuellen
Lernstände der Schüler*innen auszuwählen, Rückmeldungen für jeden einzelnen
Lernenden (schriftlich) zu erstellen, adaptive Lernaufgaben basierend auf diesen
Rückmeldungen aufzubereiten. Abschließend soll hier daher in Form eines retrospektiven Selbstberichts der Erstautorin (und damit durchaus in sicherlich stark
subjektiver Art und Weise) ein kurzer Einblick in die mit diesen Herausforderungen einhergehenden Anforderungen (Belastungen) an die Lehrkraft skizziert
werden. Ohne Anspruch auf Generalisierbarkeit gilt diesbezüglich:

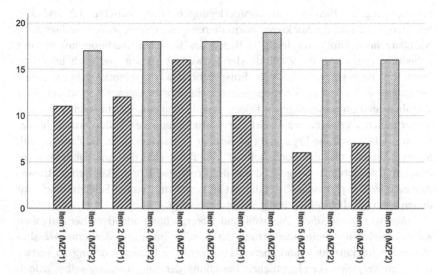

Abb. 6 Darstellung der Entwicklung der wahrgenommenen Qualität des Lernprozesses über die Unterrichtseinheit (jeweils im Vergleich MZP 1 und MZP 2)

Individuelle Diagnose. Sowohl die Auswahl der Diagnoseaufgaben selbst als auch die Implementation des Diagnose- und Rückmeldebogens in den Unterricht zu Zwecken der individuellen Diagnose des Lernstandes stellte zeitlich / organisatorisch den geringsten Mehraufwand dar. Nur etwa eine halbe Stunde pro Woche entfällt auf die Auswahl geeigneter Aufgaben (trotz wöchentlich mehrerer, grundverschiedener Aufgabenteile auf dem Diagnose- und Rückmeldebogen), der zeitliche Mehraufwand im Unterrichtsverlauf selbst fiel aufgrund der Etablierung von Routinen (siehe oben) ebenfalls kaum ins Gewicht.

Lernprozessbegleitende Rückmeldung. Die eigentliche Belastung für die Lehrkraft ergab sich wöchentlich am Dienstag- und/ oder Mittwochnachmittag. Da die Schüler*innen immer dienstags die Diagnoseaufgaben bearbeitet haben und jeweils donnerstags individuelle Rückmeldungen erhalten sollten, waren an diesen beiden Nachmittagen die Aufgabenbearbeitungen der Schüler*innen nachzuschauen und die Rückmeldungen zu formulieren. Diese Tätigkeiten haben in der Summe wöchentlich etwa vier Stunden Zeit in Anspruch genommen. Insbesondere die Formulierung des Feedbacks hat sich dabei auch aufgrund der niedrigen Klassenstufe als besonders zeitaufwändig herausgestellt: Beim Versuch, die Stärken und Schwächen möglichst konkret zu benennen, kamen trotz vorausgegangener theoretischer Vorüberlegungen (siehe Abschn. 3.2 und 3.3) Schwierigkeiten bei der konkreten Formulierung auf. Fachbegriffe (wie hier z. B. Nachbarzehner, Größenvergleich, stellenweises Rechnen, Additionsaufgabe mit Zehnerübergang) sind für Zweitklässler schwer zu erlesen und auch inhaltlich (zum Teil) noch gar nicht bekannt. Entsprechend war insbesondere bei der Formulierung der Stärken die Versuchung groß, ein selbstbezogenes Lob anstatt eines aufgaben- und prozessbezogenen Lobes zurückzumelden, da ein solches leichter zu formulieren gewesen wäre. Bei der Formulierung der Hilfen wurde hingegen versucht, durch die Ergänzung ikonischer Darstellungen (z. B. Zahlenstrahl, Stellenwerttafel) und die Bereitstellung von Beispielen die Anschaulichkeit zu erhöhen – wiederum einhergehend mit der Problematik, die (ikonischen) Ergänzungen oder Beispiele so selbsterklärend zu gestalten, dass die Schüler*innen mit diesen auch wirklich selbstständig arbeiten konnten.

Adaptive Lernaufgaben. Auswahl und Bereitstellung adaptiver Lernaufgaben zur erfolgreichen Auseinandersetzung der Schüler*innen mit der lernprozessbegleitenden Rückmeldung sind ebenfalls als zeitliche Herausforderung zu verstehen – im Vergleich zur eigentlichen Erstellung der Rückmeldung selbst jedoch letztlich als zeitlicher Faktor vernachlässigbar.

5   Zusammenfassung und Diskussion

Mit Blick auf die Weiterentwicklung von Leistungsbeurteilungen in der alltäglichen Unterrichtspraxis wurden im Kontext eines Unterrichtsentwicklungsprojekts Möglichkeiten der Implementation formativen Assessments im Mathematikunterricht einer Grundschulklasse diskutiert: Es wurde ein konkretes Konzept zur Gestaltung und Umsetzung individueller Diagnose und lernprozessbegleitender Rückmeldung als zentrale Momente formativen Assessments ausgearbeitet und über die Dauer von sechs Wochen im Mathematikunterricht einer zweiten Klasse erprobt. Dieses Konzept wurde in Abschn. 3 ausführlich dargelegt (*handlungsleitende Fragestellung 1*), die Erprobung wurde projektbegleitend evaluiert (*handlungsleitende Fragestellung 2*). Anhand der vorangegangenen Ausführungen lassen sich die nachfolgend zusammengefassten Ergebnisse formulieren:

1. Es ist gelungen, ein Konzept zur Gestaltung und Umsetzung formativen Assessments (d. h. individueller Diagnose und lernprozessbegleitender Rückmeldung) für den Mathematikunterricht einer zweiten Grundschulklasse zu adaptieren/ zu entwickeln und dieses in den regulären Unterrichtsverlauf zu implementieren. Die Schüler*innen haben die Gestaltung und Umsetzung der

zentralen Momente formativen Assessments positiv wahrgenommen – eine Grundvoraussetzung für letztlich final intendierte, gesteigerte Lernzuwächse. 2. Aus der subjektiven Perspektive der Lehrkraft hat die Umsetzung des Konzepts zu keinerlei Mehrbelastung in den jeweiligen Unterrichtsstunden selbst geführt. Allerdings entstand ein erheblicher Zeitaufwand insbesondere in der Erstellung der schriftlichen Rückmeldungen, deren Formulierung für Schüler*innen einer Grundschulklasse eine beträchtliche inhaltliche Herausforderung (und damit einhergehende zeitliche Belastung) darstellte.

Eine Diskussion dieser Ergebnisse bedingt zunächst zwangsweise eine explizite Benennung einiger elementarer, nicht zu vernachlässigender Einschränkungen des vorliegenden Beitrags. So ist im Kontext einer kritischen Reflektion insbesondere zu bedenken, dass das vorgestellte Unterrichtsentwicklungsprojekt keineswegs den Ansprüchen eines wissenschaftlichen Experiments genügt. Um nur einige offensichtliche Abweichungen von der üblichen wissenschaftlichen Praxis zu benennen: Die inhaltliche Umsetzung erfolgte durch die Projektleitung selbst und unterlag keiner Treatmentkontrolle, es existieren weder Kontrollgruppe noch Vergleichsgruppe, die herangezogenen Erhebungsinstrumente sind nicht standardisiert, Aussagen über Objektivität, Reliabilität und Validität der Ergebnisse sind kaum möglich (bzw. im Falle der subjektiven Selbstberichte der Erstautorin offensichtlich nicht gegeben).

Der vorliegende Beitrag kann somit nur eingeschränkt als empirische Originalarbeit inklusive unmittelbar generalisierbarer Forschungsbefunde verstanden werden. Wohl aber lässt sich dieser als fachdidaktischer Beitrag zur inhaltlichen Diskussion der Weiterentwicklung der Qualität des Mathematikunterrichts in der Grundschule verstehen: Individuelle Diagnose und lernprozessbegleitende Rückmeldung gelten als „next best hope" und „powerful tool" der Unterrichtsforschung – und das vorgestellte Unterrichtsprojekt zeigt exemplarisch auf, dass die Umsetzung dieser Momente guten Unterrichts (bei allen hiermit einhergehenden Mehrbelastungen für die Lehrkraft) bereits im Fachunterricht einer zweiten Grundschulklasse gelingen kann. Belastbare Evidenzen zu den berichteten Erkenntnissen sind von entsprechenden kontrollierten Folgestudien zu erbringen.

Literatur

Andrade, H. L. (2010). Summing up and moving forward: Key challenges and future directions for research and development in formative assessment. In H. L. Andrade & G. J. Cizek (Hrsg.), *Handbook of formative assessment* (S. 344–351). Routledge.

Bennett, R. (2011). Formative assessment: A critical review. *Assessment in Education: Principles, Policy & Practice, 18*(1), 5–25.

Black, P., & William, D. (1998). Assessment and classroom learning. *Assessment in Education, 5*(1), 7–74.

Black, P., & William, D. (2009). Developing the theory of formative assessment. *Educational Assessment, Evaluation and Accountability, 21*(1), 5–31.

Buddenberg, H., Engels, A., Feltrup, S., Hedtfeld, R., Lierse, M., & Müller, A. (2017). *Kerncurriculum für die Grundschule Schuljahrgänge 1–4 Mathematik* (N. Kultusministerium (ed.)). Unidruck.

Bürgermeister, A. (2014). *Leistungsbeurteilungen im Mathematikunterricht. Bedingungen und Effekte von Beurteilungspraxis und Beurteilungsgenauigkeit*. Waxmann.

Cizek, G. J. (2010). An introduction to formative assessment: History, characteristics and challenges. In H. L. Andrade & G. J. Cizek (Hrsg.), *Handbook of formative assessment* (S. 3–17). Routledge.

Decristan, J., Klieme, E., Kunter, M., Hochweber, J., Büttner, G., Fauth, B., Hondrich, A. L., Rieser, S., Hertel, S., & Hardy, I. (2015). Embedded formative assessment and classroom process quality: How do they interact in promoting science understanding? *American Educational Research Journal, 52*(6), 1133–1159.

Dresel, M., & Ziegler, A. (2007). *Zur Abhängigkeit handlungsadaptiver Reaktionen nach Misserfolg von Attributionsstil, Fähigkeitsselbstkonzept, impliziter Fähigkeitstheorie, Zielorientierung und Interesse. Vortrag auf der 10. Tagung der Fachgruppe Pädagogische Psychologie der DGP*.

Harks, B., Rakoczy, K., Hattie, J., Besser, M., & Klieme, E. (2014). The effects of feedback on achievement, interest and self-evaluation: The role of feedback's perceived usefulness. *Educational Psychology, 34*(3), 269–290.

Hasemann, K., & Gasteiger, H. (2020). *Anfangsunterricht Mathematik*. Springer Spektrum.

Hattie, J. (2003). *Formative and summative interpretations of assessment information*. https://cdn.auckland.ac.nz/assets/education/hattie/docs/formative-and-summative-assessment-(2003).pdf

Hattie, J. (2009). *Visible learning. A synthesis of over 800 meta-analyses relating to achievement*. Routledge.

Hattie, J. (2011). *Visible learning for teachers*. Routledge.

Hattie, J., & Timperley, H. (2007). The power of feedback. *Review of Educational Research, 77*(1), 81–112.

Helmke, A. (2009). *Unterrichtsqualität und Lehrerprofessionalität. Diagnose, Evaluation und Verbesserung des Unterrichts*. Kallmeyer Klett.

Jachmann, M. (2003). *Noten oder Berichte? Die schulische Beurteilungspraxis aus der Sicht von Schülern, Lehrern und Eltern*. Leske + Budrich.

Kluger, A. N., & DeNisi, A. (1996). The effects of feedback interventions on performance: A historical review, a meta-analysis, and a preliminary feedback intervention theory. *Psychological Bulletin, 119*(2), 254–284.

Krauthausen, G. (2018). *Einführung in die Mathematikdidaktik – Grundschule*. Springer Spektrum.

Kultusministerkonferenz. (2004). *Standards für die Lehrerbildung: Bildungswissenschaften.* *Beschluss der Kultusministerkonferenz vom 16.12.2004* (Sekretariat der Ständigen Konferenz der Kultusminister der Länder in der Bundesrepublik Deutschland (Hrsg.)). O. V.

Kunter, M. (2005). *Multiple Ziele im Mathematikunterricht.* Waxmann.

Leahy, S., Lyon, C., Thompson, M., & Willaim, D. (2005). Classroom assessment. Minute by minute, day by day. In classrooms that use assessment to support learning, teachers continually adapt instruction to meet student needs. *Assessment to Promote Learning, 63*(3), 19–24.

Leuders, T., & Prediger, S. (2017a). Flexibel differenzieren erfordert fachdidaktische Kategorien. Vorschläge eines curricularen Rahmens für künftige und praktizierende Mathematiklehrkräfte. In J. Leuders, T. Leuders, S. Prediger, & S. Ruwisch (Hrsg.), *Mit Heterogenität im Mathematikunterricht umgehen lernen. Konzepte und Perspektiven für eine zentrale Anforderung an die Lehrerbildung* (S. 3–16). Springer Spektrum.

Leuders, T., & Prediger, S. (2017b). *Flexibel differenzieren und fokussiert fördern im Mathematikunterricht.* Cornelsen.

Maier, U. (2010). Formative Assessment – Ein erfolgsversprechendes Konzept zur Reform von Unterricht und Leistungsmessung? *Zeitschrift Für Erziehungswissenschaft, 13*(2), 293–308.

Mason, B. J., & Bruning, R. H. (2001). *Providing feedback in computer-based instruction. What the research tells us. CLASS Research Report No. 9.*

Mischo, C., & Rheinberg, F. (1995). Erziehungsziele von Lehrern und individuelle Bezugsnormen der Leistungsbewertung. *Zeitschrift für Pädagogische Psychologie, 9*(3/4), 139–151.

Pinger, P., Rakoczy, K., Besser, M., & Klieme, E. (2016). Implementation of formative assessment – effects of quality of programme delivery on students' mathematics achievement and interest. *Assessment in Education: Principles, Policy & Practice, 25*(2), 160–182. https://doi.org/10.1080/0969594X.2016.1170665

Pinger, P., Rakoczy, K., Besser, M., & Klieme, E. (2017). Interplay of formative assessment and instructional quality – interactive effects on students' mathematics achievement. *Learning Environmental Research.* https://doi.org/10.1007/s10984-017-9240-2

Rakoczy, K., Harks, B., Klieme, E., Blum, W., & Hochweber, J. (2013). Written feedback in mathematics: Mediated by students' perception, moderated by goal orientation. *Learning and Instruction, 27*, 63–73.

Rakoczy, K., Klieme, E., Leiss, D., & Blum, W. (2017). Formative assessment in mathematics instruction: Theoretical considerations and empirical results of the COCA Project. In D. Leutner, J. Fleischer, J. Grünkorn, & E. Klieme (Hrsg.), *Competence Assessment in Education* (S. 447–467). Springer.

Rakoczy, K., Pinger, P., Hochweber, J., Klieme, E., Schütze, B., & Besser, M. (2019). Formative assessment in mathematics: Mediated by feedback's perceived usefulness and students' self-efficacy. *Learning and Instruction, 60*, 154–165. https://doi.org/10.1016/j.learninstruc.2018.01.004

Rakoczy, Katrin, Buff, A., & Lipowsky, F. (2005). Bafragungsinstrumente. In E. Klieme, C. Pauli, & K. Reusser (Hrsg.), *Dokumentation der Erhebungs- und Auswertungsinstrumente zur schweizerisch-deutschen Videostudie "Unterrichtsqualität, Lernverhalten und mathematisches Verständnis" (Teil 1).* GFPF/DIPF.

Sadler, D. R. (1989). Formative assessment and the design of instructional systems. *Instructional Science, 18*, 119–144.

Schipper, W., Ebeling, A., & Dröge, R. (2015). *Handbuch für den Mathematikunterricht.* Schroedel.

Schipper, W., Wartha, S., & von Schroeders, N. (2011). *BIRTE^2. Bielefelder Rechentest für das zweite Schuljahr. Handbuch zur Diagnostik und Förderung.* Schroedel.

William, D. (2010). An integrative summary of the research literature and implications for a new theory of formative assessment. In H. L. Andrade & G. J. Cizek (Hrsg.), *Handbook of formative assessment* (S. 18–40). Taylor & Francis.

Wylie, E., Gullickson, A., Cummings, K., Egelson, P., Noakes, L., & Norman, K. (2012). *Improving formative assessment practice to empower student learning.* Corwin.

Förderung des mathematischen Argumentierens im Inhaltsbereich Raum & Form bei mathematisch begabten Kindern der 4. Klasse

Nora Haberzettl und Tatjana Hein

1 Mathematisches Argumentieren in der Grundschule

Das Argumentieren ist eine zentrale mathematische Tätigkeit, die bereits im Mathematikunterricht der Grundschule gefördert werden muss. Auch in den Bildungsstandards und im hessischen Kerncurriculum für das Fach Mathematik in der Primarstufe wird das Argumentieren in den überfachlichen Kompetenzen als wichtiger Unterrichtsbestandteil formuliert. Weniger bekannt ist allerdings, wie das Argumentieren bei begabten Kindern im Regelunterricht gefördert werden kann.

1.1 Argumentieren – Eine Begriffsbestimmung

Eine Argumentation bezeichnet eine „Folge von Äußerungen, durch welche die Gültigkeit einer anderen Äußerung gestützt wird" (Krummheuer, 2010, S. 4). Für den Argumentationsbegriff ist der soziale Rahmen zentral, da Argumentieren immer im Diskurs stattfindet (Brunner, 2014, S. 27; Schwarzkopf, 2015, S. 32).

N. Haberzettl (✉)
Studienseminar GHRF, Kassel/Eschwege, Deutschland
E-Mail: Nora.Haberzettl@sts-ks-esw.de

T. Hein
Grundschule Am Heideweg, Kassel, Deutschland
E-Mail: Tatjana.Hein@t-online.de

© Springer Fachmedien Wiesbaden GmbH, ein Teil von Springer Nature 2022   49
K. Eilerts et al. (Hrsg.), *Auf dem Weg zum neuen Mathematiklehren und -lernen 2.0*,
https://doi.org/10.1007/978-3-658-33450-5_4

Die Folge der Äußerungen wird dabei als Argument und der Prozess der Hervorbringung als Argumentation bezeichnet (ebd., S. 4). Ziel von Argumentationsprozessen ist das Herstellen von „geteilter Bedeutung im entsprechenden sozialen Kontext" (ebd., S. 28).

Im Unterricht bedeutet dies konkreter, dass sich ein Begründungsbedarf eröffnet, der in sozialer Interaktion und unter Angabe von rationalen Gründen zu befriedigen versucht wird (Brunner, 2014, S. 28; Budke & Meyer, 2015, S. 17; Krauthausen, 2017, S. 22; Schwarzkopf, 2001, S. 254 f.). Dies kann unter anderem dazu dienen, ein Gegenüber von der eigenen Position zu überzeugen und um die eigene Position rational zu vertreten (Budke & Meyer, 2015, S. 17). Im Mathematikunterricht der Grundschule kann Argumentation allerdings noch über eine weitere Ebene als die mündliche bzw. schriftliche erfolgen. Der handelnde Umgang mit Materialien ist zur Veranschaulichung von Mustern und Strukturen aus dem Mathematikunterricht der Grundschule nicht wegzudenken und ermöglicht es Lernenden, Begründungen und Argumente mithilfe von Material zu zeigen, darzustellen bzw. zu stützen (Krummheuer, 2010, S. 4).

Das mathematische Argumentieren gilt dabei als spezielle Form des rationalen Argumentierens (Schwarzkopf, 2000, S. 74). Die Lernenden bringen ihre „im Alltag gewonnenen außermathematischen Argumentationsweisen in den Unterricht (ein)" (ebd., S. 74), weil sie in den unteren Jahrgangsstufen noch keine anderen Argumentationsprozesse kennen.

Voraussetzung für erste substanzielle mathematische Argumentationen in der Grundschule ist eine vereinbarte Verständigungsgrundlage (Regelwerke, akzeptierte Tatbestände mathematischer Art) auf Basis derer geschlussfolgert, Richtiges von Falschem unterschieden wird sowie weitere Gedanken entwickelt werden (Wollring & Reimers, 2018, S. 39).

1.2   Argumentieren im Rahmen der Bildungsstandards im Fach Mathematik für den Primarbereich

Die deutschen Bildungsstandards im Fach Mathematik für den Primarbereich benennen das „Argumentieren" als eine von fünf zentralen überfachlichen Kompetenzen im Mathematikunterricht der Grundschule (KMK, 2004, S. 7). Die darunter formulierten Kompetenzen verwenden stets den Begriff „mathematisch" und heben mathematische Argumentationen somit von alltagsnahen Argumentationen ab (Brunner, 2014, S. 31).

„Logisch konsistentes Argumentieren, stichhaltiges Begründen und die Formulierung eines Beweises auf dieser Grundlage ist eben nicht mit Mitteln der alltäglichen Logik zu bewältigen, sondern hat eigene Gesetze, die herausgearbeitet werden müssen" (Reiss, 2002, S. 2).

Diese Gesetze können in der Primarstufe allerdings nur in Teilen angebahnt werden, da laut Piagets Ergebnissen zum kausalen Denken von Kindern in diesem Alter entwicklungspsychologisch bedingt analytische Schlussfolgerungen nur in seltenen Fällen möglich sind (Bardy, 2013, S. 164). Dies wird auch in der letzten Kompetenz zum Argumentieren in den Bildungsstandards deutlich: „Begründungen suchen und nachvollziehen" (KMK, 2004, S. 8). Diese Kompetenz bleibt in Bezug auf die Qualität bzw. Vollständigkeit der mathematischen Begründungen sehr offen und fordert somit analytische Argumentationen in der Grundschule noch nicht ein.

Auch das hessische Kerncurriculum für das Fach Mathematik in der Primarstufe spricht an dieser Stelle von „Begründungen formulieren" (HKM, 2011, S. 17) und verzichtet auf die Vollständigkeit und Lückenlosigkeit mathematischer Argumentationsprozesse, sodass eher Argumentationen substanzieller Art das Ziel des Mathematikunterrichts der Grundschule sein sollten. Diese mathematisch substanziellen Argumentationen können somit auch mit einem alterstypisch ausgebauten Wortschatz erzielt werden.

1.3 Argumentieren und mathematische Begabung

Piagets Untersuchungen zum kausalen Denken von Kindern zeigen, dass Lernenden im Grundschulalter das Ziehen analytischer Schlussfolgerungen und das analytische Begründen in der Regel noch nicht gelingt.

„Im Hinblick auf mathematisch begabte Grundschulkinder dürfte die Situation jedoch wegen des erheblichen Entwicklungsvorsprungs dieser Kinder anders sein" (Bardy, 2013, S. 164). In Bezug auf die Definition mathematischer Begabung beziehen wir uns an dieser Stelle auf die von Käpnick und von Bardy formulierten Begabungsmerkmale für die 3. und 4. Jahrgangsstufe (siehe Tab. 1).

Außerdem benennt Käpnick allgemeine Persönlichkeitseigenschaften, die sich begabungsstützend auswirken können. Dazu gehören eine „hohe geistige Aktivität, intellektuelle Neugier, Anstrengungsbereitschaft, Freude am Problemlösen, Konzentrationsfähigkeit, Beharrlichkeit, Selbstständigkeit (und) Kooperationsfähigkeit" (Käpnick, 2016, S. 11). Damit vertritt er die Auffassung, dass Begabung und Entwicklung von Begabung stets im Zusammenhang mit der Gesamtpersönlichkeit des Individuums zu sehen sind.

Allerdings benötigen auch mathematisch begabte Lernende für den Ausbau mathematisch-analytischer Argumentationsfähigkeit geeignete Förderangebote, da

Tab. 1 Mathematische Begabungsmerkmale (3. und 4. Jahrgangsstufe)

1	Fähigkeit zum Speichern mathematischer Sachverhalte im Kurzzeitgedächtnis unter Nutzung erkannter mathematischer Strukturen
2	Mathematische Fantasie
3	Fähigkeit im Strukturieren mathematischer Sachverhalte
4	Fähigkeit im selbstständigen Transfer erkannter Strukturen
5	Fähigkeit im selbstständigen Wechseln der Repräsentationsebenen und im selbstständigen Umkehren von Gedankengängen beim Bearbeiten mathematischer Aufgaben
6	Mathematische Sensibilität
7	Räumliches Vorstellungsvermögen

Nach Käpnick, 2016, S. 11; Bardy, 2013, S. 50.

sie ebenso die Spezifika mathematischer Argumentationen im Vergleich zu Argumentationserfahrungen im Alltag kennenlernen und erfahren müssen.

Gründe für die Förderung mathematischen Argumentierens, nicht allein für mathematisch begabte Lernende, sind zum einen, dass das Argumentieren und Begründen zum überlegten Vorgehen und präzisen Denken motiviert und weiterhin Denkprozesse der Lernenden offengelegt werden (ebd., S. 165 f.). Weiterhin wird über das Argumentieren das Nachdenken über mathematische Gesetze und Zusammenhänge angeregt, weshalb vertiefte Einsichten und Verallgemeinerungsprozesse ermöglicht werden (ebd., S. 165) (Anforderungsbereich 3 der Bildungsstandards: KMK, 2004, S. 13; Walther u. a., 2011, S. 21). Zudem werden den Lernenden durch Argumentationsprozesse, besonders wenn sie in Aushandlung mit anderen Lernenden stattfinden, unpräzise Formulierungen deutlich und müssen angepasst bzw. exakter gewählt werden.

2   Eine kompetenzorientierte Unterrichtseinheit zur Förderung des mathematischen Argumentierens

Trotz der Etablierung des Inhaltsfeldes „Raum und Form" in die Bildungsstandards konnte sich der Stellenwert des Geometrieunterricht neben der Dominanz des Arithmetikunterrichts nur geringfügig verbessern.

Das große Potential des Geometrieunterrichts sowohl für den Alltag der Lernenden als auch für den Aufbau mathematischen Wissens wird dabei häufig unterschätzt. Franke und Reinhold (2016, S. 2 ff.) benennen eine Vielzahl guter

Gründe, weshalb der Geometrieunterricht an Grundschulen einen größeren Stellenwert einnehmen sollte. Die Raumvorstellung gilt als eine zentrale intellektuelle Kompetenz und kann in der Grundschule mithilfe konkreter Materialien z. B. zum Bauen, Falten oder Legen gefördert werden. Im Sinne Piagets sind das mentale Vorstellen und das mentale Operieren bzw. verinnerlichte Sehen die zentralen Fähigkeiten der Raumvorstellung (Wollring, 2012, S. 8).

Weiterhin bieten sich geometrische Aufgabenstellungen besonders für den Aufbau einer funktionalen, situativen Sprache an, da viele Objektbegriffe der Fachsprache aus dem Alltag übertragen werden können (Wollring, 2012, S. 10).

2.1 Konzeptentwicklung – Aufbau und Struktur der Unterrichtseinheit

Aus diesem Grund wurde in der im Folgenden dargestellten Unterrichtseinheit mit Kindern eines vierten Schuljahres mit der Schattenbox (siehe Abb. 1) gearbeitet. Mithilfe von Holzwürfeln lassen sich in der Schattenbox flexible Würfelbauwerke

Abb. 1 Die Schattenbox (Pöhls, 2015)

aufbauen, die je nach Aufgabenstellung zur Schulung des Raumvorstellungsvermögen genutzt werden können. Dazu werden mit einer Taschenlampe die jeweiligen Schatten (als Aufriss und Seitenriss) in die Schattenbox projiziert.

Das Festhalten der entdeckten Würfelgebäude in Form von Bauplänen ist den Lernenden bereits aus dem dritten Schuljahr bekannt, sodass damit „Grundwissen und das Ausführen von Routinetätigkeiten" (Walther u. a., 2011, S. 21) verlangt werden und diese Tätigkeit zunächst dem Anforderungsbereich 1: „Reproduzieren" der Bildungsstandards entspricht.

Zur Erhöhung des Schwierigkeitsgrads werden daher für die Unterrichtseinheit Aufgaben und Aufgabentypen aus der Schattenbox-Kartei von Pöhls (2015)[1] ausgewählt, die von den Lernenden im Sinne der Bildungsstandards dem Anforderungsbereichs 2: „Zusammenhänge herstellen" entsprechen und das „Erkennen und Nutzen von Zusammenhängen" (KMK, 2004, S. 13) zwischen den projizierten Schatten und dem dreidimensionalen Würfelgebäude in unterschiedlich ausgerichteten Aufgabenstellungen erfordern:

- Station 1: Finden von Gebäuden mit unterschiedlicher Würfelanzahl zu denselben Schattenbildern
- Station 2: Finden von Gebäuden mit maximaler und minimaler Würfelanzahl zu denselben Schattenbildern
- Station 3: Veränderungen von Gebäuden durch Vertauschen der Schattenkarten
- Station 4: Passung bzw. Nicht-Passung von Auf- und Seitenriss begründen[2]
- Station 5: Eigene Aufriss-Karten zu vorgegebenen Seitenrissen zeichnen
- Station 6: Schattenkarten zu eigenen Gebäuden zeichnen.

Das Ziel der Unterrichtseinheit ist die Förderung des mathematischen Argumentierens. Dazu bietet sich der Fachinhalt der Dreitafelprojektion mit seiner Materialunterstützung an, da Argumentationen und Unterstützungsmaßnahmen konkret am Material vollzogen und visualisiert werden können.

Die Unterrichtseinheit besteht dazu aus einem Vorbereitungteil und einem vertiefenden Teil. Im vorbereitenden Teil arbeiten mathematisch begabte Lernende in einer Fordergruppe mit den Aufgaben der Stationsarbeit zur Schattenbox.

---

[1] auch online unter: http://arnepöhls.de/schattenbox/ (letzter Zugriff: 23.12.2018 um 15:01 Uhr)

[2] Bei dieser Station werden zusätzlich komplexere Tätigkeiten von den Lernenden gefordert, da sie die Passung oder Nicht-Passung zweier Karten beurteilen und begründen müssen, weshalb diese Station außerdem dem Anforderungsbereich 3: Verallgemeinern und Reflektieren entspricht.

Diese Fordergruppe, die sich aus Kindern aller drei Klassen des Jahrgangs zusammensetzt, leitet im vertiefenden Teil die Stationsarbeit in den Klassen und kann somit von Durchführung zu Durchführung ihre Unterstützungsmaßnahmen verbessern. Die mathematisch begabten Lernenden übernehmen somit die Funktion der Lehrenden, indem sie ihren Mitschülerinnen und Mitschülern an Stationen zur Schattenbox unterstützend zur Seite stehen. Sie werden im Folgenden als Experten bezeichnet.

Diese Methode wird der Heterogenität der Lerngruppen gerecht, die die Stationsarbeit mit Unterstützung der Experten durchlaufen, da nicht alle Lernenden über den gleichen Wortschatz mathematischer, hier geometrischer Begriffe (Objektbegriffe, Eigenschaftsbegriffe, Relationsbegriffe (Franke & Reinhold, 2016, S. 125 f.)) verfügen. Sprachlich begleitete Handlungen sowohl der Experten als auch der an der Stationsarbeit teilnehmenden Lernenden können somit direkt am Material nachvollzogen werden.

Weiterhin lässt das geometrische Themenfeld das Bearbeiten auf unterschiedlichen Niveaus zu. Der Abstraktionsgrad der Aufgabenbearbeitung kann von den Lernenden selbst gewählt werden, sodass sich die Aufgaben sowohl in der Vorbereitung im Rahmen der Fordergruppe als auch in der Durchführung der Stationsarbeit natürlich differenzieren lassen.

Nach Pöhls (2015, S. 25) ermöglichen die unterschiedlichen Abstraktionsgrade allen Lernenden das Bearbeiten derselben Aufgabe. Die mathematisch begabten Lernenden können sich selbst herausfordern, indem sie den Abstraktionsgrad erhöhen und die Aufgaben zunehmend mental bearbeiten. Leistungsschwächere Lernende können alle Prozesse mithilfe des Materials (Schattenbox, Würfel und Taschenlampe) veranschaulichen, um ihre mentalen Vorstellungen und Handlungen zu stützen.

2.2 Überlegungen zum Kompetenzzuwachs

Die Unterrichtseinheit beschäftigt sich schwerpunktmäßig mit dem mathematischen Argumentieren. Im Zentrum steht dabei die Kompetenz „Begründungen formulieren" (HKM, 2011, S. 17) aus dem Kerncurriculum Mathematik für die Primarstufe in Hessen.

Zudem sollen die Experten die Begründungen eigenständig entwickeln und darstellen, da sie von ihren Mitschülerinnen und Mitschülern nachvollzogen werden müssen. Während der Durchführung der Stationsarbeit sind die Experten besonders gefordert, „mathematische Aussagen (der Mitschülerinnen und Mitschüler zu) hinterfragen und auf Korrektheit (zu) prüfen" (ebd., S. 17), „denn beim Argumentieren ist naturgemäß mit abweichenden Meinungen oder temporären Verständnisproblemen zu rechnen. Diese sind aber nicht ein leidiger Begleitumstand. Sie können im Gegenteil eine willkommene Triebfeder darstellen – sowohl für die Intensivierung der Auseinandersetzung mit der Sache als auch für die Übung in gelingender Kommunikations- und Argumentationskultur" (Krauthausen, 2017, S. 24).

Außerdem werden in der Unterrichtseinheit Kompetenzen im Bereich Kommunizieren gefördert, da die mathematisch begabten Lernenden während der Stationsarbeit die Lehrendenfunktion übernehmen, indem sie als Experten an den Stationen agieren und ihre Unterstützung anbieten. Während der Unterstützung der Mitschülerinnen und Mitschüler müssen sie somit „Vorgehensweisen beschreiben (und) Lösungswege anderer nachvollziehen" (HKM, 2011, S. 16).

2.3 Methodische Überlegungen zum Übertragen der Lehrendenfunktion an mathematisch begabte Lernende

Wird Unterricht instruktiv verstanden, wird vom Lerner erwartet, „dass er zuhört, memoriert und reproduziert" (Martin & Oebel, 2007, S. 7). Die Lehrkraft hat die Aufgabe „stets aktiv Wissen in die Lernergruppe (einzuspeisen) und die Ergebnisse fragend (abzuprüfen)" (ebd., S. 7). Wird im Unterricht hingegen ein konstruktiver Ansatz verfolgt, müssen „alle im Klassenzimmer vorhandenen Energie- und Wissensressourcen zur Wissenskonstruktion mobilisiert" (ebd., S. 8) werden. Die rezeptiven Aufgaben der Lernenden müssen daher zunehmend von aktiv-kommunikativen Aufgaben abgelöst werden.

All diese Tätigkeiten werden im Rahmen der Durchführung der Stationsarbeit gefördert. Das Visualisieren komplexer Sachverhalte ist durch das Arbeitsmaterial, das zum handelnden Umgang einlädt, besonders gut möglich und kann die Experten beim Liefern von Korrekturen, Aufgreifen von Unklarheiten und gemeinsamen Schließen von Informationslücken unterstützen.

Die Experten sind durch die intensive Vorbereitung auf die Stationsarbeit die Ansprechpartner mit Spezialwissen für die Lernenden, die die Stationsarbeit durchlaufen, sodass Potentiale in der Schülerschaft genutzt werden können, ohne dass die Lehrkraft instruktiv eingreifen muss. Nicht nur die an der Stationsarbeit teilnehmenden Lernenden profitieren von dem Spezialwissen der Experten, sondern auch diese werden herausgefordert, indem sie auf unterschiedliche Unterstützungsbedürfnisse flexibel eingehen und unterschiedliche Möglichkeiten finden Hilfestellungen für die Bearbeitung einer Aufgabe zu geben.

Durch die Erprobung der Stationen im Vorfeld der Durchführung erfolgt eine Sensibilisierung der Experten für potentielle Schwierigkeiten und Hürden an den Stationen. Diese Schwierigkeiten bieten im Plenum der Fordergruppe Anlass, über mögliche Unterstützungsmaßnahmen zu sprechen. Um im Sinne der Förderung des Argumentationsvermögens das Aushandeln von Argumenten, Vermutungen und Ideen anzuregen, arbeiten immer zwei Lernende gemeinsam an einer Schattenbox und mit einer Schattenbox-Kartei, um Phasen echten Austauschs zu ermöglichen, da die Experten gemeinsam am selben Material agieren müssen. Als unterstützendes Material stehen Taschenlampen zur Verfügung, um besonders zu Beginn der Beschäftigung mit der Schattenbox das Überprüfen der Ergebnisse sowie den Austausch darüber zu erleichtern.

Im späteren Verlauf der Unterrichtseinheit wird die Taschenlampe zunehmend weniger genutzt, da die mentale Vorstellung der Schattenbilder leichter fällt sowie ein umfangreicherer Wortschatz zur Verständigung in Form einer funktionalen, situativen Sprache mit Objekt-, Eigenschafts- und Relationsbegriffen zur Verfügung steht. Da sich die Experten während der Vorbereitung auf die Kommunikation mit einem selbst gewählten Partner eingestellt haben, betreuen sie auch mit diesem Kind zusammen eine der Stationen.

„Die Vorbereitung (der Stationsarbeit) sollte in Form eines gemeinsamen Planungsgespräches erfolgen, in dem die Schüler sowohl thematisch als auch organisatorisch auf die Anforderungen und den Ablauf vorbereitet werden" (Mattes, 2011, S. 168). Dieses Planungsgespräch wird von der Lehrkraft geführt, damit alle teilnehmenden Lernenden mit denselben Voraussetzungen an die Stationen gehen. Dabei gibt es sowohl einen inhaltlichen Einstieg in den Umgang mit der Schattenbox als auch organisatorische Informationen.

3   Auswertung des Unterrichtskonzepts

Im Folgenden werden zwei Aspekte der durchgeführten Einheit besonders beleuchtet, zum einen das Potential des Aufgabenformats in Bezug auf die Förderung von mathematischen Argumentationen und zum anderen die durch den Prozess des Lehrens ausgelöste Entwicklung des mathematischen Argumentierens bei mathematisch begabten Kindern.

In der Auswertung werden Beispiele einzelner Experten exemplarisch herausgegriffen und in ihrer Entwicklung in Bezug auf die Befähigung zur Vermittlung von mathematischen Inhalten, die Befähigung zum Leisten von Unterstützungsmaßnahmen sowie die Entwicklung der mathematischen Argumentationskompetenz untersucht.

3.1 Das Potential des Aufgabenformats für die Konkretheit mathematischer Argumentationen und Unterstützungsmaßnahmen

Die Analyse ausgewählter Situationen aus der durchgeführten Stationsarbeit ergibt, dass einige geometrische Objekt- und Relationsbegriffe wiederholt genutzt wurden. Die Objektbegriffe *Turm, 3er-Turm, Schatten, Gebäude* und *Würfel* sowie die Relationsbegriffe *größer, der größte, höher* und *der höchste* sind allen Lernenden aus dem Alltag bekannt oder können durch den Transfer des Begriffswissens in das geometrische Themenfeld (3er-Turm) gedeutet werden.

Die Schattenbox, die als einfach strukturiertes Arbeitsmaterial in allen Stationen erscheint, die Visualisierung der Arbeitsprozesse zulässt und vielfältig differenzierte Arbeitsanlässe bietet, eröffnet somit nicht nur den Teilnehmenden vielfältige Möglichkeiten. Es erleichtert den mathematisch begabten Lernenden zugleich die Unterstützungsmaßnahmen, da diese mithilfe des oben exemplarisch benannten alltagsorientierten sowie geometrischen Vokabulars (situative Sprache) agieren und Hilfestellungen konkret am Material visualisieren können.

Eine ausgewählte Szene aus der Durchführung der Stationsarbeit soll Aufschluss über die Konkretheit von Argumentationen und Unterstützungsmaßnahmen geben (siehe Tab. 2):

In Nicos Unterstützungssituation hatte Kind 6 große Schwierigkeiten mit dem Aufgabenverständnis, sodass er stark gefordert war. Es sollten alle Möglichkeiten für Würfelgebäude mit minimaler und maximaler Würfelanzahl zu zwei vorgegebenen Schattenkarten gefunden werden. Nico verwendet in seiner situativen Sprache neben Objektbegriffen (Würfel: Z.3, Gebäude: Z.13), die aus dem Alltag bekannt sind, nicht nur verbale Unterstützungsmaßnahmen (siehe Abb. 2).

Durch die gute Visualisierungsmöglichkeit von Prozessen am Material zeigt Nico Kind 6 eine mögliche Lösung (Z.8) mithilfe derer es zum eigenständigen Weiterarbeiten befähigt wird, nachdem die verbalen Unterstützungsmaßnahmen keine ausreichende Wirkung gezeigt haben. Nico erkennt außerdem, dass beim Finden aller Möglichkeiten mit minimaler Würfelanzahl systematisch nur durch die Veränderung von zwei Würfeln gearbeitet werden kann. Dies nutzt er als Hilfestellung, die ebenfalls am Material durch das Zeigen der Würfel visualisiert werden kann (Z.11).

Alle Experten erkennen, dass sich der Fachinhalt aufgrund seiner alltagsnahen Sprache gut zum Erklären und Veranschaulichen eignet, denn sie bestätigen, dass sie die Inhalte gut erklären können. Ein Junge beschreibt, dass er sich mit potentiellen Fragen bereits im Vorfeld beschäftigt habe und verweist somit auf

Tab. 2 Situation aus der Durchführung der Stationsarbeit

1	Nico: Möchtest du erstmal mit möglichst vielen oder mit möglichst wenigen Würfeln machen?
2	Kind 6: Mit möglichst wenigen.
3	Nico: Dann könnte man vielleicht noch diesen Würfel wegnehmen. (…) Ich gebe dir mal einen
4	Tipp. Die Würfel müssen immer in der Reihe stehen, wo deine Würfel jetzt sind und du baust
5	keinen Würfel dazu und nimmst keinen mehr weg. Du könntest die Würfel auf andere
6	Positionen setzen.
7	Kind 6: Ich weiß es nicht.
8	Nico: Ich zeige dir mal eine weitere Möglichkeit und dann versuchst du es selber noch einmal
9	Kind 6: Ach stimmt, das geht auch.
10	Nico: Gut, jetzt hast du es verstanden. Wie könntest du es jetzt noch umstellen? Denk mal ein
11	bisschen systematisch. Du kannst mit diesen zwei Würfeln arbeiten. (…) Genau, das würde
12	gehen. (…) Wie könntest du es noch weiter verändern? (…) Ja, genau. Das geht auch! Schreib
13	das mal auf. (…) Ich gebe dir jetzt noch einen Tipp. Es gibt genau ein Gebäude mit möglichst
14	vielen Würfeln. Wie könntest du das machen?

die Vorbereitung in der Fordergruppe und die Wirksamkeit dieser Vorbereitung in Bezug auf die Befähigung zur Unterstützung der Mitschülerinnen und Mitschüler.

Ein weiterer Junge benennt die Schwierigkeit, dass es einige Fragen gab, über die er selbst erst einmal nachdenken musste, weil sie in der Vorbereitung nicht konkret thematisiert wurden. Allerdings scheint er das nötige Wissen zu haben, um nach kurzer Überlegung dennoch passende Unterstützungen entwickeln und anbieten zu können.

Ein Mädchen beschreibt auf die Frage hin, was ihr besonders gut gelungen sei, dass sie sich in der Beschreibung, wie die Würfel in der Schattenbox positioniert werden müssen, besonders sicher gefühlt habe. Dieses Beispiel unterstreicht, dass sich das Aufgabenformat Schattenbox durch die einfache Strukturierung des Materials und die Möglichkeiten zur Abwandlung der Aufgabenstellungen bei gleich bleibendem Material als besonders geeignet für die Übertragung der

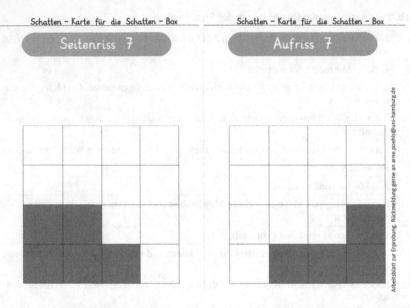

Abb. 2 Finde das passende Gebäude mit möglichst wenigen und mit möglichst vielen Würfeln (Material: www.arnepöhls.de/schattenbox/)

Lehrfunktion an Schülerinnen und Schüler erweist, da die Argumentationen und Unterstützungsmaßnahmen am Material konkret entwickelt, nachvollzogen und visualisiert werden können. Auch die Reflexion mit den teilnehmenden Lernenden, welche die Erklärungen und Unterstützungen der Experten als wirksam und effektiv beschreiben, belegen dieses Potential.

3.2   Die Entwicklung der Argumentationskompetenz

Diese Auswertung soll Aufschluss über die Entwicklung der Argumentationskompetenz in Bezug auf die These geben, dass die Verantwortungsübernahme für den Lernprozess von Mitschülerinnen und Mitschülern das mathematische Argumentationsvermögen von mathematisch begabten Lernenden fördert.

Die folgenden Kompetenzen wurden dabei für jeden Experten zu Beginn und zum Abschluss der durchgeführten Unterrichtseinheit untersucht. Das Kind:

- kann Seitenansichten von Würfelgebäuden unterscheiden und miteinander vergleichen
- kann Unterschiede und Gemeinsamkeiten von Seitenansichten anhand der Blickwinkel begründen
- kann Veränderungen am Würfelgebäude, die einzelne Seitenansichten nicht verändern (Würfel entfernen oder ergänzen), benennen und begründen
- kann entscheiden, ob ein Seitenriss zu einem vorgegebenen Aufriss passt und kann die Entscheidung begründen (nur in der Abschlussdiagnostik) (siehe Abb. 3 und 4)

Die Auswertung zeigt, dass bei nahezu allen mathematisch begabten Lernenden im Vergleich zur Anfangsdiagnostik eine positive Entwicklung der in der Diagnostik geforderten Argumentationen zu verzeichnen ist. Natürlich lässt sich aus diesen Ergebnissen nicht darauf schließen, dass sich ihre allgemeine mathematische Argumentationskompetenz verbessert hat, allerdings kann resümiert werden, dass sie in Bezug auf den thematisierten Fachinhalt Fortschritte im Hinblick auf die Formen des Begründens im Mathematikunterricht gemacht haben.

Drei konkrete Fallbeispiele sollen diese Entwicklung im Folgenden genauer belegen:

1. Nico fällt in der Eingangs-, wie auch in der Abschlussdiagnostik die Begründung für das Entfernen von Würfeln, ohne dass sich die Seitenansichten verändern, leichter als die Begründung für das Hinzufügen von Würfeln. Allerdings ist grundsätzlich eine positive Entwicklung zu verzeichnen. Zu Beginn der Unterrichtseinheit hatte Nico Schwierigkeiten, konkrete Würfel zu benennen, die aufgrund des Verlustes der Tiefendimension in den Seitenansichten bzw. Schatten nicht sichtbar sind. Dies gelingt Nico in der Abschlussdiagnostik besser („Er sieht nur den Turm, aber den davor oder dahinter nicht"). Nico stützt seine Annahme, dass er die Würfel vor und hinter dem höchsten Turm entfernen kann wiederum mit der fehlenden Tiefe der Seitenansicht. Auch wenn er den Verlust der Tiefendimension nicht konkret benennt, kann er begründen, weshalb die von ihm benannten Würfel tatsächlich nicht relevant für die Seitenansicht sind („...weil die Steine niedriger sind"). Daraus wird ersichtlich, dass ihm der Verlust der Tiefendimension trotzdem bewusst ist und seiner Begründung zugrunde liegt. Die Begründung für das Hinzufügen von Würfeln fiel Nico in der Anfangsdiagnostik schwer („Sie sieht platt."). In der Abschlussdiagnostik kann Nico konkrete Positionen benennen, an denen Würfel hinzugefügt werden können („In der Mitte darf sie nicht mehr als drei Steine nach oben bauen"). Diese Annahme Nicos zeigt bereits eine deutliche

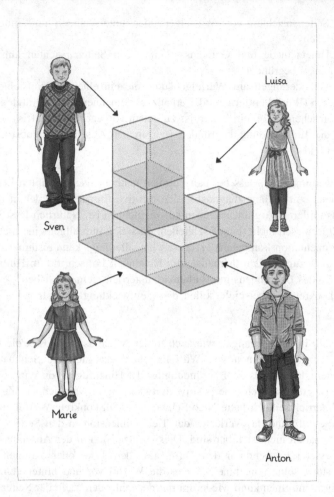

Abb. 3 Diagnostik

Entwicklung im Vergleich zur Anfangsdiagnostik, da ihm die konkrete Benennung von Positionen und Turmhöhen dort noch nicht gelang. Die Stützung seiner Annahme („… weil es sich sonst verändern würde") zeigt allerdings, dass ihm die Formulierung der Auswirkungen von Veränderungen am Würfelgebäude auf die Seitenansichten noch nicht im Detail gelingt. Trotzdem

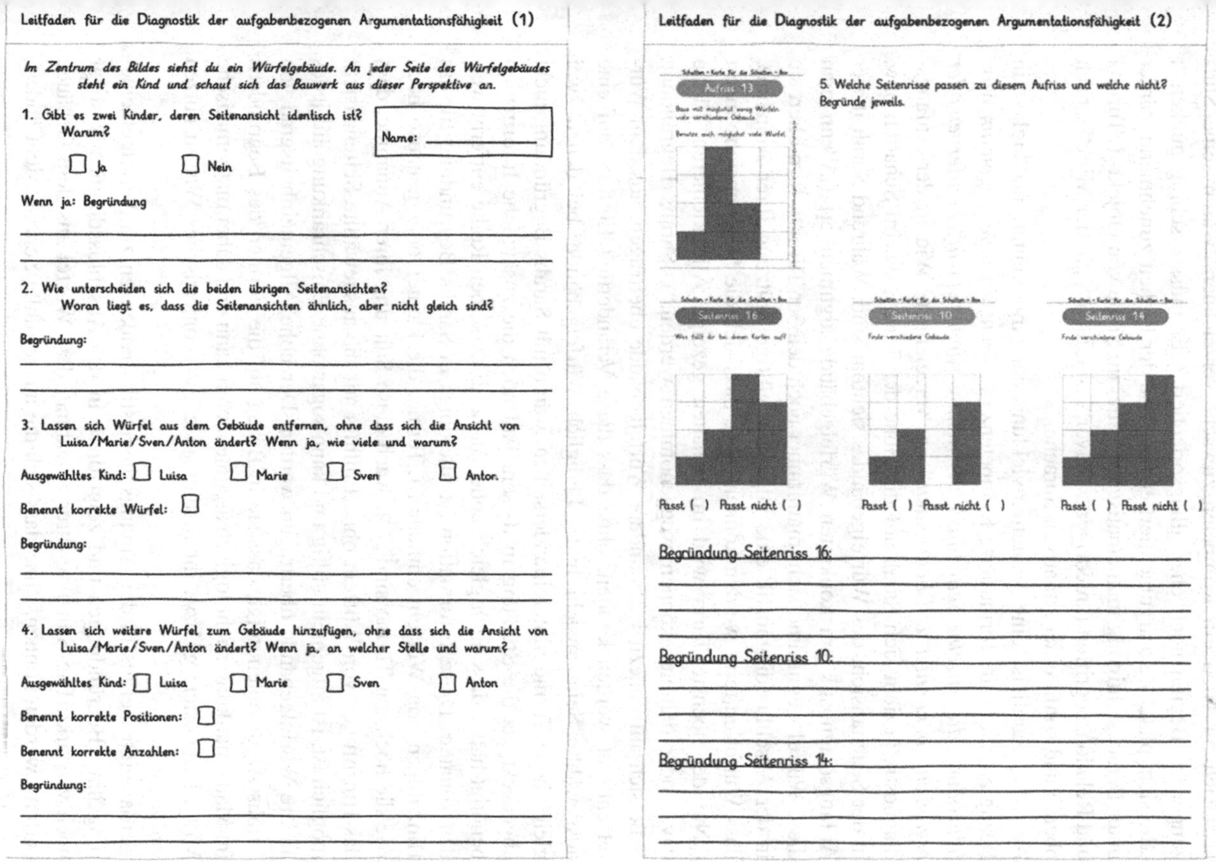
Leitfaden für die Diagnostik der aufgabenbezogenen Argumentationsfähigkeit (1)

Im Zentrum des Bildes siehst du ein Würfelgebäude. An jeder Seite des Würfelgebäudes steht ein Kind und schaut sich das Bauwerk aus dieser Perspektive an.

Name: ____________

1. Gibt es zwei Kinder, deren Seitenansicht identisch ist? Warum?

☐ Ja ☐ Nein

Wenn ja: Begründung

2. Wie unterscheiden sich die beiden übrigen Seitenansichten? Woran liegt es, dass die Seitenansichten ähnlich, aber nicht gleich sind?

Begründung:

3. Lassen sich Würfel aus dem Gebäude entfernen, ohne dass sich die Ansicht von Luisa/Marie/Sven/Anton ändert? Wenn ja, wie viele und warum?

Ausgewähltes Kind: ☐ Luisa ☐ Marie ☐ Sven ☐ Anton

Benennt korrekte Würfel: ☐

Begründung:

4. Lassen sich weitere Würfel zum Gebäude hinzufügen, ohne dass sich die Ansicht von Luisa/Marie/Sven/Anton ändert? Wenn ja, an welcher Stelle und warum?

Ausgewähltes Kind: ☐ Luisa ☐ Marie ☐ Sven ☐ Anton

Benennt korrekte Positionen: ☐

Benennt korrekte Anzahlen: ☐

Begründung:

Leitfaden für die Diagnostik der aufgabenbezogenen Argumentationsfähigkeit (2)

5. Welche Seitenrisse passen zu diesem Aufriss und welche nicht? Begründe jeweils.

Aufriss 13

Seitenriss 16 — Passt ( ) Passt nicht ( )

Seitenriss 10 — Passt ( ) Passt nicht ( )

Seitenriss 14 — Passt ( ) Passt nicht ( )

Begründung Seitenriss 16:

Begründung Seitenriss 10:

Begründung Seitenriss 14:

Abb. 4 Diagnostik auf Grundlage von Abb. 3 (rechts: Erweiterung für die Abschlussdiagnostik)

lässt sich für Nico ein Kompetenzzuwachs verzeichnen. Waren seine Stützungen zu Beginn noch eher alltagsorientiert („Er müsste schräg gucken."; „Sie sieht platt."), so argumentiert er am Ende der Einheit zunehmend stärker unter Berücksichtigung mathematischer Mittel im Sinne von Objekt- („Turm") und Relationsbegriffen („niedriger", „davor", „dahinter", „in der Mitte", „nach oben") und somit einer situativen Sprache.

2. Auch bei Sarah ist eine Weiterentwicklung der Argumentationsfähigkeit in Bezug auf die dritte formulierte Kompetenz („…*kann Veränderungen am Würfelgebäude, die einzelne Seitenansichten nicht verändern (Würfel entfernen oder ergänzen), benennen und begründen*") zu verzeichnen. Wie in der Anfangsdiagnostik bezieht sich Sarah auf die Höhe der Türme, die im Schatten bzw. in der Seitenansicht des Würfelgebäudes sichtbar sind. Während Sarah in der Anfangsdiagnostik am konkreten Würfelgebäude argumentiert („Wenn man diese Würfel wegnimmt, sieht man immer noch den 3er-Turm"), formuliert sie in der Abschlussdiagnostik eine allgemein gültige Stützung ihrer Annahme, dass Würfel entfernt werden können, ohne dass sich die Seitenansicht ändert („Nur der höchste Turm wird im Schatten gezeigt. Alle kleineren Türme davor oder dahinter können weggenommen werden."). Sarahs Begründung ließe sich auf nahezu jedes andere Würfelgebäude übertragen, aus dem Würfel entfernt werden können, ohne dass diese Veränderung Einfluss auf eine ausgewählte Seitenansicht hätte. Lediglich Würfelgebäude, bei denen zwei gleich hohe Türme hintereinanderstehen, wären mit Sarahs Begründung nicht abgedeckt, da die Stützung in diesem Fall noch die zusätzliche Information benötigt hätte, dass auch gleich hohe Türme in derselben Reihe entfernt werden könnten. Diese Information ist allerdings in Sarahs Begründung für das Hinzufügen von Würfeln enthalten („Türme, die kleiner oder genauso hoch wie die höchsten Türme sind…"). Auch diese Stützung ihrer Annahme, dass das Hinzufügen von Würfeln ohne Einfluss auf die ausgewählte Seitenansicht möglich ist, ist allgemein gültig und kann sogar ohne Einschränkung auf jedes andere Würfelgebäude übertragen werden. Der hohe Allgemeinheitsgrad von Sarahs Argumenten zeigt, dass sie in Bezug auf die Formen des Begründens im Mathematikunterricht logisch argumentieren kann und dabei mathematische Mittel berücksichtigt bzw. ihr mathematisches/ geometrisches Wissen nutzen kann.

3. Gerda zeigte bereits in der Anfangsdiagnostik Tendenzen zur Verallgemeinerung ihrer Begründungen und zeigt diese in der Abschlussdiagnostik sogar noch verstärkt. Die Stützung ihrer Annahme, dass Würfel aus dem Gebäude entfernt werden können, ohne dass sich die ausgewählte Seitenansicht ändert,

beschreibt verallgemeinert den Verlust der Tiefendimension bei der Darstellung eines Würfelgebäudes als Seitenansicht bzw. Schatten („...weil sie nur hoch, nach rechts und nach links sieht und nicht nach vorne und hinten"). Das Hinzufügen von Würfeln zum Würfelgebäude hat sich auch bei anderen Lernenden bereits als schwieriger erwiesen, da es hierfür eine Vielzahl an Möglichkeiten gibt, für die es schwer ist, eine gemeinsame Begründung zu formulieren. Gerda greift daher auf ein Beispiel zurück und begründet für einen konkreten Fall, weshalb sie in der ausgewählten Reihe maximal drei Würfel übereinander stellen kann („Wenn man auf der Höhe vom 3er-Turm drei Steine weiter nach oben bauen würde, würde sich die Höhe vom Schatten verändern. Bis drei Steine kann man aber hoch bauen."). Diese Stützung gilt allerdings bei Gerda nicht für die allgemeine Annahme, dass Würfel an unterschiedlichsten Stellen hinzugefügt werden können, sondern für die Annahme, dass auf der „Höhe vom 3er-Turm" maximal Türme aus drei Würfeln gebaut werden dürfen. Im Vergleich zu Nico beschreibt Gerda die exemplarische Veränderung der Seitenansicht, wenn zu viele Würfel ergänzt werden würden, noch etwas konkreter („...würde sich die Höhe vom Schatten verändern"). Da bei Gerda bereits in der Anfangsdiagnostik eine hohe Ausprägung der fokussierten Kompetenz nachzuweisen war, soll ihre Argumentationsfähigkeit zusätzlich noch für die in der Abschlussdiagnostik ergänzte Aufgabe betrachtet werden. Die weiterführende Aufgabe fokussiert die Kompetenz „...kann entscheiden, ob ein Seitenriss zu einem vorgegebenen Aufriss passt und die Entscheidung begründen".

Gerda wählt für ihre Entscheidungen für „passt" oder „passt nicht" flexibel passende Argumente aus. So bezieht sie sich bei Seitenriss 16 auf den im Aufriss nicht sichtbaren 3er-Turm, der „hinter dem 4er-Turm" versteckt werden kann. Bei Seitenriss 14 formuliert sie angelehnt an ihre erste Begründung sogar allgemeiner, dass „alles, was kleiner oder gleich hoch wie der 4er-Turm ist" hinter ihm versteckt werden könne. Diese Stützung lässt darauf schließen, dass Gerda bereits ein verallgemeinertes Wissen über die Dreifachprojektion besitzt und dieses flexibel zur Formulierung von Begründungen abrufen kann. So bezieht sie sich bei Seitenriss 10 auf ihr Wissen, dass ein 4er-Turm, sofern es sich um den höchsten Turm handelt, auf beiden Schattenkarten sichtbar sein muss („Es gibt keinen 4er-Turm und den könnte man auch nicht verstecken."). In Bezug auf die Formen des Begründens im Mathematikunterricht argumentiert Gerda logisch mithilfe mathematischer - hier speziell geometrischer - Mittel.

4   Reflexion und Ausblick

Die Auswertung verdeutlicht einige positive Effekte der durchgeführten Unterrichtseinheit. Sowohl Fortschritte in Bezug auf die mathematische Argumentationskompetenz der Lernenden als auch die Eignung des vielseitig zu differenzierenden Aufgabenformats, das einen handelnden Umgang mit Material erlaubt, haben sich gezeigt.

Im Hinblick auf die Weiterentwicklung der Argumentationsfähigkeit ist allerdings nicht klar zu trennen, inwieweit die Fortschritte auf die Übertragung der Lehrfunktion und inwieweit auf die intensive Vorbereitung der Stationsarbeit in der Fordergruppe zurückzuführen sind. Um die These „Die Verantwortungsübernahme für den Lernprozess von MitschülerInnen fördert das mathematische Argumentationsvermögen von mathematisch begabten Lernenden" noch genauer überprüfen zu können, hätte zwischen der Vorbereitung und der Durchführung der Stationsarbeit eine weitere Zwischendiagnostik stattfinden können. Allerdings ist ein Format wie das in dieser Unterrichtseinheit erprobte in keinem Fall ohne eine Vorbereitung der mathematisch begabten Lernenden denkbar. Somit erscheint die Entwicklung des Argumentationsvermögens zusammengesetzt aus Effekten der Vorbereitung und der Verantwortungsübernahme für den Lernprozess der Mitschülerinnen und Mitschüler.

Literatur

Bardy, P. (2013). *Mathematisch begabte Grundschulkinder. Diagnostik und Förderung* (Nachdruck). Springer Spektrum.

Brunner, E. (2014). *Mathematisches Argumentieren, Begründen und Beweisen. Grundlagen, Befunde und Konzepte*. Springer Spektrum.

Budke, A., & Meyer, M. (2015). Fachlich argumentieren lernen - Die Bedeutung der Argumentation in den unterschiedlichen Schulfächern. In A. Budke, M. Kuckuck, M. Meyer, F. Schäbitz, K. Schlüter, & G. Weiss (Hrsg.), *Fachlich argumentieren lernen. Didaktische Forschungen zur Argumentation in den Unterrichtsfächern* (S. 9–28). Waxmann.

Franke, M., & Reinhold, S. (2016). *Didaktik der Geometrie in der Grundschule* (3. Aufl.). Springer Spektrum.

HKM – Hessisches Kultusministerium (Hrsg.) (2011). *Bildungsstandards und Inhaltsfelder. Das neue Kerncurriculum für Hessen. Primarstufe. Mathematik*. Wiesbaden.

Käpnick, F. (2016). *Mathe für kleine Asse. Empfehlungen zur Förderung mathematisch interessierter und begabter Kinder im 3. und 4. Schuljahr* (Bd. 1). Cornelsen.

KMK - Kultusministerkonferenz (Hrsg.). (2004). *Bildungsstandards im Fach Mathematik für den Primarbereich*.

Krauthausen, G., & Scherer, P. (2017). *Einführung in die Mathematikdidaktik* (4. Aufl.). Springer Spektrum.

Krummheuer, G. (2010). *Wie begründen Kinder im Mathematikunterricht der Grundschule? Ein Analyseverfahren zur Rekonstruktion von Argumentationsprozessen.* IPN.

Martin, J.-P., & Oebel, G. (2007). Lernen durch Lehren: Paradigmenwechsel in der Didaktik? *Deutschunterricht in Japan, 12,* 4–21.

Mattes, W. (2011). *Methoden für den Unterricht.* Schöningh.

Pöhls, A. (2015). Bauen in der Schattenbox - Welches Würfelgebäude wirft welchen Schatten? *Grundschule Mathematik, 45,* 22–25.

Reiss, K. (2002). *Argumentieren, Begründen.* Bayreuth Universität.

Schwarzkopf, R. (2000). *Argumentationsprozesse im Mathematikunterricht. Theoretische Grundlagen und Fallstudien.* Franzbecker.

Schwarzkopf, R. (2001). Argumentationsanalysen im Unterricht der frühen Jahrgangsstufen - eigenständiges Schließen mit Ausnahmen. *Journal Für Mathematik-Didaktik, 22*(1), 253–276.

Schwarzkopf, R. (2015). Argumentationsprozesse im Mathematikunterricht der Grundschule: Ein Einblick. In A. Budke, M. Kuckuck, M. Meyer, F. Schäbitz, K. Schlüter, & G. Weiss (Hrsg.), *Fachlich argumentieren lernen. Didaktische Forschungen zur Argumentation in den Unterrichtsfächern* (S. 31–45). Waxmann.

Walther, G., van den Heuvel-Panhuizen, M., Granzer, D., & Köller, O. (2011). *Bildungsstandards für die Grundschule: Mathematik konkret* (5. Aufl.). Cornelsen.

Wollring, B., & Reimers, H. (2018). Warum ist das so? Argumentieren bei „Begründungsaufgaben". *Grundschulmagazin, 4,* 38–43.

Wollring, B. (2012). Raumvorstellung entwickeln. Eine zentrale Forderung für mathematische Bildung. *Fördermagazin, 2,* 8–12.

Facetten diagnostischer Kompetenz im Fach Mathematik

Kathleen Philipp

1 Diagnostik im Mathematikunterricht

Trotz ihrer hohen Relevanz besteht zu diagnostischer Kompetenz von Lehrpersonen noch großer Forschungsbedarf. Dies zeigt sich unter anderem an der intensiven Forschungstätigkeit in diesem Feld. Die Bedeutung von Diagnostik im Mathematikunterricht hat in den letzten Jahren zugenommen. Ergebnisse von Vergleichsstudien wie TIMSS und PISA zeigen große Leistungsdefizite bei Lernenden auf (Artelt et al., 2001; Frey et al., 2007). Lehrpersonen stehen also vor der anspruchsvollen Herausforderung, einerseits Schwierigkeiten von Lernenden früh zu erkennen und adäquate Fördermaßnahmen zu ergreifen, andererseits aber auch das mathematische Potenzial von Lernenden im Mathematikunterricht zu identifizieren und zu fördern (Helmke, 2009; Rösike & Schnell, 2017).

Im Mathematikunterricht gibt es vielfältige Situationen, in denen diagnostische Tätigkeiten der Lehrperson erforderlich sind. Diagnostische Tätigkeiten sind dabei an unterschiedlichen Orten eines Lernprozesses möglich, verbunden mit unterschiedlichen Zielsetzungen (Ingenkamp & Lissmann, 2008): Eine Lernausgangsdiagnose dient beispielsweise dazu, das Vorwissen von Schülerinnen und Schüler zu erheben, während eine Lernprozessdiagnose Aufschluss über den aktuellen Lernstand gibt. Eine Lernergebnisdiagnose ermöglicht die Evaluation des Lernerfolgs. Alle drei genannten Formen von Diagnose spielen für die Planung von Mathematikunterricht ebenso wie für die individuelle Förderung von

K. Philipp (✉)
Institut Primarstufe, Professur für Mathematikdidaktik und ihre Disziplinen, Pädagogische Hochschule FHNW, Basel, Schweiz
E-Mail: kathleen.philipp@fhnw.ch

© Springer Fachmedien Wiesbaden GmbH, ein Teil von Springer Nature 2022
K. Eilerts et al. (Hrsg.), *Auf dem Weg zum neuen Mathematiklehren und -lernen 2.0*,
https://doi.org/10.1007/978-3-658-33450-5_5

Lernenden eine bedeutende Rolle. Während zur Bestimmung der Lernausgangslage bzw. zur Evaluation des Lernerfolgs häufig wissenschaftliche Verfahren oder
Tests zur Verfügung stehen (formelle Diagnose), nimmt der Bereich der informellen Diagnose (z. B. Beobachtungen) im Mathematikunterricht einen hohen
Stellenwert ein (Black & Wiliam, 2009). Solche diagnostischen Situationen kommen im Unterricht häufig vor und ermöglichen der Lehrperson den Unterricht
zu adaptieren, etwa hinsichtlich der Auswahl und Einbettung von Aufgaben
oder hinsichtlich des Aufgreifens von Schülerfehlern oder -denkweisen. Diagno-
sen werden somit als Voraussetzung dafür gesehen, dass der Unterricht auf die
Bedürfnisse der Lernenden angepasst werden kann. Die Anpassung des Unterrichts wiederum gilt als Voraussetzung für den Lernerfolg der Schülerinnen und
Schüler (Schrader, 2013).

Für die sich aus den unterschiedlichen formellen und informellen Situationen ergebenden vielfältigen diagnostischen Aufgaben einer Lehrperson steht eine
Reihe von Instrumenten und Verfahren zu Verfügung. Diese reichen vom Einsatz von Aufgaben mit diagnostischem Potenzial, über Fehleranalyseraster bis hin
zu standardisierten Tests. Bei einem interviewbasierten Verfahren, beispielsweise
dem Elementarmathematischen Basisinterview (Wollring et al., 2013), geht es um
eine Einzelfalldiagnose hinsichtlich des mathematischen Denkens von Lernenden,
nicht um eine Feststellung von Rechenschwäche oder Hochbegabung. Standar-
disierte Tests haben demgegenüber den Vorteil, dass man sie als Gruppentests
durchführen kann, um etwa Lernende mit potenziellen Schwierigkeiten (Risi-
kokinder) zu identifizieren (z. B. HaReT, Lorenz, 2013). Bei der Auswahl von
Instrumenten ist also der Zweck der Diagnose entscheidend. Die verschiedenen
Verfahren und Instrumente können dabei als sich ergänzend betrachtet werden.
Während früher der Fokus von Diagnose häufig auf der Bewertung und Beurteilung lag, geht es heute primär darum, Diagnostik für den Unterricht zu nutzen,
insbesondere für die Steuerung des Lehr-Lern-Prozesses (Schrader, 2013). Die
Vielfalt unterschiedlicher Diagnosesituationen, Formen von Diagnose und diagnostischer Instrumente verdeutlichen die Komplexität diagnostischer Tätigkeiten von
Lehrpersonen. Damit sind auch ganz unterschiedliche Anforderungen an Lehrpersonen verbunden, und es stellt sich die Frage, welche Fähigkeiten gemeint sind,
wenn man von diagnostischer Kompetenz spricht.

2   Konzeptualisierung diagnostischer Kompetenz

Unter diagnostischer Kompetenz versteht man „die Fähigkeit eines Urteilers, Personen zutreffend zu beurteilen" (Schrader, 2006, S. 95). Diese Definition findet

sich in der Literatur häufig, allerdings greift sie gemessen an der Vielfalt diagnostischer Situationen und Tätigkeiten von Lehrpersonen zu kurz. Weinert (2000, S. 14 f.) spricht von einem „Bündel von Fähigkeiten, um den Kenntnisstand, die Lernfortschritte und die Leistungsprobleme der einzelnen Schüler sowie die Schwierigkeiten verschiedener Lernaufgaben im Unterricht beurteilen zu können, sodass das didaktische Handeln auf diagnostischen Einsichten aufgebaut werden kann." Deutlich wird hier, dass es bei der Diagnostik einerseits um lern- und leistungsrelevante Merkmale von Lernenden (z. B. Vorwissen) geht (von Aufschnaiter et al., 2015) und andererseits um Lern- und Aufgabenanforderungen (Artelt & Gräsel, 2009; Brunner et al., 2011). Insbesondere im Mathematikunterricht nehmen Aufgaben einen zentralen Stellenwert ein, sodass beispielweise die Fähigkeit Aufgaben in ihrem Schwierigkeitsgrad verändern zu können, zu wesentlichen diagnostischen Tätigkeiten von Lehrpersonen gehört. Ebenso wird in dem Zitat das Ziel, didaktisches Handeln auf die Basis von diagnostischen Erkenntnissen zu stellen, betont.

Die Bedeutung diagnostischer Kompetenz für die Unterrichtsqualität ist unbestritten. Sie wird als Bestandteil professioneller Kompetenzen von Lehrpersonen (neben weiteren) aufgefasst (Baumert & Kunter, 2006; Helmke, 2009; von Aufschnaiter et al., 2015; Weinert, 2000). Man nimmt an, dass diagnostische Kompetenz positive Auswirkungen auf die Leistungen der Schülerinnen und Schüler hat und Voraussetzung für adaptive Unterrichtsgestaltung ist (Anders et al., 2010; Helmke, 2009; Helmke et al., 2004; Schwarz et al., 2008). Allerdings gibt es bislang noch wenig Befunde über genaue Wirkmechanismen und die Genese diagnostischer Kompetenz. Studien zur Urteilsakkuratheit deuten darauf hin, dass diagnostische Kompetenz als mehrdimensionales Fähigkeitskonstrukt gesehen werden muss (Brunner et al., 2011; Spinath, 2005). Ebenso gibt es Hinweise darauf, dass diagnostische Kompetenz domänenspezifisch ist (Lorenz & Artelt, 2009). Für eine angemessene fachbezogene Diagnose ist allerdings nicht nur die Urteilsakkuratheit relevant, sondern „diagnostische Tiefenschärfe", die u. a. fundiertes Fachwissen voraussetzt (Prediger et al., 2012). Untersuchungen zeigen aber auch, dass Defizite hinsichtlich diagnostischer Kompetenz bei Mathematiklehrpersonen bestehen (Krauss & Brunner, 2011). Damit steht die Forderung im Raum, diagnostische Kompetenz in der Aus- und Weiterbildung von Lehrpersonen zu fördern. Dazu muss man das „Bündel" diagnostischer Fähigkeiten und ihre Komplexität zunächst besser verstehen. Im Folgenden werden daher drei unterschiedliche Perspektiven auf diagnostische Kompetenz eingenommen, um die Breite der unterschiedlichen Konzeptualisierungen darzustellen (vgl. auch Leuders et al., 2018; Ostermann et al., 2019).

2.1 Perspektive 1: Kompetenzmodellierung

Diagnostische Kompetenz kann als Teil fachdidaktischer Kompetenz aufgefasst werden. Es geht dabei um Wissen, Überzeugungen und Fähigkeiten zur Bewältigung (fachspezifischer) diagnostischer Anforderungen (Leuders et al., 2018). Seit etwa drei Jahrzehnten befassen sich zahlreiche Forschergruppen mit fachdidaktischer Kompetenz als Teil spezifischen Wissens für den Lehrberuf, sowohl theoretisch als auch empirisch (Depaepe et al., 2013). Verschiedene Facetten von diagnostischer Kompetenz zeigen sich hier in der fachbezogenen Konkretisierung fachdidaktischer Kompetenzen und in der Operationalisierung diagnostischer Kompetenz bei der Kompetenzmessung. Die von der Arbeitsgruppe um Deborah Ball vorgenommene Tätigkeitsanalyse von Grundschullehrkräften (job analysis) beinhaltet auch diagnostische Tätigkeiten (z. B. Aufgaben auswählen und sie auf die Zielgruppe anpassen, (fehlerhafte) Ansätze von Schülerinnen und Schülern einschätzen und darauf reagieren, Lernprozesse einschätzen etc.), wenngleich die Autoren selbst den Bereich der diagnostischen Kompetenz nicht explizit ausweisen (Bass & Ball, 2004). In ihrem Modell fachbezogenen Wissens von Mathematiklehrpersonen werden fachliche und fachdidaktische Wissensarten unterschieden (Abb. 1):

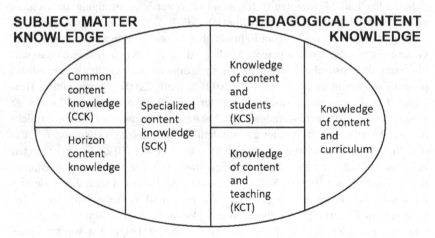

Abb. 1 Bereiche fachlichen und fachdidaktischen Wissens von Mathematiklehrpersonen (Ball et al., 2008, S. 403)

Verschiedene Wissensbereiche werden hierbei theoretisch unterschieden und durch qualitative und quantitative Untersuchungen empirisch fundiert. Das *specialized content knowledge* (SCK) kann als fachwissenschaftliche Basis diagnostischen Handelns verstanden werden. Es handelt sich um mathematisches Wissen, das ausschließlich für den Lehrberuf benötigt wird, z. B. den mathematischen Gehalt einer Schülerlösung einschätzen oder Aufgaben im Schwierigkeitsgrad verändern und geht damit über das *common content knowledge* (CCK) hinaus. Das *knowledge of content and students* (KCS) beinhaltet Wissen über mathematische Schülervorstellungen, -fehler, typische Lösungswege oder Strategien und kann daher als Kernbereich diagnostischer Kompetenz gesehen werden, hier geht es um die Wechselbeziehung zwischen Lernenden und Inhalt. Der Einsatz eines empirischen Messinstruments zur Erfassung von KCS zeigt, dass sich KCS von rein fachlichem Wissen abgrenzen lässt (Hill et al., 2004). In der Operationalisierung von KCS wird deutlich, dass wesentliche Aspekte diagnostischer Kompetenz konkretisiert werden: das diagnostische Potenzial einer Aufgabe erkennen bzw. typische Schülerfehler in Lösungen erkennen. Im Rahmen der COACTIV-Studie wird ein weiterer Aspekt diagnostischer Kompetenz (als Teil fachdidaktischen Wissens) operationalisiert: das multiple Lösungspotenzial (z. B. algebraische und geometrische Lösungen) von Aufgaben erkennen (Binder et al., 2018; Krauss et al., 2011). Komplexe Unterrichtssituationen werden allerdings in einer solchen Operationalisierung nicht hinreichend widergespiegelt. Diese Perspektive auf diagnostische Kompetenz als Teil fachdidaktischer Kompetenz konkretisiert Wissensbereiche und Fähigkeiten von Mathematiklehrpersonen und differenziert sie fachspezifisch aus. Sie gibt aber wenig Auskunft darüber, welche kognitiven Prozesse in diagnostischen Situationen ablaufen oder auf welche Weise die notwendigen Fähigkeiten erworben und aktiviert werden können.

2.2 Perspektive 2: Urteilsakkuratheit

Ein weiterer Ansatz ist, die Akkuratheit eines diagnostischen Urteils als Indikator für diagnostische Kompetenz zu betrachten. Es geht dabei nicht um komplexe Prozesse bei der Urteilsbildung, sondern um die Genauigkeit. Die Qualität des diagnostischen Urteils wird bestimmt durch die Rangordnungskomponente (Bilden einer Rangordnung von Schülerinnen und Schülern nach Leistung oder von Aufgaben nach Schwierigkeit), die Niveaukomponente (wird das Merkmal zu hoch, richtig oder zu niedrig eingeschätzt?) und die Differenzierungskomponente (werden real existierende Leistungsunterschiede im Lehrerurteil sichtbar?). Dieser Ansatz ist weit verbreitet, das zeigen u. a. Meta-Analysen, die sich auf eine große

Anzahl von Studien beziehen (Hoge & Coladarci, 1989; Südkamp et al., 2012). In diesen werden die vorliegenden Daten zur Rangordnungskomponente verglichen und zeigen eine mittlere Korrelation. Die Befunde weisen darauf hin, dass Lehrpersonen bei direkten Urteilen (d. h. konkret vorliegende Testaufgaben) die Performanz von Schülerinnen und Schülern besser einschätzen als bei indirekten Urteilen (welche sich mehr auf allg. Fähigkeiten beziehen). Südkamp et al. (2012) analysieren die Bedeutung verschiedener Faktoren, welche die untersuchten Studien kennzeichnen bzw. unterscheiden. Es ergeben sich allerdings kaum belastbare Befunde, die eindeutige Prädiktoren der Urteilsakkuratheit identifizieren.

Lehrpersonen geben bezüglich der Rangordnungskomponente relativ genaue Urteile ab, nicht jedoch hinsichtlich der Niveaukomponente und der Differenzierungskomponente, d. h. sie können z. B. die Schülerinnen und Schüler ihrer Klasse in Bezug auf ein Merkmal in eine Reihenfolge bringen, verschätzen sich aber bei der Einschätzung des Leistungsniveaus der gesamten Klasse und bezüglich der Leistungsstreuung innerhalb der Klasse (Anders et al., 2010; Spinath, 2005; Südkamp et al., 2012). Beim Bilden einer Rangordnung bildet sich allerdings keine systematische Unter- bzw. Überschätzung der Schülerinnen und Schüler oder der Aufgaben ab. Im Fach Mathematik sind jedoch solche Verschätzungstendenzen empirisch gut belegt, sowohl systematische Überschätzungen von Schülerleistungen (Nathan & Ködinger, 2000; Spinath, 2005) als auch Unterschätzungen von (angehenden) Lehrpersonen (im Primarstufenbereich) (Clarke et al., 2002; Selter, 1995). Sinnvoll wäre also das Einbeziehen der Niveaukomponente bei Analysen zur Identifikation von Einflussfaktoren auf die Akkuratheit des diagnostischen Urteils. In der COACTIV-Studie wird dies umgesetzt, hier werden Lehrerurteile mit den tatsächlichen Ausprägungen der Schülermerkmale bzw. der Aufgabenmerkmale verglichen. Dazu wurden zwei Urteilsebenen unterschieden: Mathematiklehrpersonen sollten zu einer vorgegebenen Aufgabe angeben, welcher Prozentsatz ihrer Schülerinnen und Schüler die Aufgabe richtig lösen (Klassenebene). Sie sollten außerdem angeben, welche von sieben zufällig ausgewählten Schülerinnen und Schüler ihrer Klasse die Aufgabe lösen können (individuelle Ebene). Das Wissen über die Aufgabenkomplexität muss auf eine konkrete Schülergruppe bezogen werden. Es zeigte sich, dass die Akkuratheit, mit der Mathematiklehrpersonen das Leistungsniveau ihrer Klassen einschätzen können, relativ niedrig ist (Brunner et al., 2011). Der große Vorteil dieser Perspektive liegt in der quantitativen Erfassung diagnostischer Kompetenz. Sie ermöglicht einerseits umfassende Metaanalysen durch die Korrespondenzmaße und lässt andererseits vielfältige Variationen etwa in Experimentalstudien zu. Die Urteilsakkuratheit kann als Indikator für diagnostische Kompetenz angesehen werden, als einziger Indikator für die Qualität eines diagnostischen Urteils greift sie jedoch aufgrund der Komplexität diagnostischer Urteile zu kurz (Ophuysen & Behrmann, 2015).

2.3 Perspektive 3: Beschreibung kognitiver Prozesse

Diagnostische Urteile lassen sich auch in der Tradition der psychologischen Urteilsforschung betrachten (Hastie & Dawes, 2001). Hier geht es um die Genese diagnostischer Urteile und um Theorien, die das Zustandekommen diagnostischer Urteile beschreiben und erklären, beispielsweise Verzerrungen bei der Urteilsbildung, die im pädagogischen Bereich im Zusammenhang mit Leistungsbeurteilung bereits thematisiert wurden. Diagnostik wird grundsätzlich als Prozess gesehen, bei dem Informationen verarbeitet werden, um zu einem Urteil bzw. einer Entscheidung zu kommen (Ophuysen & Behrmann, 2015).

Das Modell von Nickerson (1999) beschreibt, wie Experten das Wissen von Laien einschätzen (Abb. 2). Die Situation ist in etwa vergleichbar mit einer Situation im pädagogischen Kontext, wenn Lehrpersonen das Wissen von Schülerinnen und Schülern einschätzen.

Das eigene Wissen dient als Ausgangsbasis und wird durch den Einbezug weiterer Informationen adaptiert: im ersten Schritt werden „unübliche Aspekte" des eigenen Wissens berücksichtigt, Lehrpersonen machen sich bewusst, dass sie gegenüber den Schülerinnen und Schülern über mehr fachliches Wissen verfügen. Im nächsten Schritt wird das Wissen einer Gruppe, zu der die Person gehört, berücksichtigt, bezogen auf den pädagogischen Kontext etwa die Jahrgangsstufe und das Wissen „von früher" (Vorwissen). Auch laufend hinzukommende Informationen über das Wissen des Anderen (z. B. im Gespräch) werden aufgenommen. Das heuristische Vorgehen lässt sich als „Verankerung und Anpassung" beschreiben, das Modell über das Wissen des anderen wird fortlaufend verfeinert und aktualisiert. Nickerson (1999) thematisiert auch Verschätzungstendenzen, beispielsweise, dass mit zunehmender Expertise die Anforderungen an Novizen stärker unterschätzt werden (curse of expertise (Hinds, 1999)). Solche Tendenzen lassen sich mit dem Modell als unzureichende Anpassung erklären. In fachbezogenen Studien in der Mathematikdidaktik wurde das Modell sowohl in qualitativen als auch quantitativen Studien zugrunde gelegt. Ein eigener Lösungsansatz (oder der individuelle Bearbeitungsaufwand) bei der Einschätzung einer Aufgabe dient als Grundlage und ist vergleichbar mit der Ankerfunktion des eigenen Wissens im Modell von Nickerson (Ostermann, 2018; Philipp, 2018). Ebenso lassen sich Prozesse, die auf Lernende gerichtet sind, als Anpassungsprozesse deuten, etwa die Informationen über SchülerInnen und Schüler allgemein

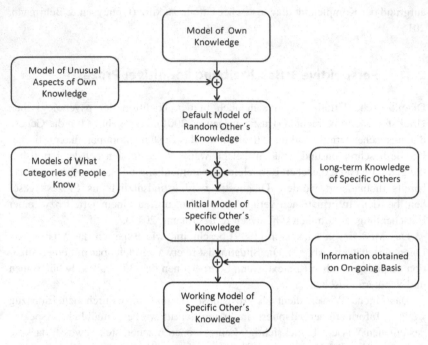

Abb. 2 Modell zur Einschätzung des Wissens anderer Personen (Nickerson, 1999, S. 740)

oder die Informationen, die einer konkreten Schülerlösung zu entnehmen sind
(Philipp, 2018). Das Modell richtet also den Blick auf die Genese diagnostischer
Urteile und auf die Bedeutung des eigenen Wissens bei der Urteilsbildung. Weitere Prozessmodelle zur Diagnostik beschreiben diagnostische Prozesse meist in
mehreren Phasen. Klug et al. (2013) etwa unterscheiden drei zyklische Phasen des
Diagnoseprozesses: (1) Die präaktionale Phase dient der Vorbereitung diagnostischer Handlungen unter Berücksichtigung des Ziels der Diagnose. (2) In der
aktionalen Phase werden Informationen gesammelt, ausgewählt und gewichtet.
(3) In der postaktionalen Phase geht es um Anschlusshandlungen wie Rückmeldung geben oder die Förderung planen. Reinhold (2018) differenziert die
aktionale Phase aus, indem sie Strategien angehender Lehrpersonen fachbezo-
gen untersucht und dabei Typen von Strategien unterscheidet. Dabei zeigt sie
auf, dass die Prozesse des Datensammelns, Interpretierens und der Entschei-
dungsfindung keineswegs linear sind, sondern vielfältig miteinander verwoben.
Die Beschreibung kognitiver Prozesse in diagnostischen Situationen ermöglichen

es, diagnostische Urteile und deren vielfältige Zusammenhänge systematisch in experimentellen Studien zu untersuchen, indem beispielweise bestimmte Prozesse oder Strategien gefördert werden, die mit Theorien des fachlichen und fachdidaktischen Wissens verbunden sind. So erlauben sie auch bessere Rückschlüsse auf kausale Zusammenhänge. Außerdem können Studien auf diese Weise Hinweise auf Einflussfaktoren auch auf die Urteilsakkuratheit geben (Schrader, 2013) oder zum Verständnis von Unterschieden in der Bildung diagnostischer Urteile, etwa zwischen unterschiedlichen Personengruppen, beitragen (Böhmer et al., 2012).

3   Förderung diagnostischer Kompetenz

Die Förderung und die Verbesserung diagnostischer Kompetenz wird als wichtiges Anliegen betrachtet (Schrader, 2013). Es gibt zahlreiche Ansätze zur Förderung diagnostischer Kompetenz in der Lehreraus- und -weiterbildung, die die unterschiedlichen Konzeptualisierungen diagnostischer Kompetenz widerspiegeln. Studien zur Förderung diagnostischer Kompetenz bieten die Möglichkeit, das Verständnis über den Erwerb diagnostischer Kompetenz zu erweitern, was wiederum die Konzeptualisierung diagnostischer Kompetenz befruchten kann.

Bei der Förderung diagnostischer Kompetenz geht man von der Annahme aus, dass die Schülerleistungen durch das Handeln der Lehrkraft zu beeinflussen sind und dass das Handeln der Lehrkraft durch die Ausbildung beeinflusst wird. Allerdings werden widersprüchliche Ergebnisse zur Wirkung der Ausbildung berichtet (Blömeke, 2004; Blömeke et al., 2008). Als Grund dafür nennen die Autoren die zumeist qualitative Anlage von Studien, die selten Verallgemeinerungen zulassen. In verschiedenen Studien konnte ebenso kein direkter Zusammenhang zwischen Urteilsakkuratheit und Lernerfolg der Schülerinnen und Schüler im Fach Mathematik nachgewiesen werden. Hohe Diagnosekompetenz hatte aber dann einen positiven Effekt, wenn Strukturierungshilfen und individuelle Hilfestellungen ausreichend häufig eingesetzt wurden (Karing et al., 2011; Schrader & Helmke, 1987). Ebenso wird punktuell ein positiver Zusammenhang zwischen Niveaukomponente bzw. Rangfolgekomponente und Schülerleistung nachgewiesen, d. h. der Lernerfolg der Schülerinnen und Schüler im Fach Mathematik ließ sich anhand der Urteilsakkuratheit voraussagen (Anders et al., 2010). An dieser Stelle muss man sich vergegenwärtigen, dass es sich bei den Studien hauptsächlich um Maße der Urteilsakkuratheit handelt; betrachtet werden Korrelationen, die kausale Zusammenhänge nur sehr eingeschränkt aufzeigen. Über die Prozesse, die zwischen den diagnostischen Urteilen der Lehrpersonen und den Lernergebnissen der Schülerinnen und Schüler vermitteln, gibt es bislang kaum empirisch gesichertes Wissen. Zur Wirkung diagnostischer Fähigkeiten auf die Leistungsentwicklung besteht also noch empirischer Klärungsbedarf, insbesondere da bisherige Studien zu gemischten Resultaten kommen. Bei der Förderung wird davon ausgegangen, dass diagnostische Kompetenz prinzipiell erlernbar ist, auch wenn die genauen Bedingungen des Erwerbs diagnostischer Kompetenz noch unklar sind. Es stellt sich also die Frage, auf welche Weise diagnostische Kompetenz von Mathematiklehrpersonen gefördert werden kann. So werden etwa Videos zur Analyse von Lern- und Unterrichtsprozessen, z. B. im Rahmen der universitären Lehrerausbildung eingebunden. Dabei ist eine gezielte Auswahl von Diagnosesituationen möglich, deren Bewältigung strukturiert angeleitet werden kann (Bartel & Roth, 2017; Sherin & van Es, 2009). Daneben findet man themenspezifische Lehrerweiterbildungen, die einen Bezug zu den eigenen Schülerinnen und Schülern ermöglichen (z. B. Busch et al., 2015). Fachdidaktische Lehrveranstaltungen können aber auch mit diagnostischen Aufgaben in der Praxis im Rahmen von Praktika verbunden werden, z. B. durch die Durchführung von differenzierten Lernstandserhebungen (Brunner et al., 2017; Leuders, 2017). Gemeinsam ist diesen Ansätzen, dass sie die Interaktion von (fachbezogenem) Wissen und reflektierter Praxis für die Ausbildung diagnostischer Kompetenz als wichtig erachten (Hascher, 2008).

Im Folgenden soll anhand von Beispielen skizziert werden, wie sich die drei zuvor beschriebenen unterschiedlichen Perspektiven auf diagnostische Kompetenz auch bei Ansätzen zur Förderung wiederfinden lassen. Ein erstes Beispiel, bei dem diagnostische Kompetenz als Teil fachdidaktischer Kompetenz aufgefasst wird, zielt auf die *Förderung fachdidaktischen Wissens* im Rahmen von professionellen Lerngemeinschaften, um diagnostische Kompetenz zu fördern. Dabei arbeiten Lehrpersonen über einen längeren Zeitraum zusammen und werden fachlich begleitet. In einem südafrikanischen Projekt arbeiteten Lehrpersonen über einen Zeitraum von vier Jahren in „professional learning communities" zusammen. Sie arbeiteten auf der Basis von Schülerfehlern aus Test- oder Interviewsituationen aus ihrer Praxis fachdidaktische Literatur zu mathematischen Konzepten und typischen Fehlern auf. Sie planten Unterricht gemeinsam und werteten diesen anhand von Videoaufnahmen aus. Es ließen sich eine positive Entwicklung hinsichtlich der Förderung der interpretativen Haltung und auch Veränderungen des Unterrichts nachweisen (Brodie et al., 2018). Das zweite Beispiel bezieht sich auf die *Verbesserung der Urteilsakkuratheit* durch Reflexion: Damit Lehrpersonen ihre diagnostische Kompetenz schulen können, schlägt Schrader (2008) vor, dass Lehrpersonen ihre Urteile explizieren und überprüfen. Dazu soll in einem zyklischen Prozess zunächst ein Schülermerkmal ausgewählt und erhoben werden und die Ausprägung des Merkmals durch die Lehrperson eingeschätzt werden. In einem weiteren Schritt wird die tatsächliche Merkmalsausprägung mit der Einschätzung verglichen und Unterschiede werden analysiert. Um diagnostische Kompetenz effektiv zu fördern, muss dieser Kreislauf mehrfach durchlaufen werden. Dieser Ansatz wird konkret im Rahmen der Vergleichsarbeiten in der Schule (VERA) vorgeschlagen, in welchem die Lehrpersonen die Ergebnisse für ein solchen Vergleich nutzen können (Helmke et al., 2004). Ein Beispiel zur *Förderung diagnostischer Prozesse* sind aufgabenbasierte diagnostische Interviews (Clarke et al., 2018; Wollring et al., 2013). Ziel solcher Interviews ist die Förderung des Kindes im Unterricht, daher wird auch der Begriff der „handlungsleitenden Diagnostik" (Wollring et al., 2013) verwendet. Die Entwicklung mathematischer Fähigkeiten steht im Vordergrund und wird durch „growth points" (Ausprägungsgrade) definiert. Klare Abbruchkriterien bei den Aufgaben helfen, eine Demotivierung oder Überforderung der Schülerinnen und Schüler zu vermeiden. Kern ist die Erfassung der Lernentwicklung des Kindes, gleichzeitig werden Lehrpersonen im Hinblick auf (diagnostische) Gespräche und Interaktionen mit Kinder geschult. An dieser Stelle wird deutlich, dass die Förderung diagnostischer Prozesse nicht ohne fachliche bzw. fachdidaktische Theorie möglich ist; es geht um theoriegeleitete Interpretationen und Fördermaßnahmen.

Das Potenzial der Konzepte zur Förderung diagnostischer Kompetenz in der Lehreraus- und -weiterbildung liegt darin, dass sie auch Aufschluss darüber geben können, welche Formen der Förderung wirksam sind, beispielsweise die Verknüpfung mit der schulischen Praxis oder die Verbindung mit der Förderung mathematischer Kompetenzen von Schülerinnen und Schülern als Ziel von Diagnostik. Zudem kann das Verständnis von Lernprozessen angehender Lehrpersonen beim Erwerb diagnostischer Kompetenz vertieft werden. Die Studien können also auch Hinweise geben, wie und unter welchen Bedingungen diagnostische Kompetenz erworben wird.

4   Fazit

Die genannten Beispiele und Forschungsansätze zu diagnostischer Kompetenz zeugen von einer regen Forschungstätigkeit auf diesem Gebiet. Es zeigt sich aber auch, dass die verschiedenen Ansätze zu ganz unterschiedlichen lokalen Theorien und Modellen führen, die bislang noch zu wenig systematisch aufeinander bezogen sind, sodass sich insgesamt ein noch inkonsistentes Bild von diagnostischer Kompetenz ergibt. Ein universelles theoretisches Modell ist hinsichtlich der genannten unterschiedlichen Perspektiven (Kompetenzmodellierung, Urteilssakkuratheit und kognitive Prozesse) auch kaum zu erwarten. Ferner lassen viele

Studien häufig keine oder kaum Rückschlüsse auf kausale Zusammenhänge zu, beispielweise bei der Betrachtung von möglichen Einflüssen auf die Genauigkeit und die Qualität diagnostischer Urteile.

Die Rolle des fachlichen und fachdidaktischen Wissens bei diagnostischen Urteilen und damit die Frage nach der Fachspezifität sollte noch stärker in den Blick genommen werden (Schrader, 2011). Die Entwicklung substanzieller Theorien, die den Erwerb diagnostischer Kompetenz oder die Genese diagnostischer Urteile fachspezifisch konkretisieren, ist dabei von großem Interesse. In diesem Zusammenhang stellt sich auch die Frage, inwiefern aus fachlicher Sicht didaktische und diagnostische Faktoren in komplexen diagnostischen Situationen, wie sie in der Praxis vorkommen, trennbar sind (Ufer & Leutner, 2017). Im Hinblick auf wirksame Fördermöglichkeiten diagnostischer Kompetenz in der Lehrerbildung ist die Konzeptualisierung der Qualität diagnostischer Urteile von hoher Relevanz, insbesondere die fachspezifische Ausweitung des Konzepts der Urteilsakkuratheit und die Identifikation von Einflussfaktoren auf diagnostische Urteile (Schrader, 2011). Auch die Verknüpfung von Diagnose und daraus abgeleiteten Fördermaßnahmen für Schülerinnen und Schülern könnte hinsichtlich der Qualität diagnostischer Urteile eine Rolle spielen (Böhmer et al., 2012; Klug et al., 2013; Streit et al., 2019). Von Interesse ist insbesondere auch die Aufklärung kausaler Zusammenhänge, Befunde aus bisher vorliegenden Studien geben korrelative Hinweise. Mit Blick auf die schulische Praxis wäre zu klären, welchen Einfluss die diagnostische Kompetenz der Lehrperson auf die Schülerleistung hat und welche Faktoren dabei eine Rolle spielen. Auch hier werden bislang eher korrelative Zusammenhänge berichtet. Ebenso könnte die Bedeutung von diagnostischen Instrumenten in der Praxis, insbesondere die Verbindung von formellen und informellen Verfahren (und das Wissen darüber), näher beleuchtet werden.

Literatur

Anders, Y., Kunter, M., Brunner, M., Krauss, S., & Baumert, J. (2010). Diagnostische Fähigkeiten von Mathematiklehrkräften und die Leistungen ihrer Schülerinnen und Schüler. *Psychologie in Erziehung Und Unterricht, 3*, 175–193.

Artelt, C., & Gräsel, C. (2009). Diagnostische Kompetenz von Lehrkräften. *Zeitschrift Für Pädagogische Psychologie, 23*(3–4), 157–160.

Artelt, C., Stanat, P., Schneider, W., & Schiefele, U. (2001). Lesekompetenz: Testkonzeption und Ergebnisse. In J. Baumert, E. Klieme, M. Neubrand, M. Prenzel, U. Schiefele, W. Schneider, P. Stanat, K.-J. Tillmann, & M. Weiß (Hrsg.), *PISA 2000: Basiskompetenzen von Schülerinnen und Schülern im internationalen Vergleich* (S. 69–137). Leske+ Budrich.

Aufschnaiter, C. v., Cappell, J., Dübbelde, G., Ennemoser, M., Mayer, J., Stiensmeier-Pelster, J., Sträßer, R., & Wolgast, A. (2015). Diagnostische Kompetenz. Theoretische Überlegungen zu einem zentralen Konstrukt der Lehrerbildung. *Zeitschrift für Pädagogik, 61,* 738–758.

Ball, D. L., Thames, M. H., & Phelbs, G. (2008). Content knowledge for teaching: What makes it special? *Journal of Teacher Education, 59,* 389–407.

Bartel, M. E., & Roth, J. (2017). Diagnostische Kompetenz von Lehramtsstudierenden fördern. In J. Leuders, T. Leuders, S. Prediger, & S. Ruwisch (Hrsg.), *Mit Heterogenität im Mathematikunterricht umgehen lernen* (S. 43–52). Springer Spektrum.

Bass, H., & Ball, D. L. (2004). A practice-based theory of mathematical knowledge for teaching: The case of mathematical reasoning. In W. Jianpan & X. Binyan (Hrsg.), *Trends and challenges in mathematics education* (S. 107–123). East China Normal University Press.

Baumert, J., & Kunter, M. (2006). Stichwort: Professionelle Kompetenz von Lehrkräften. *Zeitschrift Für Erziehungswissenschaft, 9,* 469–520.

Binder, K., Krauss, S., Hilbert, S., Brunner, M., Anders, Y., & Kunter, M. (2018). Diagnostic skills of mathematics teachers in the COACTIV study. In T. Leuders, K. Philipp, & J. Leuders (Hrsg.), *Diagnostic competence of mathematics teachers: Unpacking a complex construct in teacher education and teacher practice* (Bd. 11, S. 33–53). Springer.

Black, P., & William, D. (2009). Developing the theory of formative assessment. *Educational Assessment, Evaluation and Accountability, 21,* 5–31.

Blömeke, S. (2004). Empirische Befunde zur Wirksamkeit der Lehrerbildung. In S. Blömeke, P. Reinhold, G. Tulodziecki, & J. Wildt (Hrsg.), *Handbuch Lehrerbildung* (S. 59–91). Klinkhardt.

Blömeke, S., Felbrich, A., & Müller, C. (2008). Theoretischer Rahmen und Untersuchungsdesign. In S. Blömeke, G. Kaiser, & R. Lehmann (Hrsg.), *Professionelle Kompetenz angehender Lehrerinnen und Lehrer* (S. 15–48). Waxmann.

Böhmer, I., Gräsel, C., Hörstermann, T., & Krolak-Schwerdt, S. (2012). Die Informationssuche bei der Erstellung der Übergangsempfehlung: die Rolle von Fallkonsistenz und Expertise. *Unterrichtswissenschaft, 40*(2), 140–155.

Brodie, K., Marchant, J., Molefe, N., & Chimhande, T. (2018). Developing diagnostic competence through professional learning communities. In T. Leuders, K. Philipp, & J. Leuders (Hrsg.), *Diagnostic competence of mathematics teachers: Unpacking a complex construct in teacher education and teacher practice* (Vol. 11) (S. 151–171). Springer.

Brunner, E. (2017). Diagnosekompetenzen aufbauen und anwenden. In J. Leuders, T. Leuders, S. Prediger, & S. Ruwisch (Hrsg.), *Mit Heterogenität im Mathematikunterricht umgehen lernen* (S. 65–76). Springer Spektrum.

Brunner, M., Anders, Y., Hachfeld, A., & Krauss, S. (2011). Diagnostische Fähigkeiten von Mathematiklehrkräften. In M. Kunter, J. Baumert, W. Blum, U. Klusmann, S. Krauss, & M. Neubrand (Hrsg.), *Professionelle Kompetenz von Lehrkräften* (S. 215–234). Waxmann.

Busch, J., Barzel, B., & Leuders, T. (2015). Die Entwicklung eines kategorialen Kompetenzmodells zur Erfassung diagnostischer Kompetenzen von Lehrkräften im Bereich Funktionen. *Journal Für Mathematik-Didaktik, 36*(2), 315–338.

Clarke, D., Cheeseman, J., Gervasoni, A., Gronn, D., Horne, M., McDonough, A., Montgomery, P., Roche, A., Sullivan, P., Clarke, B. A., & Rowley, G. (2002). *Early Numeracy*

Research Project Final Report. Mathematics Teaching and Learning Centre, Australian Catholic University.

Clarke, D.M., Roche, A., & Clarke, B. (2018). Supporting mathematics teachers' diagnostic competence through the use of one-to-one, task-based assessment interviews. In T. Leuders, K. Philipp, & J. Leuders (Hrsg.), *Diagnostic competence of mathematics teachers: Unpacking a complex construct in teacher education and teacher practice* (Bd. 11, S. 173–192). Springer.

Depaepe, F., Verschaffel, L., & Kelchtermans, G. (2013). Pedagogical content knowledge: A systematic review of the way in which the concept has pervaded mathematics educational research. *Teaching and Teacher Education, 34,* 12–25.

Frey, A., Asseburg, R., Carstensen, C. H., Ehmke, T., & Blum, W. (2007). Mathematische Kompetenz. In PISA Konsortium Deutschland (Hrsg.), *PISA 2006* (S. 249–276). Waxmann.

Hascher, T. (2008). Diagnostische Kompetenzen im Lehrberuf. In C. Kraler & M. Schratz (Hrsg.), *Wissen erwerben, Kompetenzen entwickeln* (S. 71–86). Waxmann.

Hastie, R., & Dawes, R. M. (2001). *Rational choice in an uncertain world: The psychology of judgment and decision making.* Sage.

Helmke, A. (2009). *Unterrichtsqualität und Lehrerprofessionalität. Diagnose, Evaluation und Verbesserung des Unterrichts* (2. Aufl.). Klett-Kallmeyer.

Helmke, A., Hosenfeld, I., & Schrader, F.-W. (2004). Vergleichsarbeiten als Instrument zur Verbesserung der Diagnosekompetenz von Lehrkräften. In R. Arnold & C. Griese (Hrsg.), *Schulleitung und Schulentwicklung* (S. 119–144). Schneider.

Hill, H. C., Schilling, S. G., & Ball, D. L. (2004). Developing measures of teachers' mathematics knowledge for teaching. *The Elementary School Journal, 105*(1), 11–30.

Hinds, P. J. (1999). The curse of expertise: The effects of expertise and debiasing methods on prediction of novice performance. *Journal of Experimental Psychology: Applied, 5*(2), 205–221.

Hoge, R. D., & Coladarci, T. (1989). Teacher-based judgments of academic achievement: A review of literature. *Review of Educational Research, 59*(3), 297–313.

Ingenkamp, K., & Lissmann, U. (2008). *Lehrbuch der pädagogischen Diagnostik* (6. Aufl.). Beltz.

Karing, C., Pfost, M., & Artelt, C. (2011). Hängt die diagnostische Kompetenz von Sekundarstufenlehrkräften mit der Entwicklung der Lesekompetenz und der mathematischen Kompetenz ihrer Schülerinnen und Schüler zusammen? *Journal for Educational Research Online, 3*(2), 119–147.

Klug, J., Bruder, S., Kelava, A., Spiel, C., & Schmitz, B. (2013). Diagnostic competence of teachers: A process model that accounts for diagnosing learning behavior tested by means of a case scenario. *Teaching and Teacher Education, 30,* 38–46.

Krauss, S., & Brunner, M. (2011). Schnelles Beurteilen von Schülerantworten: Ein Reaktionszeittest für Mathematiklehrer/innen. *Journal Für Mathematik-Didaktik, 32,* 233–251.

Leuders, J. (2017). Aufbau von diagnostischer Kompetenz im Rahmen des integrierten Semesterpraktikums. In J. Leuders, T. Leuders, S. Prediger, & S. Ruwisch (Hrsg.), *Mit Heterogenität im Mathematikunterricht umgehen lernen* (S. 91–102). Springer Spektrum.

Krauss, S., Blum, W., Brunner, M., Neubrand, M., Baumert, J., Kunter, M. et al. (2011). Konzeptualisierung und Testkonstruktion zum fachbezogenen Professionswissen von Mathematiklehrkräften. In M. Kunter, J. Baumert, W. Blum, U. Klusmann, S. Krauss,

& M. Neubrand (Hrsg.), *Professionelle Kompetenz von Lehrkräften. Ergebnisse des Forschungsprogramms COACTIV* (S. 135–161). Waxmann.

Leuders, T., Dörfler, T., Leuders, J., & Philipp, K. (2018). Diagnostic competence of mathematics teachers: Unpacking a complex construct. In T. Leuders, K. Philipp, & J. Leuders (Hrsg.), *Diagnostic competence of mathematics teachers: Unpacking a complex construct in teacher education and teacher practice* (Bd. 11, S. 3–31). Springer.

Lorenz, C., & Artelt, C. (2009). Fachspezifität und Stabilität diagnostischer Kompetenz von Grundschullehrkräften in den Fächern Deutsch und Mathematik. *Zeitschrift Für Pädagogische Psychologie, 23*(3), 211–222.

Lorenz, C. (2011). *Diagnostische Kompetenz von Grundschullehrkräften: Strukturelle Aspekte und Bedingungen.* University of Bamberg Press.

Lorenz, J. H. (2013). Der Hamburger Rechentest 1–4 (HaReT 1–4) (2013). In M. Hasselhorn, A. Heinze, W. Schneider, & U. Trautwein (Hrsg.), *Diagnostik mathematischer Kompetenzen* (Bd. 11, S. 165–183). Hogrefe.

Nathan, M. J., & Koedinger, K. R. (2000). An investigation of teachers' beliefs of students' algebra development. *Cognition and Instruction, 18*(2), 209–237.

Nickerson, R. S. (1999). How we know-and sometimes misjudge-what others know: Imputing one's own knowledge to others. *Psychological Bulletin, 125*(6), 737–759.

Ophuysen, S. V., & Behrmann, L. (2015). Die Qualität pädagogischer Diagnostik im Lehrerberuf-Anmerkungen zum Themenheft „Diagnostische Kompetenzen von Lehrkräften und ihre Handlungsrelevanz". *Journal for Educational Research Online, 7*(2), 82–98.

Ostermann, A. (2018). Factors influencing the accuracy of diagnostic judgments. In T. Leuders, K. Philipp, & J. Leuders (Eds.), *Diagnostic competence of mathematics teachers: Unpacking a complex construct in teacher education and teacher practice* (Bd. 11, S. 95–108). Springer.

Ostermann, A., Leuders, T., & Philipp, K. (2019). Fachbezogene diagnostische Kompetenzen von Lehrkräften – Von Verfahren der Erfassung zu kognitiven Modellen zur Erklärung. In T. Leuders, M. Nückles, S. Mikelskis-Seifert, & K. Philipp (Hrsg.), *Pädagogische Professionalität in Mathematik und Naturwissenschaften* (S. 93–116). Springer Spektrum.

Philipp, K. (2018). Diagnostic competences of mathematics teachers with a view to processes and knowledge resources. In T. Leuders, K. Philipp, & J. Leuders (Hrsg.), *Diagnostic competence of mathematics teachers: Unpacking a complex construct in teacher education and teacher practice* (Bd. 11, S. 109–127). Springer.

Prediger, S., Tschierschky, K., Wessel, L., & Seipp, B. (2012). Professionalisierung für fach- und sprachintegrierte Diagnose und Förderung im Mathematikunterricht. *Zeitschrift Für Interkulturellen Fremdsprachenunterricht, 17*(1), 40–58.

Reinhold, S. (2018). Revealing and promoting pre-service teachers' diagnostic strategies in mathematical interviews with first-graders. In T. Leuders, K. Philipp, & J. Leuders (Hrsg.), *Diagnostic competence of mathematics teachers: Unpacking a complex construct in teacher education and teacher practice* (Bd. 11, S. 129–148). Springer.

Rösike, K. A., & Schnell, S. (2017). Do math! – Lehrkräfte professionalisieren für das Erkennen und Fördern von Potenzialen. In J. Leuders, T. Leuders, S. Prediger, & S. Ruwisch (Hrsg.), *Mit Heterogenität im Mathematikunterricht umgehen lernen* (S. 223–233). Springer Spektrum.

Schrader, F.-W. (2006). Diagnostische Kompetenz von Eltern und Lehrern. In D. Rost (Hrsg.), *Handwörterbuch Pädagogische Psychologie* (3. Aufl., S. 95–100). Beltz.

Schrader, F.-W. (2008). Diagnoseleistungen und diagnostische Kompetenz von Lehrkräften. In W. Schneider, M. Hasselhorn, & J. Bengel (Hrsg.), *Handbuch der pädagogischen Psychologie* (Bd. 10, S. 168–177). Hogrefe.

Schrader, F.-W. (2011). Lehrer als Diagnostiker. In E. Terhart, H. Bennewitz, & M. Rothland (Hrsg.), *Handbuch der Forschung zum Lehrerberuf* (S. 683–698). Waxmann.

Schrader, F.-W. (2013). Diagnostische Kompetenz von Lehrpersonen. *Beiträge Zur Lehrerinnen- Und Lehrerbildung, 31*, 154–165.

Schrader, F.-W., & Helmke, A. (1987). Diagnostische Kompetenz von Lehrern: Komponenten und Wirkungen. *Empirische Pädagogik, 1*, 27–52.

Schwarz, B., Wissmach, B., & Kaiser, G. (2008). "Last curves not quite correct": Diagnostic competence of future teachers with regard to modelling and graphical representations. *ZDM – The International Journal on Mathematics Education, 40*(5), 777–790.

Selter, C. (1995). Zur Fiktivität der, Stunde Null' im arithmetischen Anfangsunterricht. *Mathematische Unterrichtspraxis, 16*(2), 11–19.

Sherin, M. G., & van Es, E. A. (2009). Effects of video club participation on Teachers' professional vision. *Journal of Teacher Education, 60*(1), 20–37.

Spinath, B. (2005). Akkuratheit der Einschätzung von Schülermerkmalen durch Lehrer und das Konstrukt der diagnostischen Kompetenz. *Zeitschrift Für Pädagogische Psychologie, 19*(1/2), 85–95.

Streit, C., Rüede, C., Weber, C., & Graf, B. (2019). Zur Verknüpfung von Lernstandeinschätzung und Weiterarbeit im Arithmetikunterricht: Ein kontrastiver Vergleich zur Charakterisierung diagnostischer Expertise. *Journal Für Mathematik-Didaktik, 40*(1), 37–62.

Südkamp, A., Kaiser, J., & Möller, J. (2012). Accuracy of teachers' judgments of students' academic achievement: A meta-analysis. *Journal of Educational Psychology, 104*(3), 743–762.

Ufer, S., & Leutner, D. (2017). Kompetenzen als Dispositionen-Begriffsklärungen und Herausforderungen. In A. Südkamp & A. K. Praetorius (Hrsg.), *Diagnostische Kompetenz von Lehrkräften: Theoretische und methodische Weiterentwicklungen* (S. 67–74). Waxmann.

Weinert, F. E. (2000). Lehren und Lernen für die Zukunft – Ansprüche an das Lernen in der Schule. *Pädagogische Nachrichten Rheinland-Pfalz, 2*, 1–16.

Wollring, B., Peter-Koop, A., & Grüßing, M. (2013). Das ElementarMathematische Basis-Interview EMBI. In M. Hasselhorn, A. Heinze, W. Schneider, & U. Trautwein (Hrsg.), *Diagnostik mathematischer Kompetenzen* (Bd. 11, S. 81–96). Hogrefe.

Die Entwicklung mathematischer Ideen von der Grundschule bis zur Sekundarstufe – Eine mögliche Ausrichtung in der Lehrerausbildung

Jens Holger Lorenz

1 Zahlenmuster

1.1 Würfelbauten

In der Grundschule experimentieren Kinder mit Zahlen. Zahlen sind nicht nur dafür da, die Anzahl in einer Menge von Objekten zu bestimmen, man kann mit ihnen auch spielen (Steinweg und Schuppar, 2004) und dabei insbesondere die Zusammenhänge zwischen Zahlen untersuchen. Aber auch hier spielt die Geometrie eine wesentliche Rolle, da die Veranschaulichung der Zusammenhänge zu Hypothesen führt, die untersucht werden können.

So konstruieren Kinder mit Würfeln Türme bzw. Turmfolgen und finden über die Umschichtung die Gesamtsumme: $1 + 2 + 3 + 4 + 5 + \ldots + n = \frac{1}{2}$ n (n + 1) bzw. die „Kraft der Mitte", d. h. in dem Fall von $1 + 2 + 3 + 4 + 5 + 6 + 7 = 7 \cdot 4$. Dieses Vorgehen lässt sich von ihnen auf andere geometrische Zahlenmuster übertragen, etwa die Dreieckszahlen, Quadratzahlen, Rechteckszahlen, Trapezzahlen etc. (s. Wittman & Ziegenbalg, 2004). Die Ableitung der allgemeinen Formel für figurierte Zahlen wie Pentagonalzahlen, Hexagonalzahlen bzw. allgemein Polygonalzahlen ist dann den Klassen der weiterführenden Schulen vorbehalten. Nur als Anmerkung: Ist e die Anzahl der Ecken des Polygons dann hat die n-te e-Eckzahl die Punktanzahl $p(e,n) = \frac{e-2}{2} n^2 - \frac{e-4}{2} n$. Mehr

J. H. Lorenz (✉)
Pädagogischen Hochschule Heidelberg, Institut für Mathematik und Informatik, Heidelberg, Deutschland
E-Mail: jens.lorenz@phheidelberg.de

© Springer Fachmedien Wiesbaden GmbH, ein Teil von Springer Nature 2022
K. Eilerts et al. (Hrsg.), *Auf dem Weg zum neuen Mathematiklehren und -lernen 2.0*,
https://doi.org/10.1007/978-3-658-33450-5_6

noch, die Idee lässt sich von der Ebene in den Raum verallgemeinern, was z. B. zu Pyramidalzahlen führt, d. h. aufgeschichtete Dreieckszahlen (Ziegenbalg und Wittmann, 2004), oder Pyramiden aus Quadraten, was auf die Zahlenfolge $\sum_1^n k^2 = \frac{n(n+1)(2n+1)}{6}$ führt. Die Zusammenhänge zwischen den diversen figurierten Zahlen sind mannigfaltig. Hierfür legt die Grundschule die Basis.

Bereits in den Würfelbauten, welche von den Kindern schon im Vorschulalter (vgl. Lorenz, 2012) konstruiert werden, steckt die Idee der arithmetischen Folgen und Summen, welche dann zu geometrischen Folgen und Summen verallgemeinert werden (Klasse 8–10) und in der Analysis der S II zur Integralrechnung führen. Auch diese werden dann später in noch breitere Strukturen eingebettet.

1.2   Schöne Zahlen und Zahlenmuster

Natürlich kann man Übungsaufgaben zur Multiplikation mit beliebigen Zahlen verwenden, es ist aber aus didaktischer Sicht wichtig, solche Aufgabenformate auch zu verwenden, welche einen Überschuss an Erkenntnis bereit halten und die zu Untersuchungen Anlass geben, weil sich schöne, erstaunliche Muster ergeben (vgl. Müller, 2004) .

$1089 \cdot 1 = 1089$	$7 \cdot 6 = 42$
$1089 \cdot 2 = 2178$	$67 \cdot 66 = 4422$
$1089 \cdot 3 = 3267$	$667 \cdot 666 = 444222$
$1089 \cdot 4 = 4356$	$6667 \cdot 6666 = 44442222$
$1089 \cdot 5 = 5445$	$9 \cdot 9 + 7 = 88$
$1089 \cdot 6 = 6534$	$98 \cdot 9 + 6 = 888$
$1089 \cdot 7 = 7623$	$987 \cdot 9 + 5 = 8888$
$1089 \cdot 8 = 8712$	$9876 \cdot 9 + 4 = 88888$
$1089 \cdot 9 = 9801$	$98765 \cdot 9 + 3 = 888888$
	$987654 \cdot 9 + 2 = 8888888$
	$9876543 \cdot 9 + 1 = 88888888$
	???
$0 \cdot 9 + 1 = 1$	$1 \cdot 8 + 1 = 9$
$1 \cdot 9 + 2 = 11$	$12 \cdot 8 + 2 = 98$
$12 \cdot 9 + 3 = 111$	$123 \cdot 8 + 3 = 987$
$123 \cdot 9 + 4 = 1111$	$1234 \cdot 8 + 4 = 9876$

$1\,2\,3\,4 \cdot 9 + 5 = 1\,1\,1\,1\,1$	$1\,2\,3\,4\,5 \cdot 8 + 5 = 9\,8\,7\,6\,5$
$1\,2\,3\,4\,5 \cdot 9 + 6 = 1\,1\,1\,1\,1\,1$	$1\,2\,3\,4\,5\,6 \cdot 8 + 6 = 9\,8\,7\,6\,5\,4$
$1\,2\,3\,4\,5\,6 \cdot 9 + 7 = 1\,1\,1\,1\,1\,1\,1$	$1\,2\,3\,4\,5\,6\,7 \cdot 8 + 7 = 9\,8\,7\,6\,5\,4\,3$
$? \cdot 9 + ? = ?$	$? \cdot 8 + ? = ?$

Die Literatur ist voll von solchen überraschenden Zahlenmustern für die Grundschule. Es ist dabei erforderlich, Fragen zur Untersuchung zu stellen („Geht das immer so weiter?") und zu Untersuchungen – insbesondere auch der Grenzen – anzuregen.

Auch die Untersuchung der Summe von geraden bzw. ungeraden Zahlen führen zu neuen Erkenntnissen, welche sich geometrisch deuten lassen. Die Summe der ungeraden Zahlen $(1 + 3 + 5 + 7 + \ldots)$ ergibt Quadratzahlen (warum?), die Summe der geraden Zahlen $(2 + 4 + 6 + 8 + \ldots)$ hingegen Rechteckzahlen (s. o. figurierte Zahlen; vgl. auch Damerow und Schmidt, 2004). Diese Regelhaftigkeiten zu erweitern und zu systematisieren führt in den höheren Klassen und im Studium z. B. auf die vollständige Induktion. Ebenso sind die Versuche, die zahlentheoretischen Erkenntnisse, die im grundschulgemäßen Dezimalsystem erzielt wurden, auf andere Zahlsysteme zu erweitern, den höheren Klassen vorbehalten (vgl. Scherer & Steinbring, 2004).

2 Von Spinnen und Käfern

„Im Garten tummeln sich die Spinnen und Käfer. Man sieht 48 Beine. Wie viele Käfer und wie viele Spinnen können es sein?" Diese Aufgabe für die 2. Klasse führt wahrscheinlich zu einem Probieren und Experimentieren. Es stellt sich heraus, dass verschiedene Lösungen möglich sind. Und wie sieht es aus, wenn man nicht 48 sondern 50 Beine sieht? Und wenn man 51 Beine sieht? (Dann hat man sich wohl verzählt!).

Die Untersuchung solcher Zahlbeziehungen führt in der Grundschule zuerst zu der Erkenntnis, dass die Parität, gerade-ungerade, eine Rolle spielen dürfte. Auf Teilbarkeitsbesonderheiten kann erst in den Eingangsklassen der S I eingegangen werden. Dann wird die obige Aufgabe unter der Fragestellung untersucht, wann eine Gleichung der Form $a \cdot x + b \cdot y = c$ lösbar ist. Es handelt sich um eine sog. lineare Diophantische Gleichung mit zwei Variablen, wobei die gesuchten Zahlen x und y sowie die Zahlen a, b, c ganzzahlig sind. Später wird dies zu mehr Variablen und nichtlinearen Diophantischen Gleichungen erweitert, deren bekannteste sicher die pythagoräische Gleichung $x^2 + y^2 = z^2$ ist. Die Lösbarkeit solcher Systeme offenbart sich in der Schulzeit nur für die linearen Gleichungen, die Erschließung der allgemeinen Form ist erst später möglich.

Der Mathematiker David Hilbert legte auf dem Mathematikerkongress 1900 eine Liste von 23 Problemen vor, die es in der (damaligen) Zukunft zu lösen gelte. Das zehnte davon war die „Entscheidbarkeit der Lösbarkeit einer diophantischen Gleichung" und ist bis dato ungelöst. Erst 1970 gelang es Wladimirawitsch Matijassewitsch zu zeigen, dass es hierfür keinen allgemeinen Algorithmus geben kann. Die schlichte Aufgabe aus Klasse 2 reicht also bis weit in die Forschung hinein.

3   Symmetrie

Die Übertragung geometrischer Begriffe auf die Arithmetik beginnt früh, indem z. B. Spiegelzahlen addiert und subtrahiert werden (Lorenz, 1997). Die Ergebnisse geben bereits in Klasse 2 zu der Vermutung Anlass, dass das Ergebnis immer (wirklich immer?) durch 11 bzw. 9 teilbar ist. Beweisen werden es die Kinder aber erst in einer späteren Klasse. Für höhere Klassen bieten sich Folgefragen an wie:

- Wie ist die Regel (wenn es denn eine gibt) für drei- oder mehrstellige Zahlen?
- Wie lässt sich die Regel auf andere Zahlsysteme übertragen?
- Wenn man eine dreistellige Zahl spiegelt, die beiden Zahlen voneinander subtrahiert und anschließend das Ergebnis mit seiner Spiegelzahl addiert, ergibt sich immer 1089. Warum?

Spiegelzahlen können von den Kindern auf höhere Zahlbereiche erweitert werden und führen bei der schriftlichen Multiplikation zu Palindromzahlen: 1•1 = 1, 11•11 = 121, 111•111 = 12.321, 1111•1111 = 1.234.321 etc. Geht es immer so weiter? Lässt sich im Voraus sagen, was die Wurzel (dieser Begriff wird nicht verwendet!) aus 1.234.565.4321 ist? Die Argumentation ist bei Grundschülern eine geometrische: Die schriftliche Multiplikation dieser Zahlen besitzt eine „Spiegelachse". Diese Verallgemeinerung des „Spiegelns" finden Kinder hingegen selbstverständlich, wenn es sich um sprachliche Palindrome handelt: ANNA, OTTO, RENTNER oder das bekannte „Ein Esel lese nie" sowie die Aufforderung an Gemüseverkäufer „Leg Raps neben Spargel" bringen Glanz in das Kinderauge. Die Erkenntnis, dass eine bekannte Form aus der Geometrie in neuem

Gewand auftaucht, in der Schriftsprache bzw. der Arithmetik, stellt einen hohen Erkenntnisgewinn dar und regt zu eigenständigen Versuchen an (s. Lorenz, 2021).

In Klasse 5 wird untersucht, ob sich die in Klasse 2 gefundene Gesetzmäßigkeit der Addition mit zweistelligen Spiegelzahlen verallgemeinern lässt. Was passiert, wenn eine Zahl mit ihrer Spiegelzahl addiert wird und dieser Prozess immer wieder fortgeführt wird? Mit der Startzahl 1943 ergibt sich: $1943 + 3491 = 5434$, dann $5434 + 4345 = 9779$, und schon ergibt sich eine Palindromzahl. Gelingt dies immer nach endlich vielen Schritten? Dieses zahlentheoretische Problem ist noch nicht gelöst, es wird vermutet, dass die Ausgangszahl 196 zu keiner palindromischen Zahl führt (Walser, 1998, S. 94).

Spiegelzahlen sind nur eine mögliche Übertragung der geometrischen Idee der Symmetrie auf die Arithmetik. Eine andere Symmetrieform liegt in der Translation vor. Wie verhält es sich mit Translationszahlen der Form abc abc, z. B. 285 285 (vgl. Lorenz, 2008)? Es geht hierbei nicht um das isolierte Wissen, dass solche Zahlen durch 7 und 13 teilbar sind, sondern um die Reflektion darüber, was eigentlich mathematisch passiert, wenn eine solche Zahl konstruiert wird und ob sich daraus Eigenschaften ableiten lassen. In diesem Fall stellt die „Translation" eine Multiplikation mit 1001 dar, der berühmten arabischen Glückszahl, die aus den kleineren arabischen Glückszahlen $1001 = 7 \bullet 11 \bullet 13$ gebildet ist und daher $285 \bullet 1001$ immer durch 7, 11 und 13 teilbar ist. Und wie verhält es sich mit der „Verschiebungszahl 474.747? Auch hier führt die Konstruktion zu der Einsicht, $474.747 = 47 \bullet 10.101$ und daher immer durch 3, 7, 13 und 37 teilbar ist.

Dies führt dann – allerdings erst in der S II – zu den Quersummenregeln höherer Ordnung, mithilfe derer auch die Teilbarkeit durch 7 und 13 bestimmt werden kann, und der Untersuchung der Teilbarkeit in anderen Zahlsystemen, z. B. was die Quersummenregel im 7er-System besagt.

4   Von Hühnern und Ziegen

„Auf Opas Bauernhof befinden sich Hühner und Ziegen. Miriam zählt 36 Köpfe und 96 Beine. Wie viele Hühner und Ziegen hat Opa?" Sicher lösen die Zweitklässler diese Aufgabe nicht mit algebraischen Mitteln. Wie gehen sie vor? Eine Strategie besteht darin anzunehmen, dass alle Köpfe von Hühnern stammen. Dann hätte man aber lediglich 72 Beine „vergeben". Also müssen die restlichen 24 Beine noch verteilt werden (diese „gentechnische Strategie" macht aus Hühnern Ziegen; die von Jungen bevorzugte brachiale Strategie lässt erst 36 Ziegen vermuten, um ihnen dann die 48 überflüssigen Beine wieder abzuhacken). Die

Aufgabenstellung ist im Rahmen einer Strategieerweiterung in der Grundschule zu sehen.

In der Klasse 8 wird diese Aufgabe wieder aufgenommen, nun allerdings im Kontext der Algebra, sodass sich zwei Gleichungen mit zwei Unbekannten aufstellen und damit direkt lösen lassen (im Fall der Hühner und Ziegen also $Z + H = 36$, $4 Z + 2 H = 96$). Eine leichte Übung.

In der Grundschule werden auch die folgenden „präalgebraischen" Aufgaben eingesetzt (vgl. Lorenz, 2006a), die sich ebenfalls natürlich algebraisch mit einem Gleichungssystem lösen lassen, aber erst zu einem späteren Zeitpunkt.

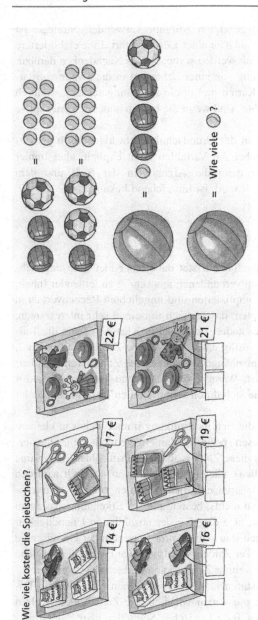

= Wie viele ⬡ ?

Wie viel kosten die Spielsachen?

22 €

21 €

17 €

19 €

14 €

16 €

Die von Kindern bei der oben gezeigten Aufgabe verwendete Strategie ist zuerst sicher das Ausprobieren, das auch zu einer Lösung führt. Eine elaboriertere Strategie, die im Unterricht behandelt werden sollte, ist das Nachdenken darüber, wie die (mathematische) Veränderung von einer Schachtel in die zweite vonstattengeht. Im ersten Fall wurde ein Kartenspiel in ein Auto umgetauscht, wodurch sich der Gesamtpreis um 2 € erhöhte. Und wenn die beiden anderen Kartenspiele ebenfalls umgetauscht werden?

Auch im zweiten Bespiel wird in der Grundschule nicht algebraisch gerechnet, aber logisch argumentiert, wobei die Variablen nicht explizit, aber immer implizit mitgedacht werden. Wie dann die Algebra in der S II und dem Mathematikstudium weiterentwickelt wird, ist hinreichend bekannt.

5   Primzahlen

Die Division wird in Klasse 2 eingeführt, fristet dabei aber meist ein ungeliebtes Dasein als mit der Multiplikation verbundener, auswendig zu lernender Inhalt, der sich in Klasse 3–4 zu einem komplizierten und ungeliebten Rechenverfahren auswächst. Man kann nicht behaupten, dass es sich um einen sehr interessanten, problemhaltigen Stoff handelt. Dies ändert sich dann in Klasse 4, wenn die Teilbarkeit von Zahlen untersuchungswürdig erscheint. Welche Zahlen sind durch 2, 3, 4, 5, … teilbar? Gibt es Zusammenhänge? Wann ist eine Zahl durch 6 teilbar: Wenn sie durch 2 und 3 teilbar ist. Wann durch 12? Wenn sie durch 3 und 4 teilbar ist. Wann durch 8? Wenn sie sich durch 2 und 4 teilen lässt. Ähäm, leider falsch. Warum?

Die Untersuchung von Zahlen, die sich multiplikativ immer weiter in kleinere Zahlen zerlegen lassen, führt zu diesen speziellen Zahlen, die nicht mehr reduzierbar sind, und der Erkenntnis, dass diese Zahlen, die sog. Primzahlen (der Name muss in der Grundschule nicht fallen), alle anderen aufbauen. Das gilt natürlich auch für die Addition, aber alle anderen natürlichen Zahlen aus der 1 zu konstruieren, ist langweilig und führt zu nichts, bestenfalls zur Erkenntnis, dass man immer größere Zahlen bilden kann, also die Idee der abzählbaren Unendlichkeit im Sinne von $\aleph_0$. Die multiplikativen Bausteine führen bereits in der Grundschule zu immer weiteren Zerlegungen großer Zahlen, zu Multiplikationsbäumen, welche irgendwann abbrechen müssen. In weitere Zahlen kann nicht zerlegt werden.

In den anschließenden Klassenstufen lässt sich bestimmen, wie man die Teiler einer Zahl n bestimmen kann; muss man wirklich alle Zahlen kleiner als n durchprüfen, oder reicht bereits ein Teil? Logisches Schließen über Zahlzusammenhänge macht offensichtlich, dass es ausreicht, bis $\sqrt{n}$ zu prüfen, dann kann man sicher sein, alle gefunden zu haben. Umgekehrt führt die Beschäftigung mit den Vielfachen einer Zahl zu dem System der Primzahlbestimmung, denn eine Zahl, die nicht das Vielfache einer anderen Zahl ist, muss Primzahl sein. Dieses Prinzip, das „Sieb des Eratosthenes", ist für spätere Beschäftigungen im Bereich der Zahlentheorie wesentlich, es zeigt in leichter Weise, dass die Summe von Primzahlzwillingen größer als 5 immer durch 12 teilbar ist. Auch kann in höheren Klassen evtl. untersucht werden, ob es unendlich viele Primzahlzwillinge gibt (diese Frage der Zahlentheorie ist noch offen!). Wohingegen der Satz des Euklid, dass es unendlich viele Primzahlen gibt, in der S II leicht bewiesen werden kann, ebenso kann die Frage nach Primzahllücken beantwortet werden, d. h. die Länge einer Folge aufeinander folgender natürlicher Zahlen, die keine Primzahl enthalten (die Lücke kann beliebig groß werden).

Die Untersuchung der Primzahlen, ihr Auftreten und ihre Verteilung innerhalb der natürlichen Zahlen, die Häufigkeit von Primzahlzwillingen (gibt es unendlich viele?) sind dann Gegenstand der (wissenschaftlichen) Zahlentheorie. Das Auffinden möglichst großer Primzahlen spielt für die Kryptografie und die RSA-Verschlüsselung eine wesentliche Rolle.

6   Die Zahlen des Herrn Fibonacci

Ein produktives, offenes Übungsformat in Klasse 1: Die Kinder beginnen mit zwei beliebigen, selbstausgewählten Zahlen, z. B. 2 und 2, addieren sie, erhalten $2 + 2 = 4$, benutzen die beiden letzten Zahlen für eine erneute Addition (Regel), also $2 + 4 = 6$, dann weiter $4 + 6 = 10$, etc. Sie können so lange probieren, wie sie sich in dem ihnen zur Verfügung stehenden Zahlenraum bewegen können, oder mit anderen Zahlen beginnen. Dies führt zu Zahlenketten, in diesem Fall zu 2, 2, 4, 6, 10, ...

Dies lässt sich in Klasse 2 auf den Hunderterraum erweitern, es lassen sich neue Fragen stellen:

• Mit welchen Zahlen muss ich beginnen, damit ich als 4. (oder 5.) Zahl 100 erreiche?
• Finde ich hierfür eine zweite Lösung?
• Finde ich alle Lösungen?
• Wie sieht die Struktur dieser Lösungen aus?

Dieses Format lässt sich in Klasse 5 und 6 auf Brüche und negative Zahlen erweitern.

Was ergibt sich, wenn ich mit den einfachsten Zahlen, der 1 und 1, beginne? Dies führt auf die Zahlenfolge 1,1,2,3,5,8,13,21,34,55,89,... Sie sieht für die Kinder komisch aus, eine Konstruktionsregel ist direkt nicht zu erkennen.

Eine neue Aufgabe: „Miriam steigt eine Treppe hinauf, sie kann immer entweder eine Stufe steigen oder eine Stufe überspringen. Wie viele verschiedene Möglichkeiten hat sie, um auf die 4. (5., oder 6.) Stufe zu kommen?"

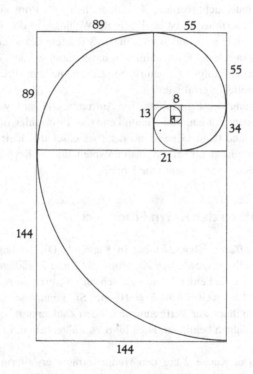

Auch diese Aufgabe führt zu der obigen Zahlenfolge, der berühmtesten Folge in der Zahlentheorie, den Fibonacci-Zahlen. Die Zahlen können von den Kindern in der Natur und der Kunst wieder entdeckt werden, z. B. bei der Muschel Nautilus, den Kiefern- oder Tannenzapfen, der Artischocke, der Ananas oder der Sonnenblume (s. nebenstehende Abb.). Die Spirale findet sich beim sich aufblätternden Farn, dem Seepferdchen, dem Geweih des Widders und der Ozeanwelle. Die weiteren Untersuchungen dieser Folge in den weiterführenden Klassen führen auf Besonderheiten der Fibonacci-Zahlen, die im 13. Jhdt. von Leonardo von Pisa entdeckt wurden, wie die Regelmäßigkeit ihrer Teilbarkeit, ihr Zusammenhang mit der Phyllotaxis, d. h. der Blatt- bzw. Blattstellung von Pflanzen, ihre bevorzugten Blattfolgewinkel nach dem „goldenen Winkel" zur optimalen Sonnenlichtausbeute. Denn der Quotient aufeinander folgender Fibonacci-Zahlen konvergiert gegen den Goldenen Schnitt. Der Beweis hierfür ist aber der S II vorbehalten.

Ebenso die Untersuchung der verallgemeinerten Form der Fibonacci-Folge, der speziellen Lucas-Folge, die der gleichen Regel folgt, aber mit den Zahlen 2 und 1 beginnt: 2, 1, 3, 4, 7, 11, 18, 29, 47, 76, 123, 199, 322, 521, 843, 1364, 2207, 3571, 5778, 9349, 15.127, ... oder im Studium dann noch allgemeinere Folgen ähnlichen Typs (Jacobsthal-, Pell- oder Mersenne-Folge).

Betrachten wir die Aufgabe aus Klasse 2/3 zu nebenstehendem Bild (Lorenz, 2006b): „Herr Pascal wohnt ganz oben an der Spitze. Jeden Tag besucht er seinen Freund, der ganz unten an der Spitze wohnt. Aber er möchte auch jeden Tag einen anderen Weg gehen, allerdings nur in die Richtung nach unten. An wie vielen Tagen schafft er das?" Es handelt sich um eine Aufgabe, die dem Bereich der „Schachbrettgeometrie" zuzuordnen ist mit ihren speziellen Eigenschaften. In Klasse 2 interessiert aber lediglich die Lösungsstrategie. Die Kinder erkennen schnell, dass sich das Problem leicht lösen lässt, wenn man für jede Kreuzung die Zahlen in den darüber liegenden beiden Punkten addiert, und sie erkennen noch weitere Eigenschaften: Am Rand stehen nur Einsen, in der nächsten Schrägspalte die natürlichen Zahlen, dann die Dreieckszahlen, später werden die Kinder sehen, dass anschließend die figurierten Zahlen in den Reihen erscheinen wie Tetraederzahlen etc., die Summe in jeder horizontalen Reihe ist eine Zweierpotenz, der Aufbau ist symmetrisch usw. Etwas „krumme" Diagonalen in diesem Schema ergeben überraschenderweise (?) als Summe die Fibonacci-Zahlen.

Dass es sich hierbei um das Pascalsche Dreieck handelt, muss nicht benannt werden. Es taucht in neuem Gewand in der Algebra in Klasse 8 wieder auf (binomische Formeln bzw. Binomialkoeffizienten), es setzt sich fort bei den geometrischen Folgen und kann später verallgemeinert werden.

7 Division mit Rest

Ein paar Aufgaben aus den Klassen 2–4:

- „Der Sportlehrer des Turnvereins lässt die Kinder in 4er-Reihen antreten, aber zwei Kinder bleiben übrig. Dann lässt er sie in 5er-Reihen antreten, aber dann fehlt ein Kind. Wie viele Kinder sind in der Riege?"
- „Wie viele Kinder sind in der Riege, wenn bei den 4er-Reihen und 5er-Reihen jeweils ein Kind übrig bleibt?"
- „Eine große Musikkapelle stellt sich auf. Aber ob sie sich in 3er-Reihen, 4er-Reihen, 5er-Reihen oder 6er-Reihen aufstellt, immer bleibt der Trommler übrig. Wie viel Musiker sind in der Kapelle?"

Solche Aufgaben zu behandeln, wird meist mit dem Hinweis abgetan, dass hierfür zu wenig Zeit sei und es ja lediglich Knobelaufgaben für die leistungsstarken SchülerInnen seien. Nun, man kann Knobelaufgaben dazu sagen, aber auch Problemaufgaben, an denen Kinder ihre Strategien erproben, in Gruppen diskutieren, verfeinern und schließlich als Handwerksarsenal für komplexere Fragestellungen zur Verfügung haben.

Die dahinter stehende Idee ist die der Restklassen. Welche Zahlen haben den gleichen Rest, wenn sie durch eine bestimmte Zahl geteilt werden. Dies führt in den höheren Klassen zur Restklassenalgebra, dem Satz von Euler, dem kleinen Fermat'schen Satz, der RSA-Verschlüsselung und der Kryptografie. Der Entwicklung aus diesen Grundschulaufgaben sind keine Grenzen gesetzt.

8 Stochastik und Transitivität

Die Transitivität ist eine logische Denkform, welche die Kinder in der Grundschule leicht erkennen: Wenn A größer ist als B und wenn B größer ist als C, dann muss auch A größer als C sein. Die Kinder begegnen vielen solchen transitiven Relationen (dicker als, kleiner als, höher als, ...). Die üblichen, mit Zahlen verbundenen Relationen, welche in der Grundschule behandelt werden, zeichnen sich durch die Transitivität aus, in der Klasse 4 kommt auch die Relation „teilt" hinzu: Wenn a die Zahl b teilt und b teilt c, dann muss auch a die Zahl c teilen.

Wie ist es aber mit der Relation „steht senkrecht auf"? Diese Beziehung ist nicht transitiv. Aber das gehört auch in die Geometrie, nicht in die Arithmetik. Kinder können im Rahmen der Leitidee „Daten, Häufigkeit und Wahrscheinlichkeit" mit Würfeln spielen. Wenn das Spiel abgeändert wird, indem ein Würfel nur die Zahl 1 auf allen sechs Seiten trägt, der andere Würfel hingegen nur die 6, dann wird notwendigerweise immer der zweite Würfel gewinnen. Untersuchen Kinder nun verschiedene Würfel, die z. B. die beiden Augenzahlkombinationen A = (1 2 3 3 6 6) und B = (1 1 2 5 6 6) tragen, dann wird es nicht einfach zu entscheiden sein. Es muss eine Tabelle erstellt werden (Daten!), in der die möglichen Ergebnisse notiert werden:

Es zeigt sich, dass der Würfel A in dem Verhältnis 16:13 gewinnt (bei den dunkel hinterlegten Feldern gewinnt Würfel A, bei den hellgrau hinterlegten hingegen der Würfel B; bei den weißen Feldern ist es unentschieden). Der Würfel A ist also besser als der Würfel B.

Soweit so gut. Aber nehmen noch einen dritten Würfel hinzu mit den Zahlen C = (2,2,4,4,4,5), wie sieht es dann aus? Bei allen drei Würfeln beträgt die Augensumme 21. Die neuen Tabellen zeigen: A ist besser als B (im Verhältnis 16:13), B ist besser als C (im Verhältnis 17:16) und, Überraschung, C ist besser als A (im Verhältnis 18:16). „Besser sein", d. h. häufiger gewinnen, ist bei diesen Würfeln keine transitive Beziehung. Dies gilt auch für die vier Würfel A = (0,0,4,4,4,4), B = (3 3 3 3 3 3), C = (2,2,2,2,6,6) und D = (1,1,1,5,5,5) oder die Würfel A = (2,3,3,9,10,11), B = (0,1,7,8,8,8), C = (5,5,6,6,6,6), D = (4,4,4,4,12,12), bzw. A = (1,2,3,9,10,11), B = (0,1,7,8,8,9), C = (5,5,6,6,7,7), D = (3,4,4,5,11,12) und sogar, wen es interessiert, die Kombination A = (3,4,5,20,21,22), B = (1,2,16,17,18,19), C = (10,11,12,13,14,15) und D = (6,7,8,9,23,24), die insgesamt alle Zahlen von 1 bis 24 verwenden.

Der Begriff der Transitivität liegt basal im Grundschulalter vor, muss aber immer weiter differenziert und in seiner Allgemeingültigkeit eingeschränkt und spezifiziert werden. Er ist nicht abgeschlossen.

	1	2	3	3	6	6
1						
1						
2						
5						
6						
6						

9   Zahlen

Abschließend zu den Betrachtungen über sich innerhalb vieler (Schul-)Jahre entwickelnde Konzepte sei das Konzept „Zahlbegriff" angeführt, das im Zusammenhang mit Piaget steht. In seinen Experimenten hatte Piaget nachzuweisen versucht, dass Kinder über bestimmte kognitive Strukturen verfügen müssten, bevor sie in der Lage seien, den Zahlbegriff zu entwickeln. Unabhängig davon, ob seine Interpretation der Beobachtungen richtig sind oder nicht, steht im Zentrum dieser Theorie eine Verengung, denn sie unterstellt, dass es einen „Begriff der Zahl" gebe, über den man verfüge oder eben nicht.

Dies erscheint fraglich, denn bekanntlich entwickeln sich bereits in der Schulzeit unterschiedliche Begriffe der Zahl, die aufeinander aufbauen und ineinander integriert werden. Die Grundschule befasst sich ausschließlich mit den natürlichen Zahlen $\mathbb{N}$, dann kommen in der S I die ganzen Zahlen $\mathbb{Z}$ und die rationalen Zahlen $\mathbb{Q}$ und die reellen Zahlen $\mathbb{R}$ hinzu. Für die S II werden die Unterscheidungen „Algebraische Zahlen" und „Transzendente Zahlen" eingeführt, z. B. die Zahlen e und π (letztere wurde auf 31,415,926,535,897 Stellen ausgerechnet, Stand 19.03.2019). Evtl. kommen noch die komplexen Zahlen $\mathbb{C}$ dazu, welche für die Physik eine wesentliche Rolle spielen.

Und was ist mit weiteren Zahlen, an denen sich die MathematikerInnen erfreuen, wie z. B. den Quaternionen $\mathbb{H}$, den Mersenne-Primzahlen ($2^p - 1$, p prim), den „Titanischen Primzahlen" (mit mehr als 1000 Stellen), den „Gigantischen Primzahlen" (mit mehr als 10.000 Stellen), Megaprimzahlen (mehr als 1.000.000 Stellen, z. B. hat ($2^{57885161} - 1$) mehr als 17 Mio. Ziffern), Bevaprimzahlen (mehr als 1.000.000.000 Stellen), den „Perfekten Zahlen (vollkommene Zahlen)" und der Erkenntnis, dass alle perfekten Zahlen (außer 6) die Summe einer Folge aufeinanderfolgender ungerader Kubikzahlen sind (z. B. $28 = 1^3 + 3^3$, $496 = 1^3 + 3^3 + 5^3 + 7^3$, $8128 = 1^3 + 3^3 + 5^3 + 7^3 + 9^3 + 11^3 +$

$13^3 + 15^3$, d ie 51. perfekte Zahl wurde 2018 gefunden, sie ist das Produkt einer Mersenne-Primzahl mit einer Zweier-Potenz $(2^p - 1) \, 2^{(p-1)}$ mit p $= 82,589,933$, die Zahl hat 49.724.096 Stellen und ist, in 10 pkt geschrieben, ungefähr 125 km lang), „Narzisstischen Zahlen" (von denen es nur 88 gibt, die größte ist bisher 115 132 219 018 763 992 565 095 597 973 971 522 401) und die Aufzählung geht weiter, ohne dass diese Zahlen an dieser Stelle definiert werden sollen, sondern lediglich um zu zeigen, dass die Entwicklung des vermeintlichen Zahlbegriffs selbst in der Wissenschaft noch nicht abgeschlossen ist: Vampirzahlen, Erhabene Zahlen, Hyperreelle Zahlen, Surreale Zahlen (John Conway), Normale Zahlen, Einfach normale Zahlen, Absolut normale Zahlen, Smarandache-Zahlen, Smarandache-Wellin-Zahlen, Champernowne-Zahlen, Absolut abnormale Zahlen, Copeland-Erdös-Zahlen, Oktaven (Oktonionen, Cawleyzahlen)?

Muss man alle diese merkwürdigen Zahlen kennen, um sagen zu können, man habe einen Zahlbegriff? Das wird wohl niemand verlangen, auch nicht von einer Grundschullehrkraft. Aber sie sollte wissen, dass die Entwicklung des Zahlbegriffs nie abgeschlossen ist, sondern sich stetig weiterentwickelt und sie sollte diese Entwicklungsmöglichkeiten im Blick haben (für weitere Beispiele s. Kelahaye, 2018).

10   Fazit

Mathematische Begriffe werden als fundamentale Ideen in der Grundschule in dem Sinne angelegt, dass sie die Basis für eine Weiterentwicklung, eine Ausdifferenzierung und Anreicherung bilden. Die Begriffe sind nie abgeschlossen, nicht hermetisch und damit verfügbar, sondern müssen in der Grundschule als offene Konzepte behandelt werden. Dies bedeutet aber auch, dass die einzelne Lehrkraft die zukünftigen Entwicklungslinien kennen muss, damit die von ihr behandelten Konzepte offen für Veränderungen bleiben. Dies erfordert eine enge Verzahnung von Fachdidaktik und Fachwissenschaft. Die didaktische Vorgehensweise in der Grundschule ist im Wesentlichen von den Aspekten fachwissenschaftlicher Fortführung in den weiteren Klassenstufen (bis in das Studium hinein) mitbestimmt. In der Lehreraus- und -fortbildung muss dies berücksichtigt werden.

Literatur

Damerow, P., & Schmidt, S. (2004). Arithmetik im historischen Prozess: Wie „natürlich" sind die „natürlichen Zahlen"? In G. N. Müller, H. Steinbring, & E. Ch. Wittmann (Hrsg.), *Arithmetik als Prozess* (S. 131–182). Kallmeyer.

Kelahaye, J.-P. (2018). Die bizarre Welt der links-unendlichen Zahlen. *Spektrum Spezial, 4*(18), 46–53.

Lorenz, J. H. (1997). *Kinder entdecken die Mathematik.* Westermann.

Lorenz, J. H. (2006a). *Knobel-Box Mathe 1/2.* Schroedel.

Lorenz, J. H. (2006b). *Knobel-Box Mathe 3/4.* Schroedel.

Lorenz, J. H. (2008). Symmetrie – Entwicklung einer mathematischen Idee über dreizehn Schuljahre. In J. Schönbeck (Hrsg.), *Mosaiksteine moderner Schulmathematik* (S. 127–136). Mattes.

Lorenz, J. H. (2012). *Kinder begreifen Mathematik.* (Reihe: Entwicklung und Bildung in der Frühen Kindheit). Kohlhammer.

Lorenz, J. H. (2021). Geometrische Aktivitäten in der Grundschule – Und ihre Weiterentwicklung und Vernetzung am Beispiel der Symmetrie. Erscheint in A. Pilgrim, M. Nolte, & T. Huhmann (Hrsg.), *Mathematik treiben mit Grundschulkindern – Konzepte statt Rezepte (Festschrift für Günter Krauthausen)* (S. 93–104). WTM.

Müller, G. N. (2004). Elemente der Zahlentheorie. In G. N. Müller, H. Steinbring, & E. Ch. Wittmann (Hrsg.), *Arithmetik als Prozess* (S. 255–290). Kallmeyer.

Scherer, P., & Steinbring, H. (2004). Zahlen geschickt addieren. In G.N. Müller, H. Steinbring, & E. Ch. Wittmann (Hrsg.), *Arithmetik als Prozess* (S. 55–70). Kallmeyer.

Steinweg, A. S., & Schuppar, B. (2004). Mit Zahlen spielen. In G. N. Müller, H. Steinbring, & E. Ch. Wittmann (Hrsg.), *Arithmetik als Prozess* (S. 21–34).

Walser, H. (1998). *Symmetrie.* Teubner.

Wittmann, E.Ch., & Ziegenbalg, J. (2004). Sich Zahl um Zahl hochhangeln. In G. N. Müller, H. Steinbring, & E. Ch. Wittmann (Hrsg.), *Arithmetik als Prozess* (S. 35–54). Kallmeyer.

Ziegenbalg, J., & Wittmann, E. Ch. (2004). Zahlenfolgen und vollständige Induktion. In G. N. Müller, H. Steinbring, & E.Ch. Wittmann (Hrsg.), *Arithmetik als Prozess* (S. 207–236). Kallmeyer.

Lernumgebungen – Chancen für Unterrichtsentwicklung nutzen

Elke Binner

1 Ein Schlüsselerlebnis

Als Lehrerin habe ich den Anspruch, Aufgaben zu gestalten, in denen jedes Kind seine Herausforderung findet, um sich aktiv mit Mathematik auseinanderzusetzen. Bei der Umsetzung dieses Anspruchs in die Praxis ist die Heterogenität der Klassen eine tägliche Herausforderung. Unzufrieden mit den Lernergebnissen meiner Schülerinnen und Schüler, suchte ich nach Veränderungsmöglichkeiten im Unterricht. Es wurden „passende" Aufgaben gesucht oder für die Lerngruppe selbst entwickelt und andere Unterrichts- und Organisationsformen fürs Lernen genutzt. Auch der Austausch mit Kolleginnen und Kollegen an der Schule gab Anregungen, aber meine Unzufriedenheit blieb erhalten.

Selten hat man als Lehrperson die Möglichkeit, darüber hinaus in der Region und mit der eigenen Organisation der Arbeit vereinbar, Fachdidaktikerinnen und Fachdidaktiker live zu erleben. Das SINUS-Programm für die Grundschule machte es möglich. 2005 sah ich Bernd Wollring erstmalig zum Thema *Lernumgebung* sprechen – ein Schlüsselerlebnis für mich als Lehrerin und Fachberaterin. Ich habe seitdem immer wieder Vorträge von Bernd Wollring zu diesem Thema besucht und festgestellt, dass ich seine Ausführungen, abhängig von meiner konkreten Problemlage, jeweils anders wahrnahm und inhaltlich durchdachte. Jedes

E. Binner (✉)
Dipl.Fachlehrerin Mathematik/Physik, Land Brandenburg, Potsdam, Deutschland
E-Mail: elke.binner@hu-berlin.de

Humboldt Universität zu Berlin, Berlin, Deutschland

© Springer Fachmedien Wiesbaden GmbH, ein Teil von Springer Nature 2022   101
K. Eilerts et al. (Hrsg.), *Auf dem Weg zum neuen Mathematiklehren und -lernen 2.0*,
https://doi.org/10.1007/978-3-658-33450-5_7

Mal verließ ich den Raum mit neuen Anregungen für meine Unterrichtsgestaltung. Im Folgenden möchte ich den Begriff *Lernumgebung* umreißen und auf die für mich bedeutsamen Impulse eingehen.

2   Blickwinkel erweitert: Lernumgebungen

Sucht man nach Veränderungsdimensionen im Unterricht, dann bietet es sich in Mathematik natürlich an, als erstes über Aufgaben nachzudenken. Mit der Einbettung einer Aufgabe in eine Lernumgebung wird sie und ihre praktische Umsetzung im Unterricht zusammengedacht und aus meiner Sicht damit zu einem praktikablen Planungswerkzeug für Lehrpersonen (Binner, 2009).

Welche Aspekte haben meinen Blick auf Unterrichtsgestaltung ausgeschärft? Um das zu beschreiben nutze ich die Darstellung von Wollring (2009), der sechs Leitideen zum Design von Lernumgebungen unterscheidet:

- L1 Gegenstand und Sinn, Fach-Sinn und Werk-Sinn
- L2 Artikulation, Kommunikation, Soziale Organisation
- L3 Differenzieren
- L4 Logistik
- L5 Evaluation
- L6 Vernetzung mit anderen Lernumgebungen

Wollring (2009) bezeichnet die Leitideen als einen *Ausformungsrahmen* für Aufgaben und Aufgabenformate, die durch die Entscheidungen der Lehrenden angesichts der konkreten Lernsituation ihrer Schülerinnen und Schüler bestimmt werden. Wenn man diese Leitideen durchdenkt, entdeckt man als Lehrkraft, an welchen Stellen sie wirklich führen und an welchen Stellen sie Entscheidungsspielräume öffnen.

Leitidee 1 – Gegenstand und Sinn
Bezüglich der Sinngebung des Lerngegenstands unterscheidet Wollring den mathematischen Sinn und den Werksinn.

Den mathematischen Sinn eines Lerngegenstands hat man als Lehrkraft im Blick. Mir war bewusst, dass in den Gegenständen und den auf sie bezogenen Aktivitäten substanzielle mathematische Ideen und mathematische Strategien anzusprechen sind.

Ich wurde angeregt, über den Werksinn intensiver nachzudenken und die Beziehung der Lernenden zum bearbeiteten Gegenstand in den Blick zu nehmen. Mir wurde bewusster, dass es gerade in Mathematik um das Ermöglichen von positiven Lernerlebnissen geht, um sichere Grundlagen zum Aufbau eines Wissensnetzes für alle Kinder zu schaffen. Damit rücken Fragen der Auswahl des Lerngegenstands in den Mittelpunkt. Wie gelingt es, allen Kindern einen Zugang zum mathematischen Inhalt zu sichern, ihre aktive Auseinandersetzung herauszufordern und in diesem Prozess bereits den Wert von Lern(teil)ergebnissen wahrzunehmen, anzuerkennen und zu schätzen? Dies besonders vor dem Hintergrund, dass es gerade in Mathematik darum geht, das Selbstwertgefühl der Kinder zu stärken.

Leitidee 2 – Artikulation, Kommunikation, Soziale Organisation

Diese Leitidee unterstützt mich, die gerade aufgeworfene Frage zu beantworten und über Aspekte der Gestaltung von Arbeitsprozessen nachzudenken. Hier bin ich zum einen gefordert, zu entscheiden in welcher Form Arbeitswege und Arbeitsergebnisse dargestellt werden sollen (Artikulationsformen).

Handeln, Sprechen und Schreiben als grundlegende Gestaltungselemente bewusster zu nutzen, war ein weiterer Aspekt, den ich in der Planung, Umsetzung und Reflexion meines Unterrichts in Betracht ziehe. Die Herausforderung sehe ich darin, alle Kinder dazu zu ermuntern, auch unterschiedliche Artikulationsmöglichkeiten zu nutzen. Die Chance, die unterschiedlichen Artikulationsmöglichkeiten der Kinder in den Lernprozess für die gesamte Lerngruppe einzubinden, sollte man sich nicht entgehen lassen. Austauschmöglichkeiten zwischen den Lernenden und verschiedene Organisationsformen können das unterstützen und zudem die Artikulationsfähigkeiten der Kinder fördern. Das Erleben von Teilhabe am Lernprozess der Gruppe halte ich in diesem Zusammenhang für unerlässlich, um das Selbstvertrauen der Kinder beim Umgang mit Mathematik und ihr Selbstwertgefühl zu stärken. Hier ist es der Gestaltungsfreiraum, den ich als Lehrkraft bewusst bezogen auf den konkreten Lerngegenstand und die Lerngruppe nutzen muss. Die von Wollring beschriebene Unterscheidung zwischen *Raum zum Gestalten* (Spiel-Raum) und dem *Raum zum Behalten* (Dokumente) ermöglichte mir einen veränderten Blick auf das Management von Arbeitsprozessen.

Wie gelingt es alle Kinder in diesen Spiel-Raum zu führen? Aus meiner Sicht ist der „Eintritt" der Schlüssel für die individuelle Auseinandersetzung mit dem Lerngegenstand. Das Kind erhält die Chance, seine Möglichkeiten – Vorwissen und Strategien – der Auseinandersetzung mit dem mathematischen Inhalt „auszuspielen". Als Lehrkraft kann ich zudem (gezielt) beobachten und erhalte einen Zugang zu Denkprozessen der Lernenden.

Eine der wichtigsten Erkenntnisse in der Realisierung war, die Kinder anzuhalten, gegebenenfalls Zwischenergebnisse zu dokumentieren und Material dafür zur Verfügung zu stellen, ohne dass das Agieren im Spielraum gestört wird. Diese

Erkenntnis ist der Erfahrung geschuldet, dass interessante Lösungsansätze verloren gingen. Kinder verwarfen die eine oder andere Idee, weil sie sie als nicht bedeutsam ansahen. Sie zu rekonstruieren, gelang nicht. Die Kinder begriffen sehr schnell, dass auch Lösungsideen, die aus ihrer Sicht nicht zielführend sind, im Lernprozess der Gruppe eine Schlüsselrolle einnehmen können.

Die Dokumente der Kinder spiegeln nicht nur das Lernen im Prozess wider. Sie besitzen darüber hinaus einen Werksinn, weil sie individuell bedeutsam für die Lernenden sind. Das wird noch dadurch verstärkt, dass Schülerinnen und Schüler erleben, dass sie den Lernprozess in der Gruppe mitgestalten können.

Meine Erfahrungen zeigen, dass sich das für Mathematik traditionelle Leistungsmuster leistungsstarke bzw. leistungsschwache Schülerinnen und Schüler relativiert. Lernende unterschieden sich eher bezüglich ihrer Strategien sowie im Umfang und der Qualität von Lösungswegen.

Leitidee 3 – Differenzieren

Im Unterricht hat man sich als Lehrperson auf die bestimmten Bedarfslagen der Lernenden einzustellen. Das hat etwas mit Respekt, auch dem Vertrauen in die Entwicklungsfähigkeit der Kinder zu tun. Das müssen die Lernenden auch im Unterricht erleben. Ihre Stärken sind zu stärken. In diesem Zusammenhang sind auch kooperative Lernformen zu nutzen.

Bis hierher widerspiegeln die Leitideen aus meiner Sicht Ansprüche an die Gestaltung eines schülerorientierten Mathematikunterrichts. In der Reihung der Leitidee fand ich mein grundsätzliches Herangehen bei der Planung des Unterrichts wieder. Die Aspekte, für die mein Blick geschärft wurde, habe ich bisher beschrieben. Sicher kennt jede Lehrkraft auch den Gedanken: ein tolles Konzept, aber der Aufwand! Wie steht es mit der Realisierbarkeit? Meine Begeisterung für das Konzept der Lernumgebung ist vor allem dem geschuldet, dass mit den Leitideen 4 bis 6 der Bereich der schulischen Machbarkeit betrachtet wird.

Leitidee 4 Logistik

Diese Leitidee nimmt genau das in den Blick, was ich oft als Hürde angesehen habe, um neue Ideen im Unterricht umzusetzen: der Material- und Zeitaufwand und die Sicherung der Zuwendung zu den Schülerinnen und Schülern.

Wollring hat in Workshops u. a. zu SINUS-Tagungen mit Lehrkräften in Lernumgebungen gearbeitet und dieses Arbeiten reflektiert. Er hat uns einerseits gezeigt, wie Materialien sich mit einem vertretbaren Aufwand besorgen, an der Schule selber herstellen lassen und wie sie andererseits bleibend genutzt werden können.

Für mich war bedeutsam, dass betont wurde, dass die Kinder zu dem verwendeten Material und dem entstandenen Produkt eine emotionale Beziehung aufbauen.

Mathematische Aufgabenstellungen, die im Leben des Kindes über die Unterrichts-situation hinaus keine intellektuellen oder materiellen Spuren hinterlassen, etwa im Sinne eines verbleibenden Schriftstücks oder eines verbleibenden Materials oder eines verbleibenden Produktes, zu dem ein persönlicher Bezug besteht, sind für Lernumgebungen weniger gut geeignet (Wollring, 2009, S. 18)).

In den Austauschprozessen wurde mir bewusst, dass sich Lernumgebungen in Vorbereitung, Durchführung und Zeitaufwand unterscheiden können. Lernumge-bungen, deren Implementieren viel Zeit erfordern, sollten langfristig nutzbar sein. Wollring mahnt an, dass Lernumgebungen im Sinne einer angemessenen Ökonomie so gestaltet sein sollten, dass die Kinder im Unterricht keine Unausgewogenheit bei Material und Zeitaufwand beim Wechsel von einer Lernumgebung in die andere spü-ren. Dies könnte unbewusst zu einem unterschiedlichen Gewichten der Bedeutung der betreffenden mathematischen Inhalte durch die Lernenden führen (Wollring, 2009).

Wenn es um die Zuwendung in individuellen Lernprozessen geht, hat man als Lehrkraft immer das Gefühl, nicht genügend Zeit für alle Schülerinnen und Schüler zu haben. Wollring beschreibt zu diesem Problemfeld ein „Erhaltungsprinzip für den Umfang der Zuwendung."

Die Konzeption guter Lernumgebungen sollte dies kompensieren und sicherstellen, dass die Lernumgebung keine Zuwendung erfordert, die letztlich nicht aufzubrin-gen ist, und dass die Kinder, die weniger Zuwendung erfahren, im Ausgleich dafür sachbezogen und erfolgreich kooperieren können (Wollring, 2009, S. 19)

Aus meinen Erfahrungen kann ich berichten, dass Kinder im Lernprozess nicht allein die Zuwendung, die Unterstützung und die Hilfe der Lehrpersonen brauchen. Das gemeinsame Lernen mit Mitschülerinnen und Mitschülern ist mindestens genauso wichtig. Kooperative Arbeitsphasen zu ermöglichen, hatte auch für mich als Lehr-person zwei Effekte. Anfangs fühlte ich mich zeitweise überflüssig und konnte in der gewonnenen Zeit ungestört einzelne Kinder oder auch Gruppen (gezielt) beob-achten. Ich begann diese Beobachtungen zu dokumentieren. Diese Notizen waren für die abendliche Nachbereitung des Unterrichts hilfreich. Sie ermöglichten aber auch, im Schulalltag entspannter auf den nachfolgenden Unterricht umzuschalten.

Zudem gewann ich Zeit, gezielt auf die Kinder einzugehen: selbst eine Nachfrage stellen, staunen, Herangehensweisen wertschätzen, den Wunsch nach Rückversiche-rung ausbalancieren, ein Streitgespräch moderieren, bei Schwierigkeiten beistehen und Impulse geben. Zuwendung nahm ich nicht mehr nur quantitativ wahr, sondern es ging eher um die Art und Weise und die Qualität.

Wenn ich zum Beispiel in der Stunde keine Zeit für ein Kind hatte, aber dafür etwas Interessantes in der Arbeitsphase gesehen habe, kann ich, wenn ich die Lernumgebung richtig konzipiert habe, die Überlegungen des Kindes im Heft wiederfinden.

Leitidee 5 – Evaluation

Lernumgebungen sollten so angelegt sein, dass sie auf verschiedenen Ebenen evaluierbar sind. Sie sollen in verschiedener Art und Weise Einblicke in den Lernprozess der Kinder geben. Sie können Einblicke in das Vorgehen (Strategien) der Kinder geben und Lernfortschritte sowie Problembereiche sichtbar werden lassen. Das kann gelingen, wenn Arbeitsaufträge so formuliert sind, dass z. B. die Beschreibung des Herangehens dokumentiert werden soll. Wenn ich dazu Austauschprozesse mit anderen Schülerinnen und Schülern ermögliche und moderiere, kann ich zuhören, beobachten, Aussagen einschätzen und Notizen dazu anfertigen. All das liefert mir Informationen zum Lernprozess der Gruppe und auch der einzelnen Schülerinnen und Schüler.

Damit entlaste ich mich, denn ich muss nicht nach jeder Arbeitsphase sofort alle Schülerdokumente sichten. Ich kann dieses Sichten für mich im Schulalltag logistisch steuern. So kann es z. B. sein, dass ich in der Unterrichtsstunde eigentlich keine Zeit für eine Schülerin/einen Schüler hatte, ich aber beim Herumgehen einen interessanten Ansatz gesehen habe. Wenn ich diese Schülerin/diesen Schüler darum bitte, das Heft mit nach Hause nehmen zu dürfen, um mir das für mich interessante Vorgehen nochmals in Ruhe anzuschauen, dann weiß ich aus Erfahrung, dass es mir von Grundschulkindern freudestrahlend und von Jugendlichen mit einer pubertären freudigen Gelassenheit überreicht wird. Ich gebe immer ein kurzes schriftliches Feedback. Es enthält neben einer Wertschätzung des dokumentierten Vorgehens gegebenenfalls Nachfragen, Prüfaufträge und meine Beobachtungen aus dem Arbeitsprozess.

Meine eigenen Notizen liefern mir über die Zeit ausreichende Informationen, die es, zusammen mit der Analyse der Schülerdokumente, ermöglichen, Entwicklungsprozesse der Lernenden zu beschreiben und einzuschätzen. Lernumgebungen bieten somit die Möglichkeit, über die traditionelle ergebnisorientierte Leistungsfeststellung hinauszugehen. Zudem lassen die Einblicke in die Lernprozesse der Gruppe Rückschlüsse auf einen möglichen Optimierungsbedarf der Lernumgebung zu.

Leitidee 6 – Vernetzung mit anderen Lernumgebungen

Die Vernetzung kann innermathematisch mit einem anderen Themenfeld erfolgen oder auch fachübergreifend bzw. fächerverbindend.

Wenn man eine Lernumgebung konzipiert und erfolgreich realisiert hat, kann man den Blickwinkel auf den Lerngegenstand ändern und Beziehungen zu anderen Darstellungsformen, Strategien und Argumentationsmustern herstellen.

Man kann den, ich nenne es einmal „mathematischen Kern" einer Lernumgebung in der nächsten Jahrgangsstufe wieder aufgreifen, weiter ausbauen und neue Anforderungen einbinden bzw. das Thema unter einem anderen Blickwinkel bearbeiten.

3   Chancen für Unterrichtsentwicklungsprozesse

Mit dem Begriff der *Lernumgebung* verbinden Lehrkräfte oft zunächst die materiellen Bedingungen für die Gestaltung des Unterrichts. Wie die Leitlinie 4 Logistik zeigt, ist das auch eine keinesfalls zu unterschätzende notwendige Bedingung.

Wenn es aber darum geht, die Chancen für Unterrichtsentwicklung zu erkennen, dann denke ich an dieser Stelle vorranging an das Verständnis einer *situativen Lernumgebung.*

> In diesem Sinne beschreibt der Terminus Lernumgebung […] eine Arbeitssituation in der Schule mit all ihren gegenständlichen, sozialen und technischen Bedingtheiten, soweit sie durch eine Planung zu beeinflussen sind (Wollring, 2009, S. 20).

Die Herausforderung besteht darin, dass Lehramtsstudierende bereits in ihrer Ausbildung das Konzept von Lernumgebungen kennenlernen und damit arbeiten. Dazu gehört die Entwicklung von einer konstruktivistischen Auffassung von Lehren und Lernen, das dem Verständnis der Lernumgebung zugrunde liegt. Das kann gelingen, wenn man in der Ausbildung eine Aufgabe nicht nur als Hauptinstrument der Unterrichtsgestaltung anerkennt, sondern auch nach den aussteuerbaren Elementen sucht, die die Wandelbarkeit einer Aufgabe zeigen. Mit dieser Sichtweise kann man die Flexibilität der Studierenden, die im Umgang mit Aufgaben in Lernsituationen gefordert ist, schulen. Der Blick auf Lernumgebungen und das Durchdenken und Ausbalancieren der Impulse der Leitideen erweitern den Blick auf die Realisierung im Unterricht. Wird dieses Herangehen geschult, erwerben die Lehramtsstudierenden ein Handwerkszeug für die Berufspraxis, das in Unterrichtsversuchen erprobt werden sollte. Mit Blick auf die Dokumentationen während des Praxissemesters bietet das Durchdenken der Leitideen eine geeignete Planungsgrundlage und Reflexionsstruktur, um „Stellschrauben" für Veränderungen im eigenen Unterricht zu erkennen. Die Erfahrungen aus dem Studium können dann idealerweise im Referendariat aufgegriffen und weiterentwickelt werden.

Eine wünschenswerte Lehrerkompetenz sieht der Autor [Wollring] darin, dass diese Sequenz zu Konzeption von Unterricht flexibel […] durchlaufen wird, um so Anpassungen und Flexibilität aus Kernelementen heraus entwickeln zu können. Aufgaben sind gewissermaßen Repräsentanten großer Komplexe, in denen Lehrende sich steuernd bewegen können, bis sie bei ihren Adressaten als Resonanz das beobachten, was […] mit „kognitiver Aktivierung" bezeichnet wird (Wollring, 2009, S. 12).

Als Fachberaterin kommt man immer wieder in die Situation, das Unterstützung von Schulleitungen, Fachkollegien oder auch einzelnen Lehrkräften bei Problemlagen angefordert wird. Dazu gehören u. a. Rückmeldungen zu Vergleichsarbeiten und der Umgang mit der Heterogenität von Lerngruppen. Das Denken im Rahmen der Leitideen der Lernumgebung ist in solchen Fällen sehr fruchtbringend. Man kann mit Lehrkräften die konkrete schulische Arbeitssituation aufgreifen und bearbeiten, d. h. orientiert an den Leitideen gemeinsam durchdenken, Impulse für die Unterrichtsgestaltung erkennen und sie für die Lerngruppe ausbalancieren.

Als Fachberaterin bekommt man auf diese Art und Weise einen Einblick in Unterrichtskonzepte der Lehrperson(en) und erfährt etwas über den stattfindenden Unterricht. Zudem ergeben sich in diesem Prozess Möglichkeiten, beratend Impulse für Unterrichtsentwicklung zu geben.

Aus meiner Sicht besteht die Herausforderung, ein Denken in Lernumgebungen systemisch zu etablieren. Es kann auf andere Fächer übertragen und gegenstandsspezifisch ausgeschärft werden. Ich sehe darin einen Ansatz, um die von der Bildungsadministration angestrebte Qualitätssicherung und –entwicklung im Unterricht zu realisieren.

Literatur

Binner, E. (2009). *Veränderter Unterricht – veränderte Lehrerrolle. Unterrichtsentwicklung durch „SINUS-Transfer Grundschule".* Grundschulunterricht Mathematik.

Wollring, B. (2009). Zur Kennzeichnung von Lernumgebungen für den Mathematikunterricht in der Grundschule. In A. Peter-Koop, G. Lilitakis, & B. Spindeler (Hrsg.), Lernumgebungen-Ein Weg zum kompetenzorientierten Mathamatikunterricht (S. 9–23). Mildenberger.

Literatur

[illegible faded text]

Entdeckendes Lernen in substantiellen Lernumgebungen fördern: Zur systematischen Gestaltung von Spiel- und Dokumenten-Räumen

Tobias Huhmann und Ellen Komm

1 Einleitung

Der Paradigmenwechsel hin zum entdeckenden, auf einer konstruktivistischen Grundhaltung basierenden Lernen (vgl. Piaget, 1975), wurde bereits vor langer Zeit fachdidaktisch grundgelegt (vgl. Kühnel, 1922; Freudenthal, 1973; Winter, 1989, 2016; Wittmann, 1974b, 2000). Das Konzept ‚Substantielle Lernumgebung' bietet einen geeigneten Rahmen, um dem Paradigma des entdeckenden Lernens im Mathematikunterricht der Grundschule zu begegnen und neben inhaltsbezogenen auch prozessbezogene Kompetenzen wie "Kommunizieren, Argumentieren, Modellieren und Darstellen" zu fördern. Allerdings hinkt die Konkretisierung entdeckenden Lernens in der alltäglichen Unterrichtspraxis dem fest etablierten Status entdeckenden Lernens als grundlegendes Unterrichtsprinzip im fachdidaktischen Diskurs sowie seiner Verankerung in den Lehrplänen nach wie vor deutlich hinterher. Dies aus guten Gründen: Für die Umsetzung entdeckenden Lernens lässt sich kein "algorithmisches Konzept" finden, vielmehr ist die Gestaltung der Unterrichtspraxis voraussetzungsvoll und komplex (Krauthausen, 2018, S. 183).

Um dem zu begegnen, eröffnet der Unterricht mit substantiellen Lernumgebungen vielfältige Möglichkeiten. Hierzu zählt die Gestaltung sogenannter Spiel- und Dokumenten-Räume (Wollring, 2008, S. 16 f.). Wollring führt den Begriff „Spiel-Raum" als „Raum zum Gestalten" und den Begriff „Dokumenten-Raum"

T. Huhmann (✉) · E. Komm
Pädagogischen Hochschule Weingarten, Weingarten, Deutschland
E-Mail: huhmann@ph-weingarten.de

E. Komm
E-Mail: komm@ph-weingarten.de

© Springer Fachmedien Wiesbaden GmbH, ein Teil von Springer Nature 2022　　　111
K. Eilerts et al. (Hrsg.), *Auf dem Weg zum neuen Mathematiklehren und -lernen 2.0*,
https://doi.org/10.1007/978-3-658-33450-5_8

als "Raum zum Behalten" ein, um sowohl die Bedeutung des Handelns als auch des Umgangs mit Dokumentationen in Lehrsituationen *und* Lernsituationen zu betonen. Der Spiel-Raum soll Möglichkeiten für vielfältige Handlungserfahrungen bieten, der Dokumenten-Raum hält Prozesse und Produkte dieser Aktivitäten fest.

Ausgehend davon und in dem Bestreben, Schülerinnen und Schülern zu ermöglichen und sie zu befähigen, Mathematik eigenständig zu erkunden und Erkundungsprozesse weitergehend zu vertiefen, konzentriert sich das Forschungsprojekt mit den systematischen Gestaltungsmöglichkeiten von Spiel- und Dokumenten-Räumen auf die (Neu-)Erstellung, Handhabung und Nutzung von schülereigenen Dokumentationen im Kontext ihrer Entdeckungen.

2   Theoretischer Hintergrund

2.1   Entdeckendes Lernen

Historisch ist der Begriff des entdeckenden Lernens in verschiedenen bildungswissenschaftlichen Disziplinen verwurzelt. Das aus der Psychologie entwickelte Modell des discovery learnings von Bruner beeinflusst bis heute das Verständnis entdeckenden Lernens in verschiedenen Fachdidaktiken, so auch in der Mathematikdidaktik. Demnach ist Entdecken

> „... in its essence a matter of rearranging or transforming evidence in such a way that one is enabled to go beyond the evidence so reassembled to additional new insights. It may well be that an additional fact or shred of evidence makes this larger transformation of evidence possible. But it is often not even dependent on new information" (Bruner, 1961, S. 22)

Zur Entwicklung entdeckender Lehr- und Lernkonzepte für den Mathematikunterricht leistete Freudenthal entscheidende Beiträge. Er prägte ein Verständnis entdeckenden Lernens in dem das individuelle Nach-Erfinden von Mathematik im Zentrum steht (Freudenthal, 1973). Im deutschsprachigen Raum wurde diese Idee in ausschlaggebender Weise von Winter und Wittmann beeinflusst (Winter, 1988, 2016; Wittmann, 1995). Letzterer prägte insbesondere den Begriff des aktiv-entdeckenden Lernens und stellte so die zu überwindende Rezeptivität der Lernenden aus dem traditionellen Rechenunterricht heraus. Winter prägte den Diskurs um entdeckendes Lernen in allen Schulstufen und stellte folgende Hauptthese auf:

„Das Lernen von Mathematik ist umso wirkungsvoller [...] je mehr es im Sinne eigener aktiver Erfahrungen betrieben wird, je mehr der Fortschritt im Wissen, Können und Urteilen des Lernenden auf selbständigen entdeckerischen Unternehmungen beruht." (Winter, 2016, S. 1)

In Anlehnung an Neber (vgl. Neber nach Winter, 2016) betrachten wir entdeckendes Lernen als ein theoretisches Konstrukt, das die Idee verkörpert, der Erwerb von Wissen und Fertigkeiten erfolge nicht durch Informationsübertragung von außen, sondern durch eigenes Wahrnehmen, Handeln sowie darauf aufbauend durch Analysieren und Reflektieren unter Bezugnahme auf bereits vorhandene Wissensstrukturen, in der Regel angeregt durch äußere Impulse (vgl. Huhmann, 2013).

Das Begriffsverständnis entdeckenden Lernens bewegt sich insgesamt zwischen den Polen des freien Entdeckens auf der einen Seite und eines Lernens durch Belehren auf der anderen Seite. So charakterisiert Winter (2016) das Konzept entdeckenden Lernens als Gegenpol zu einem Lernen durch Belehren, das sich durch ein Beobachten, Erkunden, Probieren und Fragen stellen der Lernenden auszeichnet und das die Lehrkraft durch „Hilfen als Hilfen zum Selbstfinden" zu unterstützen versucht. Dies bedeutet allerdings nicht „dass ein entsprechendes Angebot von Erfahrungs*möglichkeiten* automatisch auch immer Erfahrungs*wirklichkeiten* in allen Schülern hervorriefe." (Winter, 2016, S. 2).

Im Sinne Winters (1988) handelt es sich beim Entdecken im Mathematikunterricht analog zu Freudenthal (1973) in erster Linie um ein lokales Nach-Erfinden von Mathematik durch Schülerinnen und Schüler, dem, trotz der objektiven Begrenztheit der Entdeckungen, große Bedeutung für den individuellen Lernprozess zukommt. So trägt diese Lernform einem Verständnis von Mathematik als Tätigkeit Rechnung, bei dem

„Intuition, Phantasie und schöpferisches Denken beteiligt sind, man durch eigenes und gemeinschaftliches Nachdenken Einsichten erwerben und Verständnis gewinnen kann und selbstständig Entdeckungen machen und dabei Vertrauen in die eigene Denkfähigkeit und Freude am Denken aufbauen kann." (Spiegel & Selter, 2003, S. 47)

2.2   Substantielle Lernumgebungen

Zum Konzept ‚Lernumgebung' finden sich aus pädagogischer und fachdidaktischer Perspektive verschiedene Begriffsverständnisse. In der Mathematikdidaktik ist das Begriffsverständnis inhaltlich geprägt (Krauthausen, 2018, S. 255). In diesem Sinne stellen Lernumgebungen eine Erweiterung des Begriffs der „guten

Aufgabe" dar (Wollring, 2008). Im Rahmen des Paradigmenwechsels hin zum entdeckenden, auf einer konstruktivistischen Grundhaltung aufbauenden Sicht des Lernens, besteht seit den 1970-er Jahren die Kernaufgabe der Mathematikdidaktik in der Erforschung, Entwicklung, Dissemination und Implementation fachlich gehaltvoller, sogenannter substantieller Lernumgebungen (Krauthausen, 2018; Wittmann, 1974a, 1992; Wollring, 2008). Der Begriff ‚Substantielle Lernumgebung' wurde im deutschsprachigen Raum maßgeblich von Wittmann, im Zusammenhang mit einer Sicht auf Mathematikdidaktik als anwendungsorientierter Design-Science sowie basierend auf einem piaget'schen Verständnis von Lernen, geprägt (Wittmann, 1995, 1998). Wollring (2008) greift dieses Grundverständnis auf und entwickelt darauf basierend ein Konzept zum Lehren und Lernen mit substantiellen Lernumgebungen, das im Rahmen einer Untersuchung von Entdeckungsprozessen und -produkten in Zusammenhang mit der Bedeutung von Schülerdokumentationen besonders bedeutend erscheint. So versteht er unter dem Begriff Lernumgebung „eine […] flexible große Aufgabe. Sie besteht aus einem Netzwerk kleinerer Aufgaben, die durch bestimmte Leitgedanken zusammengebunden werden." (Wollring, 2008, S. 12 f.) Die Lernumgebung bezieht sich auf die konkrete Umsetzung der Aufgabe im Unterricht. Insgesamt bilden substantielle Lernumgebungen die Grundlage eines Unterrichts, der auf einer konstruktivistischen Grundposition aufbaut, das Prinzip des aktiv-entdeckenden-Lernens (Wittmann, 2000) verfolgt und dabei einem Verständnis von Mathematik als Tätigkeit Rechnung trägt (Freudenthal, 1973; Wollring, 2008).

Wollring (2008) beschreibt die Gesamtheit einer Lernumgebung anhand verschiedener Aspekte in Form von sechs Leitideen. Besonders relevant im Hinblick auf die Bedeutung von Schülerdokumentationen für das Entdecken von Mathematik erscheint die Leitidee ‚Artikulation': Die drei Artikulationsformen Handeln, Sprechen und Schreiben bieten vielfältige Möglichkeiten zur Darstellung von Arbeitsprozessen und -produkten. Dies beinhaltet auch, dass Lernumgebungen Gelegenheiten bieten sollten "Verfahren und Ergebnisse flüchtig und nicht-flüchtig darzustellen, sodass Entdeckungen ermöglicht und unterstützt werden" (Wollring, 2008, S. 16). Wie bereits einleitend in unserem Beitrag erwähnt führt er hierzu die Begriffe "Raum zum Gestalten" (Spiel-Raum) sowie "Raum zum Behalten" (Dokumenten-Raum) ein. Im Spiel-Raum sind die Schüler handelnd tätig und im Dokumenten-Raum halten sie ihre Tätigkeiten und Entdeckungen fest. Dies ist insbesondere vor dem Hintergrund der Darstellungsflüchtigkeit von Handlungsprozessen und -produkten von besonderer Bedeutung (Huhmann, 2013). Dokumentationen von Lernenden unterstützen die Lernenden in der Erkundung und Aneignung der Lernumgebung (Wollring, 2008), indem sie Anlässe und Möglichkeiten zum Reflektieren über eigene und fremde Bearbeitungen schaffen. Als

Dokument wird dabei Information auf ihrem materiellen Trägermedium bezeichnet (vgl. Kuhlen et al., 2004; Leonhard et al., 2009). Häufig befinden sich *mehrere* Informationseinheiten semantisch zusammenhängender Datenmengen auf *einer* materiellen Trägereinheit. Den Begriff Dokumentationseinheit verwenden wir für Dokumente oder Teile von ihnen, im Hinblick auf die Informationsmenge, die sich auf *einer* Einheit des Trägermediums befindet. Der Begriff Dokumentation ist sowohl prozess- als auch produktbezogen: Er umfasst die Tätigkeiten des Dokumentierens wie auch die Dokumente selbst.

2.3　　Entdecken in substantiellen Lernumgebungen

„Discovery, like surprise, favors the well prepared mind." (Bruner, 1961, S. 21)

Dieser Aussage kann durch die konkrete Gestaltung substantieller Lernumgebungen Rechnung getragen werden, dabei insbesondere durch die Berücksichtigung der drei Artikulationsformen des Leitgedankens Artikulation. So kann ein für Entdeckungen ,gut vorbereiteter Geist' unterstützt werden, indem das ,artikulationsreiche' Durcharbeiten und Durchdringen des mathematischen Gehalts im Spiel- und im Dokumenten-Raum ermöglicht wird: Die geistige Vorbereitung von Entdeckungen kann im Spiel-Raum durch handlungsbasiertes Bearbeiten motiviert werden. Die entstehenden Handlungsprozesse und -produkte können als Dokumentationen im Dokumenten-Raum festgehalten werden, wirken der Darstellungsflüchtigkeit entgegen (Huhmann, 2013) und ermöglichen damit deren neues und erneutes Wahrnehmen und Reflektieren.

Eine entscheidende Rolle spielt in diesem Zusammenhang die Funktion und der Umgang mit selbst erstellten Dokumenten der Schülerinnen und Schüler. Aufbauend auf dem Verständnis verschiedener Funktionen von Eigenproduktionen Lernender (Selter, 1994), können Dokumente direkt als Instrumente dienen, um eigene Lösungen zu finden und dabei in unserem Sinne Entdeckungen zu unterstützen. Darüber hinaus können Dokumente als Kommunikationsmittel genutzt werden, um das eigene Verständnis sich selbst und Anderen mitzuteilen und durch die Auseinandersetzung mit dem eigenen Handeln das Reflektieren zu fördern. So können sie indirekt zum eigenen Lernen beitragen.

Allerdings führt die Schaffung von Erfahrungs*möglichkeiten* nicht automatisch – quasi als Garant – zu Erfahrungs*wirklichkeiten* für die Lernenden (vgl. Winter, 2016, S. 2). In Fortführung der Winter'schen Aussage, sehen wir ein Forschungsdesiderat darin, zu erforschen, welche Erfahrungs- und Entdeckungs*wirklichkeiten* sich aufgrund der durch die Gestaltung von Spiel- und Dokumenten-Räumen geschaffenen neuen Erfahrungs- und Entdeckungs*möglichkeiten* tatsächlich ergeben.

3   Zielsetzung und Forschungsdesign

3.1   Hintergrund

Ausgangspunkt für das Forschungsinteresse stellen mehrjährige Erfahrungen im Rahmen der Begleitung des fachdidaktischen Praxissemesters seit 2015 dar: Studierende des Grundschullehramtes sammeln über einen Zeitraum von nahezu einem Schulhalbjahr eigene Unterrichtserfahrungen zum Lehren und Lernen mit substantiellen Lernumgebungen. Im Fokus steht dabei, Lernen im Sinne eines aktiven Entdeckens zu planen, konkreten Unterricht zu gestalten, dabei Kinder angemessen zu begleiten und das eigene Lehrerhandeln darauf basierend kritisch zu reflektieren. Hierbei unterstützen Dozierende der Hochschule sowie Mentoren der Schule jeweils die Studierenden. In diesem Gesamtzusammenhang haben wir häufig beobachtet, dass der *Umgang mit* und die *Nutzung von* eigenen Dokumentationen der Schülerinnen und Schüler wesentlich zur Umsetzung entdeckenden Lernens beitragen kann. Besonders zu Beginn des Praxissemesters fehlt jedoch den meisten Lehramtsstudierenden Sensibilität, Wissen und Erfahrung hinsichtlich der Bedeutung von Dokumentationen.

3.2   Zielsetzung

Als Forschungsziel wollen wir untersuchen, wie Spiel- und Dokumenten-Räume, insbesondere auch im Hinblick auf ihre wechselseitige Beziehung zueinander, in substantiellen Lernumgebungen gestaltet werden können und ob und wie dadurch unterstützend entdeckendes Lernen ermöglicht werden kann. Zudem untersuchen wir den Verlauf individueller Lernwege von Schülerinnen und Schülern beim Entdecken von Mathematik in substantiellen Lernumgebungen im Umgang mit selbst erstellten Dokumenten und deren Nutzung für mathematische Entdeckungen.

3.3 Design

Im ersten Forschungsteil werden Dokumente zur Planung, Durchführung und Reflexion von Lehr-Lern-Prozessen im Mathematikunterricht im Hinblick auf die Gestaltung von Spiel- und Dokumenten-Räumen und deren wechselseitige Beziehung analysiert.

Ziel ist es, Aktivitäten zu identifizieren, die in diesen Settings das Entdecken unterstützen oder behindern. Dabei liegt der Fokus auf der Art der Gestaltung von Dokumentationen sowie deren Rolle für mathematische Entdeckungen.

Die Datenanalyse wird mithilfe strukturierter Inhaltsanalyse (Kuckartz, 2014) mit gemischt deduktiv-induktiver Vorgehensweise durchgeführt. Deduktive Kategorien wurden abgeleitet aus den Konzepten ‚substantielle Lernumgebung' und ‚Spiel- und Dokumenten-Räume' (Wittmann, 1998; Wollring, 2008), der Rolle von Dokumenten vor dem Hintergrund der Darstellungsflüchtigkeit (Huhmann, 2013) und der Funktion von Dokumenten als Eigenproduktionen (Selter, 2006). Auf der Grundlage dieser deduktiven Kategorien sollen induktive Ausdifferenzierungen und Ergänzungen durch die Datenanalyse erfolgen.

Auf einem Verständnis der Mathematikdidaktik als anwendungsorientierter Design-Science basierend sollen die Ergebnisse des ersten Forschungsteils für das (Re-)Designing substantieller Lernumgebungen in verschiedenen mathematischen Teilgebieten mit Schwerpunkt auf der Gestaltung von Spiel- und Dokumenten-Räumen genutzt werden.

Im zweiten Forschungsteil wird in qualitativen Fallstudien analysiert, wie Schülerinnen und Schüler in diesen (re-)designten Lernumgebungen arbeiten. Ziel ist es, herauszufinden, wie Lernende selbst erstellte Dokumente im Hinblick auf ihre individuellen Entdeckungen nutzen.

Die Datenbasis für den ersten Forschungsteil stammt aus dem Praxissemester von Lehramtsstudierenden. Sie umfasst Unterrichtsbeobachtungen von Hochschullehrenden, Unterrichtsplanungen und Reflexionen von Studierenden sowie selbst erstellte Dokumente von Kindern. Bei Letzteren handelt es sich um reale Produkte der Kinder oder Fotografien dieser in unterschiedlichen Stadien im Entstehungsprozess. Abb. 1 gibt einen Überblick über das gesamte Forschungsprojekt.

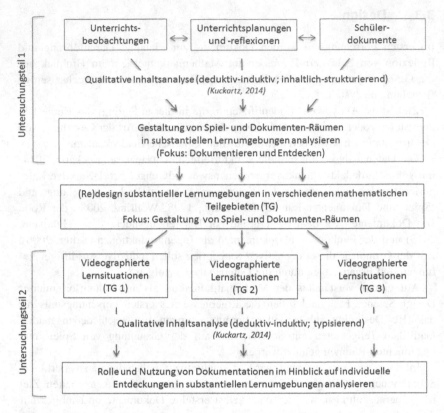

Abb. 1 Überblick Forschungsdesign

4 Ergebnisse

Die folgenden Ergebnisse beziehen sich auf den ersten Teil der Studie (siehe Abb. 1). Aus einer allgemeinen Perspektive auf die Rolle und Funktion von Dokumentationen können folgende Befunde festgehalten werden:

1. Aufgabenadäquate Dokumentationen (wie z. B. Hefteinträge, Plakate, Arbeits-blätter, Tafelbilder, …) ermöglichen Aktivitäten im Dokumenten-Raum, die Entdeckungen unterstützen oder direkt generieren, da sie der Darstellungs-flüchtigkeit entgegenwirken. Dazu gehören (1) das wiederholte und dauerhafte Wahrnehmen von Prozessen oder Produkten, die aus den Handlungen im

Spiel-Raum entstanden sind, (2) das Erkennen und (erneute) Fokussieren des Erkannten sowie darauf aufbauend (3) das Erklären gegenüber sich selbst und anderen (s. Abb. 7).

2. Aufwendige Dokumentationsanforderungen können sowohl zum Abbruch des Entdeckungsprozesses führen als auch dessen Entwicklungspotential behindern, wenn sich der Schwerpunkt der Aufmerksamkeit des Lernenden auf den Dokumentationsprozess selbst, d. h. auf die Erstellung der Dokumentation, verlagert oder wenn der Dokumentationsprozess selbst abbricht und daher für weitere Entdeckungen nicht ausreicht.

3. Fehlende oder unzureichende Dokumentation kann das Entwicklungspotential von Entdeckungsprozessen behindern, da unterstützende Aktivitäten im Dokumenten-Raum (siehe 1.) nicht oder nur teilweise möglich sind.

Mit einer detaillierteren Perspektive auf die erfassten Dokumentationen können wir in unserer Befundlage verschiedene Arten von Dokumentationstypen klassifizieren:

1. Grundsätzlich unterscheiden wir zwischen zwei verschiedenen Dokumentationstypen. Beide Typen erfassen mathematische Handlungsprozesse und -produkte. Sie bilden den Dokumentationsraum und wirken der Darstellungsflüchtigkeit entgegen: Der erste Dokumentationstyp wird als "statisch und nicht dynamisierbar" charakterisiert. Das materielle Trägermedium dieser Dokumente stellt eine unveränderbare Einheit dar (z. B. eine Tafel), auf der sich verschiedene Informationen durch semantisch unterschiedlich intensiv zusammenhängende Informationseinheiten befinden. Dadurch verbleiben die Dokumente in der Gestalt, in der sie ursprünglich erstellt wurden, statisch. Dies bedeutet, dass ihr materielles Trägermedium mit den Informationen dauerhaft als Einheit unveränderbar bleibt.

Der zweite Dokumentationstyp wird als "statisch und dynamisierbar" charakterisiert. Das materielle Trägermedium dieser Dokumente stellt eine veränderbare Einheit dar. Dadurch kann die ursprünglich erstellte Gestalt der Dokumente geändert werden, indem sie in kleinere, individuelle Dokumentationseinheiten zerlegt wird. Diese Einheiten können zu mathematischen Objekten für weitere und neue Handlungen im Spiel-Raum werden: Nachdem Dokumente – als Produkte des Dokumentationsprozesses – erstellt und in einer dadurch aktuell statischen Gestalt für kognitive Aktivitäten im Dokumenten-Raum (vgl. 1. unter allgemeiner Perspektive) verfügbar waren, ermöglicht ihr materielles Trägermedium einen (erneuten) dynamischen Gebrauch. Ihre aktuell statische Gestalt im Dokumentenraum wird dynamisiert durch die Zerlegung in kleinere, individuelle Dokumentationseinheiten, die erst dadurch zu (neuen) mathematischen

Abb. 2 Links: Statisch und leicht dynamisierbar; Mitte: Statisch und schwer dynamisierbar; Rechts: Statisch und nicht dynamisierbar

Objekten für weitere und neue Handlungen im Spiel-Raum werden *können* und zur Erstellung eines neuen Dokuments verwendet werden *können*. Die Dokumentationseinheiten bestehen dabei aus Teilen der ursprünglichen Einheit des Trägermediums und beinhalten Anteile seiner Information (s. auch weiter oben).

2. Ausgehend vom zweiten Dokumentationstyp „statisch und dynamisierbar" eröffnet sich durch den „jeweils unterschiedlich hohen Aufwand zu dynamisieren" ein Spektrum weiterer detaillierter Dokumentationstypen: von "statisch und leicht dynamisierbar" am einen Ende über "statisch und schwer dynamisierbar" bis hin zu "statisch und nicht dynamisierbar" am anderen Ende. "Schwer dynamisierbar" bedeutet, dass der Aufwand, die ursprünglich erstellte Gestalt der Dokumentation durch Zerlegung in kleinere Dokumentationseinheiten zu verändern, sehr hoch ist. "Leicht zu dynamisieren" bedeutet, dass dieser Aufwand sehr gering ist. Die folgende Abb. 2 zeigt Beispiele von Dokumentationen, die sich auf ein und dieselbe Aufgabe[1] beziehen und die drei verschiedenen Dokumentationstypen repräsentieren.

3. Wir identifizieren ein generelles Potential des Dokumentationstyps "statisch und dynamisierbar", da diese Dokumentationen immer wieder umgestaltet werden können und in diesem Prozess neue Möglichkeiten in erneuerten Spiel- und Dokumenten-Räumen entstehen. Zu diesen neuen, durch Dynamisierung entstehenden Erfahrungsmöglichkeiten zählen (1) neues Wahrnehmen, sowie

---

[1] Die Aufgabenstellung im Inhaltsbereich "Daten, Häufigkeit, Wahrscheinlichkeit: Welche und wie viele verschiedene Spiele gibt es, wenn ein Turnier mit vier Mannschaften (rot, grün, orange und blau) so gespielt werden soll, dass jede Mannschaft genau einmal gegen jede andere Mannschaft spielt?

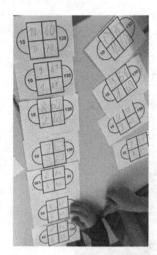 

Abb. 3 Links: Ordnende Aktivität; Rechts: Sortierende Aktivität

(2) neues Handeln ("Umordnen" als "Neu-Seriieren", "Umsortieren" als "Neu-Klassifizieren" und "Neu-Strukturieren") und (3) neue Handlungserfahrungen mit Dokumentationseinheiten (siehe auch Abb. 4, S. 11).

Neben sensorischen und haptischen Handlungserfahrungen mit mathematischen Objekten (Drehen, Spiegeln, Schieben, Bauen, Umbauen ...) im Spiel-Raum, eröffnen sich durch Dynamisierung des Dokumenten-Raums neue Erfahrungsmöglichkeiten – dies, da die durch Dynamisierung gewonnenen Dokumentationseinheiten als ikonische oder symbolische Objekte Handlungen im Sinne eines räumlichen Anordnens eröffnen. Zur Veranschaulichung dieser neuen Erfahrungsmöglichkeiten in Spiel-Räumen zeigt Abb. 3 links, wie durch Ordnen von Dokumentationseinheiten die gefundenen Lösungen[2] durch vertikale Seriation strukturiert wurden (von oben nach unten bzw. umgekehrt). Dadurch werden neue

---

[2] Die Aufgabenstellung im Inhaltsbereich „Zahlen und Operationen": Wie viele Rechenquadrate gibt es mit den äußeren Zahlen 10 und 130? Das substantielle Aufgabenformat "Rechenquadrate mit Ohren" basiert auf folgenden Regeln: Der Zusammenhang zwischen den Basiszahlen (innere Zahlen): Die Summen der Basiszahlen jeder Zeile müssen identisch sein: $a + b = c + d$. Der Zusammenhang zwischen den Basiszahlen und den äußeren Zahlen: Die Summe der Basiszahlen einer Spalte wird als Ergebnis in das benachbarte äußere Zahlenfeld eingetragen; $x = a + c$ und $y = b + d$. Die Zahlen für a, b, c, d, x und y sind natürliche Zahlen.

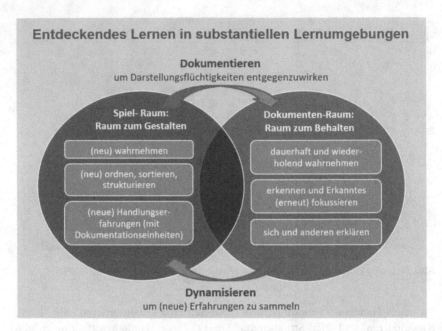

Abb. 4 Modell zum entdeckenden Lernen in reziprok gestalteten Spiel- und Dokumenten-Räumen

Entdeckungen hinsichtlich der Anzahl möglicher Lösungen unterstützt: Lösungen, die in einer ersten Bearbeitungsphase noch nicht gefunden wurden, können nun aufgrund der Ordnung, die Lücken wahrnehmbar und erkennbar hervorhebt, entdeckt werden. Analog dazu zeigt Abb. 3 rechts, wie eine Sortiertätigkeit mit Dokumentationseinheiten die entdeckten Vierecke[3] durch horizontale Anordnung in Äquivalenzklassen strukturiert.

In beiden Fällen konnten neue Erkenntnisse dadurch gewonnen werden, dass die zunächst dokumentierten Lösungen dynamisiert wurden und damit die begonnenen individuellen Lernwege fortgesetzt werden konnten. Diese entstanden im Sinne Bruners' unabhängig von neuen Informationen, die von außen herangetragen werden, sondern basieren auf einer weiterführenden Auseinandersetzung mit den bereits vorhandenen eigenen Dokumenten.

---

[3] Die Aufgabenstellung im Inhaltsbereich „Raum und Form": Wie viele Vierecke gibt es auf dem 3 × 3 - Geobrett?

Diese Aktivitäten, die durch die Dynamisierung von Dokumenten ermöglicht werden, stellen eine wechselseitige Aufeinanderbezogenheit zwischen Spiel- und Dokumenten-Räumen dar: Der Spiel-Raum beschreibt eine zeitlich-sukzessive Dimension, die durch die Dynamik und Flüchtigkeit prozesshafter Handlungen gekennzeichnet ist. Der Dokumenten-Raum beschreibt eine räumlich-simultane Dimension, die durch die Statik nicht-flüchtiger Darstellung gekennzeichnet ist. Das Modell in Abb. 4 veranschaulicht diesen Zusammenhang und fasst Aktivitäten von Lernenden im Hinblick auf eine reziproke Gestaltung von Spiel- und Dokumenten-Räumen zusammen, die entdeckendes Lernen *unterstützen können*.

Durch die Dynamisierung von Dokumenten werden die Dokumentationseinheiten aus dem Dokumenten-Raum zu manipulierbaren Objekten des Spiel-Raums. Mitsamt der dadurch ermöglichten Handlungen entsteht eine Schnittmenge zwischen Dokumenten- und Spiel-Raum.

Die Dynamisierung von Dokumentationen stellt ein zu erforschendes Designelement für Lernumgebungen im Mathematikunterricht dar, um entdeckendes Lernen unterstützend zu ermöglichen. Neben dem Potential für die pädagogische Praxis eröffnet dieses Designelement Ausgangspunkte zur Entwicklung weiterführender Forschungsfragen für designbasierte Forschung, um 'leicht zu dynamisierende Dokumente' *für* und *in* Lehr-Lern-Prozessen zu entwickeln und zu untersuchen. Als Potentiale im Hinblick auf die reziproke Gestaltung von Spiel- und Dokumenten-Räumen in substantiellen Lernumgebungen lässt sich feststellen: Dokumentationen können

(i) grundsätzliche Zugänge zur Entwicklung neuer mathematischer Entdeckungen eröffnen,

(ii) neue mathematische Entdeckungen ermöglichen, unterstützen und direkt generieren,

(iii) ausgehend von einer bereits gemachten Entdeckung weitere neue Entdeckungen ermöglichen, unterstützen und direkt generieren,

(iv) bereits gemachte Entdeckungen unterstützen und vertiefen.

Ob diese Potentiale in pädagogischer Praxis allerdings tatsächlich entfaltet und realisiert werden können, soll im zweiten Untersuchungsteil der Studie im Rahmen von Fallstudien mit Lernumgebungen aus verschiedenen mathematischen Teilgebieten erforscht werden.

5   Diskussion

Die Befunde bezüglich fehlender, aufwendiger und unzureichender Dokumentation aus der allgemeinen Perspektive sowie fehlender, aufwendiger und unzureichender Dynamisierung von Dokumentationen aus der detaillierten Perspektive zeigen negative Faktoren für die Aktivierung und Vertiefung des reflektierenden Denkens und des entdeckendes Lernens: Das Entfaltungspotential von Entdeckungsprozessen kann weniger wirksam werden, da Merkmale und Strukturen aufgrund fehlender Möglichkeiten der mathematischen 'Neu- und Umstrukturierung' des 'Re-Seriierens' und des 'Re-Klassifizierens' nicht wahrgenommen und erkannt werden können. Demgegenüber lässt sich die wechselseitige Aufeinanderbezogenheit von Spiel- und Dokumenten-Räumen als ein vielversprechendes Potential identifizieren: Durch die Entwicklung von 'leicht zu dynamisierenden Dokumenten' ergeben sich neue Möglichkeiten zur Weiterführung individueller Lernwege und Möglichkeiten zur Anregung und Unterstützung des Reflektierens und Entdeckens. Damit stellen sich neue Fragen, die weitergehende bzw. neue mathematische Erkundungen erfordern. Dazu gehören insbesondere auch neue Entdeckungen, die unabhängig von neuen Informationen gemacht werden können (Bruner, 1961). Unsere bisherigen Ergebnisse scheinen von besonderer Bedeutung zu sein, da im Unterrichtsalltag das Dokumentieren in der Regel auf eine Art und Weise stattfindet, die statisch bleibt: Die Schülerinnen und Schüler dokumentieren ihre Lösungen und Erkenntnisse, diese können jedoch nicht oder nur mit großem Aufwand zur Fortsetzung der verschiedenen individuellen Lernwege genutzt werden. Da diese Dokumente nach Diskussion der ersten Lösungen statisch bleiben, brechen individuelle Lernpfade ab, und das weitere Lernen erfolgt mittels neu gestellter Aufgaben. Wir haben zwei Arten von Dokumentationen identifiziert, die zu dieser Situation führen: "statisch und nicht dynamisierbar" und "statisch und schwer dynamisierbar". Resümierend sehen wir in der Dynamisierung von Dokumentationen ein wichtiges *Designelement für Forschung zu* und zugleich ein *Gestaltungselement für Mathematikunterricht mit* substantiellen Lernumgebungen. Sowohl für Forschung als auch für pädagogische Praxis sehen wir großes Potenzial in der Entwicklung und Untersuchung von 'leicht zu dynamisierenden Dokumenten' in Lehr-Lern-Prozessen.

6   Ausblick

Als Designelement wirft die Dynamisierung von Dokumentationen weitere Forschungsfragen zu den Bedingungen für erfolgreiches Lernen auf: Welche Gelingensbedingungen lassen sich identifizieren, um 'leicht zu dynamisierende Dokumente' zu gestalten? Ob, wie und unter welchen Bedingungen können aus 'schwer zu dynamisierenden Dokumenten' 'leicht zu dynamisierende Dokumente' entwickelt werden? Ob und wie nutzen Lehrende und Lernende dieses theoretische Potential in Lehr-Lern-Prozessen? Ob und wie unterstützt dies entdeckendes Lernen und reflektierendes Denken über eigene und fremde Gedanken, Ideen und Lernprodukte der Schülerinnen und Schüler zu dem inhaltlichen Lerngegenstand? Welche Rolle spielt die Größe der Dokumentationseinheiten? Wir formulieren hierzu folgende Hypothese: Dokumentationseinheiten sollten so groß sein, dass sie neues Wahrnehmen, Handeln und Reflektion durch neues Ordnen, Klassifizieren und Strukturieren ermöglichen. Mit der Beantwortung dieser Fragen wird das Modell zum entdeckenden Lernen in reziprok gestalteten Spiel- und Dokumenten-Räumen weiterentwickelt.

Mit dem Fokus auf der Rolle von Dokumentationen für den individuellen Lernprozess wird dies im zweiten Teil des Forschungsprojektes anhand von weiterentwickelten Lernumgebungen in verschiedenen mathematischen Inhaltsbereichen untersucht. Dabei soll der Frage nachgegangen werden, *wie* und *welche* Entdeckungs*wirklichkeiten* durch die Gestaltung von Entdeckungs*möglichkeiten* in substantiellen Lernumgebungen tatsächlich entstehen.

Überdies erkennen wir einen deutlichen Forschungs- sowie Fortbildungsbedarf zur Sensibilisierung und Bewusstmachung von (angehenden) Lehrkräften für Existenz und Nutzung des Dynamisierungspotentials zur Planung und Durchführung entdeckenden Mathematikunterrichts: Um den Theorie-Praxis-Transfer von Ergebnissen fachdidaktischer Entwicklungsforschung voranzutreiben.

Literatur

Bruner, J. S. (1961). The act of discovery. *Harvard Educational Review, 31*, 21–32.
Freudenthal, H. (1973). *Mathematik als pädagogische Aufgabe* (Mathematics as a pedagogical task) (Bd. 1). Klett – Studienbücher Mathematik.
Huhmann, T. (2013). *Einfluss von Computeranimationen auf die Raumvorstellungsentwicklung. Dortmunder Beiträge zur Entwicklung und Erforschung des Mathematikunterrichts: Vol. 13.* Springer Spektrum.
Krauthausen, G. (2018). *Einführung in die Mathematikdidaktik – Grundschule* (4. Aufl.), Mathematik Primarstufe und Sekundarstufe I + II. Springer Spektrum.

Kuckartz, U. (2014). *Qualitative Inhaltsanalyse: Methoden, Praxis, Computerunterstützung* (2., durchgesehene Aufl.). Grundlagentexte Methoden. Beltz.

Kuhlen, R., Laisiepen, K., & Strauch, D. (2004). *Grundlagen der praktischen Information und Dokumentation* (5., völlig neu gefasste Ausg). Saur.

Kühnel, J. (1922). *Neubau des Rechenunterrichts: ein Handbuch für alle, die sich mit Rechenunterricht zu befassen haben.* Klinkhardt.

Leonhard, K.-W., Naumann, P., & Odin, A. (2009). *Managementsysteme - Begriffe: Ihr Weg zu klarer Kommunikation* (9. Aufl.). *DGQ-Band: 11–04.* Beuth Verlag GmbH.

Piaget, J. (1975). *Der Aufbau der Wirklichkeit beim Kinde* (2. Aufl.). Klett-Cotta.

Selter, C. (1994). *Eigenproduktionen im Arithmetikunterricht der Primarstufe.* (Zugl.: Dortmund, Univ., Diss.). DUV, Dt. Univ.-Verl, Wiesbaden.

Selter, C. (2006). Andersartigkeit erfahren — Produktivität ermöglichen! Für einen Perspektivwechsel im Mathematikunterricht. In T. Rihm (Ed.), *Schulentwicklung: Vom Subjektstandpunkt ausgehen* (2nd ed., pp. 349–366). VS Verl. für Sozialwiss, Wiesbaden. 10.1007/978-3-531-90221-0_20.

Spiegel, H., & Selter, C. (2003). *Kinder & Mathematik: Was Erwachsene wissen sollten* (1. Aufl.). Wie Kinder lernen. Kallmeyer.

Winter, H. (1988). Lernen durch Entdecken? *Mathematik Ehren., 28,* 6–13.

Winter, H. (1989). *Entdeckendes Lernen im Mathematikunterricht: Einblicke in die Ideengeschichte und ihre Bedeutung für die Pädagogik.* Didaktik der Mathematik. Vieweg.

Winter, H. (2016). *Entdeckendes Lernen im Mathematikunterricht: Einblicke in die Ideengeschichte und ihre Bedeutung für die Pädagogik.* (3., aktualisierte Aufl.). Springer Spektrum.

Wittmann, E. C. (1974a). Didaktik der Mathematik als Ingenieurswissenschaft. *ZDM Mathematics Education, 3,* 119–121.

Wittmann, E. C. (1974b). *Grundfragen des Mathematikunterrichts.* Vieweg+Teubner.

Wittmann, E. C. (1992). Mathematikdidaktik als «design science». *Journal Für Mathematik-Didaktik, 13*(1), 55–70.

Wittmann, E. C. (1995). Unterrichtsdesign und empirische Forschung. In K. P. Müller (Ed.), *Beiträge zum Mathematikunterricht: Vorträge auf der 29. Tagung für Didaktik der Mathematik vom 6. bis 10. März 1995 in Kassel* (S. 528–531). Franzbecker.

Wittmann, E. C. (1998). Design und Erforschung von Lernumgebungen als Kern der Mathematikdidaktik. *Beiträge Zur Lehrerinnen- Und Lehrerbildung,* (3), 329–342.

Wittmann, E. C. (2000). Aktiv-entdeckendes und soziales Lernen im Rechenunterricht: - vom Kind und vom Fach aus. In G. N. Müller & E. C. Wittmann (Hrsg.), *Beiträge zur Reform der Grundschule: Vol. 96. Mit Kindern rechnen* (2. Aufl., S. 10–41). Arbeitskreis Grundschule.

Wollring, B. (2008). Kennzeichnung von Lernumgebungen für den Mathematikunterricht in der Grundschule. In Kasseler Forschergruppe (Hrsg.), *Lehren – Lernen – Literacy: Vol. 2. Lernumgebungen auf dem Prüfstand: Zwischenergebnisse aus den Forschungsprojekten* (S. 9–26). Kassel Univ. Press.

Erkunden, Entdecken und Dokumentieren im Mathematikunterricht der Grundschule: Konsequenzen für das Studium künftiger Grundschulmathematiklehrkräfte?

Simone Reinhold

1 Anforderungen an die Grundschule: Mathematische Grundtätigkeiten in Lernumgebungen entfalten

1.1 Vorüberlegungen zum Mathematikunterricht in der Grundschule

Besteht die zentrale Aufgabe des Mathematikunterrichts in der Grundschule darin, Kindern zu soliden Grundlagen für ihren weiteren schulischen Werdegang im Fach Mathematik zu verhelfen? Richten wir den Unterricht in der Grundschule folglich vornehmlich darauf aus, dass die Kinder automatisiertes und jederzeit verfügbares Faktenwissen wie etwa das kleine Einmaleins abrufen können und eine Vielzahl von Algorithmen zügig sowie störungs- und fehlerfrei beherrschen? Viele Menschen sehen derartige Anforderungen im Einklang mit der weit verbreiteten Auffassung, die Mathematik sei eine Wissenschaft, in der

> (…) die gelernten mathematischen Inhalte eher als syntaktische Substanz gesehen werden, als eine Art Regelwerk zur Handhabung von Symbolen, deren tiefere Bedeutung nach Auffassung vieler Menschen von einer Art Expertenkaste – eben den Mathematikern – geregelt wird (…) (Wollring, 1998, S. 126)

S. Reinhold (✉)
Institut für Pädagogik und Didaktik im Elementar- und Primarbereich, Universität Leipzig, Leipzig, Deutschland
E-Mail: simone.reinhold@uni-leipzig.de

© Springer Fachmedien Wiesbaden GmbH, ein Teil von Springer Nature 2022
K. Eilerts et al. (Hrsg.), *Auf dem Weg zum neuen Mathematiklehren und -lernen 2.0*,
https://doi.org/10.1007/978-3-658-33450-5_9

Es steht wohl außer Frage, dass mit dem Schulbeginn auch der Anspruch verbunden ist, elementare Kulturtechniken zu erwerben. Im Hinblick auf die mündige Teilhabe an unserer Gesellschaft ist es bedeutsam und oft auch schon von jungen Kindern bewusst angestrebt, „Lesen, Schreiben und Rechnen" zu lernen und damit Wissen zu zentralen Inhalten der Mathematik zu erwerben. Schon mit dem Blick in einschlägige Werke zur Etymologie zeigt sich jedoch, dass der Begriff „Rechnen" etwa im Althochdeutschen deutlich weiter gefasst war und beispielsweise auch Aktivitäten des Ordnens und Sortierens ansprach – grundlegende geistige Tätigkeiten also, die weit über das Operieren mit Zahlen hinaus reichen und nicht nur auf Resultate blicken, sondern vielmehr auch den *Prozess* berücksichtigen, der zu einem Resultat geführt hat. Jede Interaktion zu derlei geistigen Prozessen ist darauf angewiesen, Artikulationsmöglichkeiten für die dahinterstehenden gedanklichen Überlegungen zu nutzen – mündlich, schriftlich oder über Formen der Materialisierung, etwa über Grafisches oder durch den Einsatz von konkretem Material.

Kurz gesagt: Mathematik in der Grundschule ist mehr als das Beherrschen enger inhaltlicher Grundlagen. Komplementär ergänzend geht es auch darum, mathematische Erkundungsräume für Kinder zu schaffen, in denen sich Gelegenheiten zum eigenständigen Denken und Handeln bieten. In der Konzeption von Lernumgebungen (Kap. 1.3) resultiert aus diesem Erkunden bzw. diesem Entdecken von Zusammenhängen schließlich die Dokumentation der Prozesse und der gewonnenen Einsichten – oder wirkt darauf zurück (Kap. 1.4). Im Unterricht sind daher Dokumentationsräume bedeutsam, in denen die Kinder Gelegenheit erhalten, die Ergebnisse ihrer Erkundungen anderen gegenüber darzustellen. Grundlegende Referenz für diese Überlegungen sind elementare mathematische Grundtätigkeiten, die den entdeckenden Umgang mit mathematischen Inhalten prägen (Kap. 1.2).

Inwiefern die mit dem Konzept der Lernumgebung verbundenen Erkundungen und Dokumentationen (durch Kinder) einen Ausgangspunkt für die Anregung zum Erkunden solcher Dokumentationen (durch künftige Grundschullehrkräfte) bieten, skizziert das sich anschließende Kap. 2. Hier werden Positionen zum Forschenden Lernen und praktische Möglichkeiten der beispielsweise von Wollring (u. a., 1995, 1998, 2004) erarbeiteten Umsetzung im Mathematikdidaktikstudium angehender Grundschullehrkräfte reflektiert.

1.2   Mathematisches Tätigsein

Es ist hinlänglich bekannt, dass die mathematikdidaktische Diskussion seit den 1970er Jahren eine klare Unterscheidung zwischen *inhaltsspezifischen* und *fachübergreifenden* (allgemeinen) Zielen des Mathematikunterrichts vornimmt, die seither auch in curricularen Vorgaben unterschieden werden. So zählt es beispielsweise zu den inhaltsspezifischen Zielen, Kenntnisse zu den Grundrechenarten oder zu Rechenalgorithmen zu erwerben. Die allgemeinen Ziele des Mathematikunterrichts stehen dem keinesfalls entgegen, sondern ergänzen vielmehr bzw. übernehmen verbindende Funktion und sind auf Prozesse des Erkennens und Benennens von Beziehungen, des Argumentierens oder des Aufstellens bzw. Überprüfens von Hypothesen in einer problemhaltigen Situation ausgerichtet. Mit der Verabschiedung der Bildungsstandards (KMK, 2005) und der sich anschließenden Implementation in den bundesdeutschen Lehrplänen ist diese Dichotomie, die eigentlich eher als komplementäres Gefüge anzusehen ist, zum Standard im Mathematikunterricht der Grundschule geworden (Steinweg, 2014; Walther et al., 2008).

In fachlicher Hinsicht rekurriert diese Entwicklung maßgeblich auf eine geisteswissenschaftlich orientierte Haltung, in der wir im Nachdenken über Muster und Strukturen kognitive Prozesse als wesentlichen Aspekt der Mathematik und damit auch des „Mathematiktreibens" ansehen. So bemerkt Stewart (1998, S. 30): „Die Mathematik ist ein Denksystem (...) eine Art und Weise über die Natur nachzudenken." Dazu merkt er an: „Wir leben in einem Universum voller Muster." (Stewart, 1998, S. 11) Anders als in den reinen Naturwissenschaften steht dabei jedoch die Auseinandersetzung mit Strukturen (z. B. algebraischen Strukturen wie Gruppen oder Ringen) im Mittelpunkt, die beispielsweise im Hinblick auf Musterhaftes untersucht werden (Devlin, 1998; Haftendorn, 2010). Die Mathematik dient uns also oft zur Abstraktion des empirischen Anschauungsraums, ist gleichzeitig aber auch anwendbar auf unsere Erfahrungswelt und hält Instrumente bereit, mit denen wir die Welt um uns herum beschreiben, erkennen und strukturieren können. Begreifen wir die Mathematik als experimentelle, im steten Wandel befindliche und sich weiterentwickelnde Wissenschaft, so geht es auch beim Lösen mathematischer Probleme vielfach darum, Zusammenhänge aufzudecken und sich einem Feld erkundend zu nähern wie auch Pólya (1980, S. 9) anmerkt: „(...) Mathematik im Entstehen erscheint als experimentelle, induktive Wissenschaft."

Aus mathematikdidaktischer Perspektive spricht Winter diesbezüglich bereits 1975 von „mathematischen Grundtätigkeiten", aus denen er Postulate für allgemeine mathematische Lernziele (heute würde man verbreitet von *prozessbezogenen Kompetenzbereichen* sprechen) ableitet. Ohne diese Aktivitäten sei eine „Begegnung mit Mathematik überhaupt nicht denkbar". Unter Themen mit „hoher mathematischer Substanz" versteht Winter (1975, S. 109) dabei Inhalte, die „reich an Aspekten, Zugängen und Deutungen und reich an innerem Gehalt, kurz: multipel strukturiert sind" und führt beispielsweise Strukturbegriffe wie Mengen, Abbildungen oder den Gruppenbegriff an. Im Winterschen Sinne werden diese Inhalte dann elaboriert über die mathematischen Grundtätigkeiten des *Anwendens, Explorierens, Strukturierens, Argumentierens, Formulierens* oder des *Variierens*.

Ausgangspunkt des *Explorierens* ist zweifelsohne stets zunächst ein intensives Beobachten. Winter (1975) spricht hier von einem bewussten „Suchen nach Gesetzmäßigkeiten" und „Invarianten in einem Vielerlei von Erscheinungen". Das elaboriertere Explorieren von Zusammenhängen ist somit stets zunächst dadurch gekennzeichnet, dass wir versuchen, uns eine systematische Übersicht zu den verschiedenen Erscheinungsformen eines Zusammenhangs zu verschaffen. Wir untersuchen diese Erscheinungsformen anschließend systematisch und sind bestrebt, unbekannte Zusammenhänge zu erkunden und aufzudecken.

Gedanken und Überlegungen zu vermuteten oder belegbar erkannten Entdeckungen gehen in der Regel eine sich gegenseitig begünstigende Verbindung zu äußeren Formen des *Formulierens* im Sinne von Dokumentationen der sich vollziehenden geistigen Prozesse ein. So ergeben sich über Strukturierungen, Versprachlichungen oder andere Formen der (z. B. grafischen) Artikulation bereits während der Erkundung eines Zusammenhangs oft weitere Erkenntnisse oder Klärungen. Verschiedene Arten der Repräsentation, die an die von Bruner (1971) differenzierten Ebenen der enaktiven, ikonischen oder symbolischen Repräsentation anknüpfen, stützen auch das bereits von Winter hervorgehobene *Argumentieren* zur Entdeckung von Zusammenhängen.

Daran schließt sich der Aspekt des *Formalisierens* an: Auf der speziellen Ebene der mathematisch-symbolischen Fachsprache lässt sich Entdecktes formal formulieren, überprüfbar und mitteilbar machen oder Gedachtes präzisieren (z. B. unter Verwendung von Variablen in Gleichungen, die einen Zusammenhang erfassen, vgl. Winter, 1975, S. 114). Es liegt jedoch auf der Hand, dass im Mathematikunterricht der Grundschule zunächst propädeutisch wirksame Annäherungen an solche später zu etablierenden Formalisierungen (etwa algebraische Darstellungen) stattfinden. Gemeint sind dabei Formulierungen, die der Artikulation und

Dokumentation des Erkundeten und Entdeckten dienen. Im kommunikativen Diskurs der Grundschulkinder ermöglichen sie einen adressatenbezogenen Austausch bzw. die gegenseitige gedankliche Partizipation an individuellen Strategien.

Ein zu frühes Verwenden einer festgelegten und unnatürlichen Fachsprache, ein zu frühes Fordern einer formal korrekten Schriftsprache und ein zu frühes Festlegen formulararartiger Schreibweisen, belasten die gegenseitige Verständigung über mathematische Inhalte eher als dass sie diese fördern. (Wollring, 2008, S. 16)

„Stricken ohne Wolle" (Winter, 1975), also die Ausbildung dieser allgemeinen mathematischer Kompetenzen ohne relevante Inhalte, ist nicht nur unsinnig, sondern auch unmöglich. Bedeutsam ist es aus mathematikdidaktischer Perspektive folglich, herausfordernde Rahmungen zu entwerfen und anzubieten, in denen das Kind aktiv agieren, erkunden, entdecken, sich mit (eigenen) Produkten auseinandersetzen und in denen es diese mathematisch relevanten Aktivitäten, Handlungen und Denkprozesse reflektieren kann. Das Konzept der *Lernumgebungen* greift genau diese Ansprüche auf.

1.3 Lernumgebungen – zentrale Postulate nach Wollring (2008)

Basierend auf einer konstruktivistischen Grundposition, in der das aktiventdeckende Lernen im sozialen Kontext ein substanzielles mathematisches Tätigsein ermöglicht (Winter, 1975, 1989; Wittmann, 1997), lassen sich die Grundzüge einer Lernumgebung nach Wollring (2008) kurz gefasst an sechs Leitideen festmachen:

- L 1 *Gegenstand und Sinn, Fach-Sinn und Werk-Sinn.* Im Mittelpunkt einer Lernumgebung stehen zentrale mathematische Ideen und Strategien, die von den Kindern wertgeschätzt bzw. als bedeutsam erachtet werden müssen und das Selbstkonzept positiv beeinflussen können.
- L 2 *Artikulation, Kommunikation, soziale Organisation.* Für die Darstellung von Strategien und Ergebnissen offeriert die Lernumgebung ein soziales Setting, in dem über unterschiedliche Artikulationsformen („Handeln – Sprechen – Schreiben") kommuniziert werden kann.

- L 3 *Differenzieren.* Angesprochen sind hier Organisationselemente wie die Wahl des Aufgabenformats, die Variation des Zahlenmaterials oder die Ausgestaltung des kooperativen Arbeitens, über die sich „Differenzierungsräume öffnen".
- L 4 *Logistik: Material, Zeit, Zuwendung.* Die Planung und Umsetzung einer Lernumgebung berücksichtigen den Aspekt der Machbarkeit und der logistischen Grenzen (in Bezug auf Kosten, Nutzen, Zeitressourcen und unterrichtsorganisatorische Anforderungen an die Lehrkraft).
- L 5 *Evaluation.* Anzustreben ist die Qualitätssicherung des Unterrichts und übergeordneter Aspekte der Schulentwicklung – u. a. eben auch über die kompetenzorientierte Sicht auf die Entwicklung des einzelnen Kindes.
- L 6 *Vernetzung mit anderen Lernumgebungen.* Inhaltliche Verbindungen zu anderen Bereichen der Mathematik, zu anderen Fachdisziplinen, zu anderen Formen der Darstellung oder der Argumentation spannen ein weites Beziehungsgeflecht auf, innerhalb dessen sich die Lernumgebung weiterentwickeln kann.

Diese Leitideen und ihre Verschränkung in der Konzeption bzw. Prägung einer tatsächlichen Unterrichtssituation sind an anderer Stelle (v. a. Wollring, 2008) ausführlich kommentiert und in der Literatur vielfältig durch Beispiele illustriert (z. B. Wollring, 2004; Kassler Forschungsgruppe, 2008; Peter-Koop et al., 2009). An dieser Stelle kann aufgrund der gebotenen Kürze zudem nicht ausführlicher auf Details der weitestgehenden Überschneidung zu eng verwandten, namensgleichen Konzepten (Hengartner et al., 2006; Hirt & Wälti, 2008, 2010; Krauthausen & Scherer, 2014; Wittmann, 1999) eingegangen werden. Verwiesen sei jedoch exemplarisch auf internationale Bezüge zu Konzepten, in denen herausfordernde Situationen und offene Fragen auf vergleichbare Weise das Potenzial *aller* Kinder einer Lerngruppe durch entsprechende Aufgabenrahmungen herausfordern, indem einerseits ein niedrigschwelliger Einstieg ermöglicht und andererseits ein Höchstmaß an Herausforderung (auch für stärkere Schüler) angestrebt wird („low entrance – high ceiling", vgl. Sullivan, 2018; Sullivan & Lilburn, 1997, 2010; Sullivan et al. 2015).

Gemeinsam ist all diesen Konzepten, dass eine spezifische fachliche Anforderung so angeboten wird, dass *alle Kinder einer Lerngruppe* einen inhaltlichen Einstieg auf ihrem jeweiligen Leistungsniveau finden. Das sich anschließende Arbeiten innerhalb dieser Rahmung („großes gerahmtes Aufgabenfeld", Wollring, 2008, S. 12) ist geprägt durch die unterschiedliche Intensität, unterschiedliche

Strategien, eine individuell unterschiedliche Vertiefung oder gar durch die Begegnung mit (ggf. auch stärker herausfordernden) Variationen, zu denen der inhaltliche Austausch innerhalb der Lerngruppe stets möglich bleibt. Dabei ergibt sich eine „natürliche", von der Komplexität der Sache ausgehende Differenzierung.

1.4 Erkunden, Entdecken und Dokumentieren im Wechselspiel

In Bezug auf das Zusammenwirken der Leitideen, die Wollring (2008) zur Charakterisierung von Lernumgebungen herausarbeitet, sei hervorgehoben, dass immer wieder vor allem das *Erkunden und Entdecken* sowie das *Dokumentieren* als zentrale Aspekte des mathematischen Tätigseins zum Tragen kommen. Damit werden Grundlagen entdeckenden Lernens (Bruner, 1961; Winter, 1989) angesprochen und eine konzeptionelle Verbindung zum Konzept der *produktiven Übungen* (Wittmann & Müller, 1990) hergestellt.

Erkundungen eines mathematischen Sachverhalts stellen den bedeutsamen Ausgangspunkt in der Begegnung mit den Anforderungen einer Lernumgebung dar. Ein solches Explorieren ist häufig geprägt durch eine zunächst unangeleitete Begegnung mit einem wirklichen, vorgestellten, sichtbaren, gedachten, statischen oder dynamischen, in jedem Falle aber mathematisch geprägten Phänomen, das bis zu einem gewissen Grad „Neuland" für die Kinder darstellt und damit einen echten Anlass zur Erkundung bietet. Denken wir uns dazu exemplarisch ein Szenario aus der räumlichen Geometrie in der Grundschule mit dem Spiel MULTICUBI (Reinhold, 2015a, 2016, 2018a). So ist es für nahezu alle Kinder eine neuartige Anforderung, wenn man sie bittet, mit Einheitswürfeln auf einer liegenden Spiegelfläche zu bauen (vgl. Abb. 1). Aus einer zunächst trivial anmutenden Aufgabenstellung ergeben sich hier schnell vielfältige (im Grundsatz fachliche, aber zunächst kindlich versprachlichte) Entdeckungen:

> „Guck' mal, die fallen da rein!" „Das wächst nach oben und dann auch noch nach unten." „Das sind Häuser mit Keller." „Ja, und immer genauso viele Zimmer im Keller wie oben." „Das Doppelte halt." (vgl. Reinhold, 2016)

Spielerische Erfahrungen und erste sprachliche Reflexionen zur Spiegelung an einer Ebene im Raum, bei der beispielsweise aus der abgelegten Würfelreihe scheinbar eine mehrschichtige „Würfelmauer" wird (vgl. Abb. 1, links), schulen die visuelle Wahrnehmung, regen die Raumvorstellung an und bieten einen Anlass zur Dokumentation der erstellten Bauwerke. Baupläne oder (perspektivische)

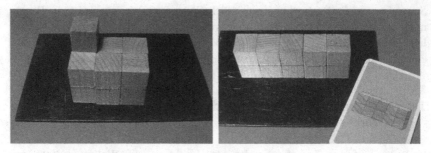

Abb. 1 Würfelbauwerke auf dem Spiegel – Erkunden, Entdecken, Dokumentieren und grafische Angebote zur Rekonstruktion nutzen (Reinhold, 2015a)

Zeichnungen der Kinder zur Dokumentation der Bauwerke oder der Entdeckungen sind grundsätzlich denkbar (z. B. über den Einsatz von Kästchenpapier oder über isometrisches Punktepapier). Einfache Fotografien, angefertigt beispielsweise mit einem einfachen digitalen Fotoapparat bzw. Handy für die Hand der Kinder, bieten zudem im digital ausgestatteten Klassenzimmer einen unmittelbaren Zugriff auf die erstellten (zumeist ja aber flüchtigen) Bauwerke. Solche Fotos erlauben einen gezielten Blick auf das hier geometrisch repräsentierte Phänomen der (arithmetischen) Verdopplung von Würfelanzahlen und fordern zu individuellen Kommentierungen heraus. Daran können sich verschiedenartige Nachbauten (z. B. anhand von eigenen Dokumentationen oder Spielkarten, vgl. Abb. 1, rechts) oder Einbettungen in diverse Spielszenarien anschließen.

Wenn also das (mathematische) Explorieren ausgerichtet ist auf das Suchen von Gesetzmäßigkeiten oder Invarianten, lässt sich hier von und mit den Kindern beispielsweise festhalten, dass sich über den liegenden Spiegel die Wirkung einer scheinbaren *Verdopplung* der gelegten Würfel erzielen lässt. Dabei gilt:

> Dank der Offenheit und der Reichhaltigkeit der Aufgaben und Arbeitsanweisungen regen sie [die Lernumgebungen, Anm. S. R.] zum eigentätigen „Mathematik-Treiben" an und lösen Fachgespräche aus. (Hirt et al., 2010, S. 12)

2 Konsequenzen für die Konzeption universitärer Lehrveranstaltungen im Lehramt an Grundschulen?

Die Lehrkraft nimmt in einer Lernumgebung eine anerkennende, kompetenzorientierte Perspektive auf die Ansätze der Kinder ein und ist mit dem zu erwartenden

Spektrum denkbarer individueller Denkweisen vertraut. Dazu muss bereits im Studium mathematikdidaktisches Know-how erworben werden, das weit über das „rezeptartige" Erlernen charakteristischer Merkmale einer Lernumgebung hinaus geht und von einem „Wechselwirken von Diagnostik und Design" (Wollring, 1999) geprägt ist. So weist Wollring (2004) darauf hin, dass Lernumgebungen „Ausgangspunkt eigener Werkstattarbeit" in der ersten Phase der Lehrerbildung sein können:

> Nachhaltige Impulse zu gutem Unterricht, die zudem eine konstruktivistische Perspektive stärken, erfordern eine durch forschendes Lernen und Praxiskontakt gekennzeichnete Studiensituation. Einen neuen Weg weist die koordinierte Forschungs- und Entwicklungsarbeit in Studienwerkstätten und Praxisstudien. (Wollring, 2004, S. 9)

Im Rahmen der Professionalisierung von Lehrkräften stellt sich die Frage, ob fachdidaktisches Wissen an vermeintliche „Lehrlinge" vermittelt werden kann oder ob es im Rahmen eines universitären Lehramtsstudiums nicht eher darum geht, Gelegenheiten für exemplarische Erkundungen zu mathematikdidaktisch relevanten Fragen zu bieten und damit einen forschenden Habitus bei künftigen Lehrkräften zu entwickeln. Dazu erörtern Wiese und Wollring bereits 1995:

> Ausgehend von der Auffassung, dass in der ersten Phase der Lehrerausbildung das Vermitteln von Entscheidungsgrundlagen Vorrang haben sollte vor dem Vermitteln von Entscheidungsmustern, gewinnen empirische Untersuchungen in der Lehrerausbildung besondere Bedeutung. Ihre Ergebnisse kennzeichnen nicht nur je nach Konzeption mehr oder weniger deutlich den Handlungsspielraum der späteren Lehrer, sie ermöglichen vielmehr auch neuartige praxisbezogene Studienelemente und neue Möglichkeiten der Zusammenarbeit von Lehrern und Forschern. (Wiese & Wollring, 1995, S. 520)

2.1 Forschendes Lernen in der Lehrerbildung – einige Schlaglichter

Mit einem zunächst etwas weiteren Blick auf dieses Feld lässt sich festhalten, dass Forschendes Lernen inzwischen als weithin anerkanntes hochschuldidaktisches Prinzip gilt. Vom „Prozess eines Forschungsvorhabens, das auf die Gewinnung von auch für Dritte interessanten Erkenntnissen gerichtet ist," (Huber, 2009, S. 11) erhofft man sich besondere Lerngelegenheiten für Studierende (vgl. Boyer, 1990; Huber, 2009, 2014; Wildt, 2009). So trägt Forschendes Lernen zweifelsohne auch im Rahmen der Professionalisierung angehender Lehrkräfte maßgeblich zu einer

Ausweitung wissenschaftlichen Wissens und zu einem stärkeren Praxisbezug im Studium bei. Drinck (2013) merkt dazu aus schulpädagogischer Perspektive im Hinblick auf künftigen Herausforderungen der Schulpraxis an:

> Lehrerinnen und Lehrer benötigen Forschungskompetenzen, um in ihrer Arbeit angemessen auf die gesellschaftlichen Wandlungen reagieren zu können, durch welche sich die Rahmenbedingungen schulischer Arbeit ändern. Diese Kompetenzen beinhalten sowohl das Verstehen und Interpretieren vorhandener wissenschaftlicher Studien als auch die Planung, Durchführung und Interpretation eigener Forschungsvorhaben. (Drinck, 2013, S. 150)

Die frühzeitige Ausbildung von Forschungskompetenzen und die damit angesprochene Entwicklung eines forschenden Habitus bei künftigen Lehrkräften sollten bereits während des Hochschulstudiums einsetzen und werden dementsprechend bereits seit geraumer Zeit gefordert (Wissenschaftsrat, 2001; KMK, 2004; vgl. ausführlicher Reinhold, 2018b). Konkrete Empfehlungen erstrecken sich dabei beispielsweise auf

> (…) den Einsatz von *Videostudien,* die *persönliche Erprobung und anschließende Reflexion* eines theoretischen Konzepts (…) die Mitarbeit an schul- und unterrichtsbezogener Forschung." [Hervorhebungen im Original] (KMK, 2004, S. 6)

Die *Ländergemeinsamen inhaltlichen Anforderungen für die Fachwissenschaften und Fachdidaktiken in der Lehrerbildung* explizieren zudem, dass Lehramtsstudierende am Ende ihres Studiums in der Lage sein sollten

> „(…) fachdidaktische Konzepte und empirische Befunde mathematikbezogener Lehr-Lern-Forschung (zu) nutzen, um Denkwege und Vorstellungen von Schülerinnen und Schülern zu analysieren (…)" (KMK, 2008, S. 30).

2.2 Forschenden Lernens im Studium angehender Mathematiklehrkräfte – Erkunden, Entdecken, Dokumentieren

Forschendes Lernen prägt vor diesem Hintergrund bzw. im Zusammenspiel mit diesen Positionen auch Teile der mathematikdidaktischen Diskussion um die Ausgestaltung von Studienszenarien für künftige Mathematiklehrkräfte in der Grundschule. Dabei geht es einerseits darum, Studierende für ihre künftige Arbeit mit theoretischen Aspekten und Szenarien vertraut zu machen, in denen die

Kinder zum Explorieren, Entdecken, zum kommunikativen Austausch über ihre Ideen und zur Dokumentation angeregt werden. Ergänzend sind den Studierenden Anregungen und Anlässe zu bieten, die künftigen Herausforderungen der Praxis entsprechen. Derlei authentische Situationen ergeben sich stets dort, wo eine künftige Lehrkraft selbst erkundet, entdeckt und dokumentiert. Dies kann und sollte einerseits in Bezug auf fachmathematische Inhalte geschehen, andererseits aber auch Gelegenheiten zum Erkunden, Entdecken und Dokumentieren von kindlichen Denkweisen beinhalten, die es bereits im Studium forschend zu erkunden gilt – eine Forderung, die seit den 1990er Jahren Eingang in die Diskussion um die Gestaltung von Studienszenarien für künftige Mathematiklehrkräfte gefunden hat und zu der Wiese und Wollring bereits 1995 empirische Erkundungen vorschlagen:

> Fallstudien unter konstruktiver Perspektive durchzuführen, sowohl mit bestimmten Lerngruppen, als auch mit einzelnen Schülern. Dabei erscheint es uns sinnvoll, die Einflüsse, die bestimmte Erfahrungen der Kinder oder Bedingungen in der Gruppe möglicherweise erzeugen, in begleitenden Interviews mit den Kindern zu dokumentieren. (Wollring & Wiese, 1995, S. 520)

Wie sich aus den Ausführungen in Kap. 1 ergibt, sollte eine angehende Lehrkraft ferner im Hinblick auf ihren künftigen Mathematikunterricht in der Grundschule bereits durch Grundlegungen im Studium konzeptionelle Kompetenzen ausbilden, also beispielsweise die Fähigkeit entwickeln, substanzielle und mathematische Grundtätigkeiten akzentuierende Lernumgebungen (auf der Basis bereits verfügbarer Anregungen) konzipieren bzw. für die eigene Lerngruppe adaptieren zu können. Ergänzend dazu besteht eine wesentliche Aufgabe der Lehrkraft in der Umsetzung bzw. Begleitung einer Lernumgebung darin, sich gleichzeitig auch mit der Frage zu befassen, wie die Kinder die Anforderungen einer Lernumgebung bewältigen. Dies kann beispielsweise über eine Analyse von Eigenproduktionen („Dokumenten zu Ergebnissen, Vorgehensweisen, Strategien von Kindern") und damit im Sinne „handlungsleitender Diagnostik" erfolgen:

> (…) Eigenproduktionen dazu kompetent zu analysieren, zu diagnostizieren und für das weitere Vorgehen zu nutzen. (Wollring, 2008, S. 10)

So merkt Wollring (1998) in Bezug auf die Begegnung mit Eigenproduktionen und auf den Umgang mit Argumentationen, die Kinder im Unterricht (möglicherweise) anbringen, an:

> Um die Argumentationskeime der Kinder einschätzen und moderieren zu können, um dementsprechend differenzierend einen Mathematikunterricht organisieren zu können, müßten derartige Eigenproduktionen der Lehrerin vertraut sein, und zwar nicht nur aufgrund einer oft systematisch reflektierten „reichhaltigen Erfahrung", sondern mit systematischer Aufbereitung in einem wissenschaftlichen Studium. (...) Der Kern einer Praxisorientierung im vorbereitenden Studium einer Lehrerin, die später einmal Mathematik unterrichten soll, liegt daher nach Meinung des Autors nicht im systematischen Trainieren von unterrichtsbestimmenden Ritualen, sondern in einer *intensiven und theoriegeleiteten Auseinandersetzung mit Eigenproduktionen von Kindern* [Hervorhebung im Original]. (Wollring, 1998, S. 127)

An die Bewusstmachung, Wertschätzung bzw. Forderung dieser Elemente des studentischen Erkundens, Entdeckens und Dokumentierens schließt sich die Frage an, wie diese Elemente im Curriculum eines Lehramtsstudiums systematisch angesprochen werden können. Eine denkbare und in der Lehrpraxis der Grundschuldidaktik Mathematik an der Universität Leipzig seit einigen Jahren bewusst verfolgte Orientierung bietet diesbezüglich ein Modell von Healey (2005). Aus dem hier erarbeiteten (eigentlich) allgemeinen Blick auf das Forschende Lernen im Studium lassen sich auch für die mathematikdidaktische Forschung bzw. für das Forschende Lernen angehender Lehrkräfte wertvolle Anhaltspunkte gewinnen, indem unterschiedliche Ausprägungen der Forschungspartizipation von Studierenden ins Bewusstsein gerückt werden – *The Nature of Undergratuate Research and Inquiry.*

Das Modell ist durch vier Felder gekennzeichnet, die sich durch zwei in der Grafik (Abb. 2) erkennbare Achsen aufspannen: Die vertikale Achse bezieht sich darauf, ob Studierende in Bezug auf die (mathematikdidaktische) Forschung eher eine passive Rolle einnehmen und Forschungswissen rezipieren oder ganz im Gegenteil aktiv an Forschung partizipieren. Die horizontale Achse bildet ab, ob im jeweiligen „Handlungsfeld" eher Inhalte oder eher Prozesse und (methodische) Probleme der mathematikdidaktischen Forschung angesprochen werdenc.

In Anlehnung an diese Handlungsfelder liegt es für die Implementation des Forschenden Lernens auch im Studium angehender Mathematiklehrkräfte nahe, forschungsbezogene Elemente zunächst in einer Phase des *Kennenlernens von mathematikdidaktischen Forschungsergebnissen* (research-led) einzubeziehen. Dabei werden vornehmlich erste Inhalte und Ergebnisse mathematikdidaktischer Forschung rezipiert – beispielsweise in überblicksorientierten Einführungsveranstaltungen, die am Studienbeginn angesiedelt sind. Keineswegs ausgeschlossen, sondern vielmehr naheliegend ist es, dass sich Studierende bereits hier mit ersten Eigenproduktionen von Kindern befassen.

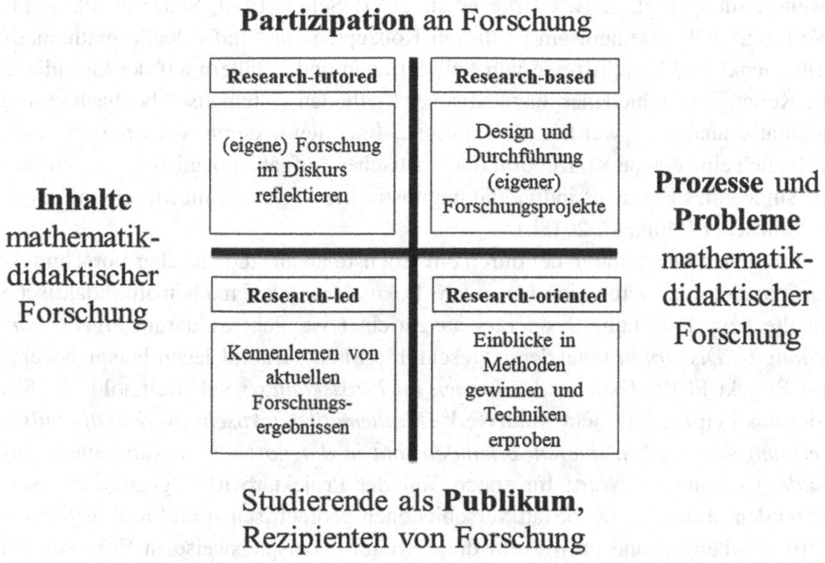

Partizipation an Forschung

<table>
<tr><td rowspan="2">**Inhalte**
mathematik-
didaktischer
Forschung</td><td>Research-tutored</td><td>Research-based</td><td rowspan="2">**Prozesse** und
Probleme
mathematik-
didaktischer
Forschung</td></tr>
<tr><td>(eigene) Forschung
im Diskurs
reflektieren</td><td>Design und
Durchführung
(eigener)
Forschungsprojekte</td></tr>
<tr><td></td><td>Research-led</td><td>Research-oriented</td><td></td></tr>
<tr><td></td><td>Kennenlernen von
aktuellen
Forschungs-
ergebnissen</td><td>Einblicke in
Methoden
gewinnen und
Techniken
erproben</td><td></td></tr>
</table>

Studierende als **Publikum**,
Rezipienten von Forschung

Abb. 2 Facetten der Forschungspartizipation bzw. -aktion von Studierenden, hier in Adaption für künftige Mathematiklehrkräfte (vgl. Healey, 2005)

In sich anschließenden oder auch parallel angesiedelten Szenarien geht es darum *Einblicke in Methoden zu gewinnen und Techniken zu erproben* (research-oriented). Der Fokus liegt hier nun stärker darauf, zu gegebenen mathematikdidaktischen Untersuchungen zu erörtern, welche empirischen Methoden eingesetzt wurden, um zu den jeweiligen Forschungsergebnissen zu gelangen. Exemplarisch sei dazu auf Seminare zur Didaktik der Geometrie verwiesen, in denen u. a. die Analyse von Kinderzeichnungen thematisiert wird (vgl. Wiese & Wollring, 1995; Wollring, 1999) und daran anknüpfend kleine replizierende Studienaufgaben zum Einholen vergleichbarer Eigenproduktionen, etwa aus dem eigenen häuslichen Umfeld, gegeben werden.

Eine aktive Partizipation an mathematikdidaktischer Forschung findet auf dieser inhaltlichen und methodischen Basis fundiert dort Raum, wo das *Design und die Durchführung eigener kleiner Forschungsprojekte* die Arbeit mit den Studierenden bestimmen (research-based). Studienelemente, die das Vorbereiten, Durchführen und Analysieren diagnostischer Gespräche („klinischer Interviews" im Sinne Piagets) berühren, zählen diesbezüglich zu den etablierten Formen (qualitativ) forschenden Lernens in der mathematikdidaktischen Lehreraus- und

-weiterbildung (vgl. z. B. Clarke et al. 2011; Selter, 1990; Selter et al., 2011; Wollring, 1999). Gemeinsam ist diesen Konzepten, dass individuelle mathematische Denk- und Lernprozesse von Schülerinnen und Schülern auf der Grundlage der Kenntnis verschiedener diagnostischer Methoden systematisch beobachtet und qualitativ analysiert werden. Strukturierte Interviews, deren Vorbereitung vielfach auch eine eigene Konzeption diagnostischer Aufgaben beinhaltet, stehen hier im Sinne eines Einsatzes individualdiagnostischer Verfahren im Mittelpunkt (vgl. ausführlicher Reinhold, 2018b).

Im vierten Quadranten, der durch ein Höchstmaß an studentischer Forschungspartizipation und durch eine besondere Fokussierung auf mathematikdidaktische Inhalte bzw. Forschungsdesiderata ausgerichtet ist, geht es darum *eigene Forschung im Diskurs zu reflektieren* (research-tutored). Darauf legen beispielsweise das Projekt FL!P (*Forschendes Lernen im Praxiskontext;* vgl. Reinhold, 2018b) oder das Leipziger Projekt MathWerk (*Mathematikdidaktische Werkstattimpulse: Lernumgebungen konzipieren, erkunden und in diagnostische Erkundungen einbinden*) besonderen Wert: Im ersten Teil der Projektarbeit[1] begegnen die Studierenden in der Lernwerkstatt verschiedenen geometrischen und arithmetischen Lernumgebungen und entwickeln diese weiter – beispielsweise in Erprobungen bzw. Variationen des Spiels MULTICUBI (vgl. Kap. 1.4). Im zweiten Teil der Projektarbeit greifen die Studierenden diese Erfahrungen auf und fertigen in der Begegnung mit einzelnen Kindern oder Lerngruppen kleine videodokumentierte Studien zu mathematischen Lernprozessen von Kindern in deren Begegnung mit den vorab entwickelten Lernumgebungen an. Zahlreiche dieser Studien münden in wissenschaftliche Staatsexamensarbeiten.

3   Zusammenfassende Überlegungen und Weiterentwicklung

Zusammenfassend lässt sich für das wissenschaftliche Studium angehender Grundschullehrkräfte also in gewissem Sinne ein Doppeldecker identifizieren. Die für eine Lernumgebung kennzeichnenden Leitideen (Wollring, 2008) erfahren dabei eine auf das Konzept der Lernumgebung bezogene Umwidmung im Sinne einer mit diesen Leidideen korrespondierenden *Studierumgebung* (SU-L):

---

[1] BMBF, Projekt StiL, LaborUniversität Leipzig, seit 2017 im Curriculum implementiert.

- SU-L 1 *Gegenstand und Sinn, Fach-Sinn und Werk-Sinn.* Betrachtet werden zentrale mathematikdidaktische Konzepte, die von den Studierenden als bedeutsam erachtet werden – beispielsweise um über die Konzeption, Erprobung und Evaluation von Lernumgebungen der Heterogenität im Unterricht zu begegnen.
- SU-L 2 *Artikulation, Kommunikation, soziale Organisation.* Die Studierumgebung offeriert ein soziales Setting, in dem über unterschiedliche Artikulationsformen (handeln-erprobend, mündlich/schriftlich-reflektierend, analog oder unter Einbezug digitaler Ressourcen) kommuniziert werden kann.
- SU-L 3 *Differenzieren.* Zentrale Organisationselemente (Video-/Textressourcen oder in der tatsächliche Begegnung mit Kindern, Auswahl des Inhalts, Umfang der (kooperativen) Zusammenarbeit) gestatten unterschiedliche Tiefen der Bearbeitung und münden in unterschiedliche Dokumentationen dieser Vertiefung (mündlicher Kurzbericht, ausführliches (verschriftlichtes) Protokoll/Hausarbeit, wissenschaftliche Arbeit im Staatsexamen o.ä.)
- SU-L 4 *Logistik: Material, Zeit, Zuwendung.* Die Planung und Umsetzung einer Lernumgebung berücksichtigen den Aspekt der Machbarkeit und der logistischen Grenzen für die Seminarleitung, aber auch für die Studierenden selbst (in Bezug auf Kosten, Nutzen, Zeitressourcen und unterrichtsorganisatorische Anforderungen).
- SU-L 5 *Evaluation.* Anzustreben ist die Qualitätssicherung des wissenschaftlich ausgerichteten Studiums – u. a. eben auch über die kompetenzorientierte Sicht auf die Entwicklung der einzelnen (künftigen) Lehrkraft.
- SU-L 6 *Vernetzung mit anderen Lernumgebungen.* Inhaltliche und auch methodische Verbindungen zu anderen Fachdidaktiken bereichern diesen Blick – beispielsweise über Verschränkungen zu anderen studierten Fächern wie der Didaktik des Sachunterrichts, in der das Konzept der Lernumgebung auf vergleichbare Weise Berücksichtigung findet.

Solche *Studierumgebungen* (zu Lernumgebungen) sind durch ihren ausgeprägt forschenden Charakter gekennzeichnet und gekennzeichnet durch das Postulat, „Design und Diagnostik" (Wollring, 1999) in die Lehrerbildung zu implementieren. Schlussendlich ergeben sich damit aber auch Konsequenzen für die wissenschaftliche Begleitung solcher hochschuldidaktischen Konzepte: In diesem Sinne sei nicht nur an einen Doppeldecker sondern an einen „Dreidecker" gedacht, der Leitideen einer Lernumgebung bzw. einer Studierumgebung erneut in korrespondierender Ausprägung einer auf die wissenschaftliche Begleitung solcher Studierumgebungen ausgerichteten *Forschungsumgebung* (sozusagen F → SU-L mit erneut korrespondierenden Leitideen F → SU-L 1 bis F → SU-L 6) aufgreift.

Literatur

Boyer, E. L. (1990). Scholarship reconsidered: Priorities of the professoriate. Carnegie Foundation for the Advancement of Teaching. https://depts.washington.edu/gs630/Spr ing/Boyer.pdf. Zugegriffen: 10. Oct. 2020.

Bruner, J. S. (1961). The act of discovery. *Harvard Educational Review, 31,* 21–32.

Bruner, J. S. (1971). Über kognitive Entwicklung (Teil 1 und 2). In J. S. Bruner, R. R. Olver, & P. M. Greenfield (Hrsg.), *Studien zur kognitiven Entwicklung* (S. 21–52 und 55–96). Klett.

Clarke, D., Clarke, B., & Roche, A. (2011). Building teachers' expertise in understanding, assessing and developing children´s mathematical thinking: the power of task based, one-to-one assessment interviews. *Zentralblatt Für Didaktik Der Mathematik, 43,* 901–913.

Devlin, K. (1998). *Muster der Mathematik: Ordnungsgesetze des Geistes und der Natur.* Spektrum.

Drinck, B. (Hrsg.). (2013). *Forschen in der Schule.* Budrich.

Haftendorn, D. (2010). *Mathematik sehen und verstehen: Schlüssel zur Welt.* Spektrum.

Healey, M. (2005). Linking research and teaching exploring disciplinary spaces and the role of inquiry-based learning. In R. Barnett (Hrsg.), *Reshaping the university: new relationships between research, scholarship and teaching* (S. 30–42). McGraw-Hill/Open University Press.

Hengartner, E., Hirt, U., & Wälti, B. (2006). *Lernumgebungen für Rechenschwache bis Hochbegabte: Natürliche Differenzierung im Mathematikunterricht.* Klett und Balmer.

Hirt, U. & Wälti, B. (2008). *Lernumgebungen im Mathematikunterricht: Natürliche Differenzierung für Rechenschwache bis Hochbegabte.* Seelze-Velber: Kallmeyer.

Hirt, U., & Wälti, B. (2010). *Lernumgebungen im Mathematikunterricht: Natürliche Differenzierung für Rechenschwache bis Hochbegabte* (2. Aufl.). Kallmeyer.

Hirt, U., Wälti, B., & Wollring, B. (2010). Lernumgebungen für den Mathematikunterricht in der Grundschule: Begriffsklärung und Positionierung. In U. Hirt & B. Wälti (Hrsg.), *Lernumgebungen im Mathematikunterricht: Natürliche Differenzierung für Rechenschwache bis Hochbegabte* (2. Aufl., S. 12–14). Kallmeyer.

Huber, L. (2009). Warum Forschendes Lernen nötig und möglich ist. In L. Huber, J. Hellmer, & F. Schneider (Hrsg.), *Forschendes Lernen im Studium. Aktuelle Konzepte und Erfahrungen* (S. 9–35). Universitätsverlag.

Huber, L. (2014). Forschungsbasiertes, Forschungsorientiertes, Forschendes Lernen: Alles dasselbe? Ein Plädoyer für eine Verständigung über Begriffe und Unterscheidungen im Feld forschungsnahen Lehrens und Lernens. *Das Hochschulwesen, 62,* 22–29.

Kasseler Forschungsgruppe. (Hrsg.). (2008). *Lernumgebungen auf dem Prüfstand. Bericht 2 der Kasseler Forschungsgruppe Empirische Bildungsforschung Lehren – Lernen – Literacy.* Kassel University.

KMK. (2005). *Bildungsstandards im Fach Mathematik für den Primarbereich.* Luchterhand (Beschluss der KMK vom 15.10.2004).

KMK. (2008). (Sekretariat der Ständigen Konferenz der Kultusminister der Länder in der Bundesrepublik Deutschland, Hrsg.): *Ländergemeinsame inhaltliche Anforderungen für die Fachwissenschaften und Fachdidaktiken in der Lehrerbildung,* Beschluss der KMK vom 16.10.2008 i. d. F. vom 16.09.2010.

Krauthausen, G., & Scherer, P. (2014). *Natürliche Differenzierung im Mathematikunterricht: Konzepte und Praxisbeispiele aus der Grundschule.* Klett Kallmeyer.

Peter-Koop, A., Lilitakis, G., & Spindeler, G. (Hrsg.). (2009). *Lernumgebungen – ein Weg zum kompetenzorientierten Mathematikunterricht in der Grundschule.* Mildenberger.

Pólya, G. (1980). *Schule des Denkens: Vom Lösen mathematischer Probleme.* Francke.

Reinhold, S. (2015). *MULTICUBI – Würfelbauwerke auf dem Spiegel.* Friedrich.

Reinhold, S. (2015). Strategien künftiger Grundschullehrkräfte in diagnostischen Interviews mit Schulanfängern: „Darf's ein wenig Mathematik sein?" In S. Reinhold & D. Tönnies (Hrsg.), *Mathematische Studien im Spannungsfeld von Geschichte, Philosophie und Didaktik der Mathematik* (S. 115–134). WTM.

Reinhold, S. (2016). Entdeckungsreise in die Tiefen des Spiegels: Würfelbauwerke auf dem Spiegel erstellen und (gedanklich) verändern. *Mathematik Differenziert, 1*(2016), 10–15.

Reinhold, S. (2018a). Geometrische Abbildungen in der Vorstellung: Relevanz und (individuelle) Strategien von Grundschulkindern. In A. S. Steinweg (Hrsg.), *Inhalte im Fokus: Mathematische Strategien entwickeln* (S. 41–56). UBP.

Reinhold, S. (2018b). FL!P – Forschendes Lernen im Praxiskontext: Studien zur Entwicklung diagnostischer Kompetenzen in Veranstaltungen zum mathematischen Anfangsunterricht. In R. D. Möller & R. Vogel (Hrsg.), *Innovative Konzepte für die Grundschullehrerausbildung im Fach Mathematik* (S. 125–152). Springer.

Selter, C. (1990). Klinische Interviews in der Lehrerausbildung. In K. P. Müller (Hrsg.), *Beiträge zum Mathematikunterricht 1990* (S. 261–264). Hildesheim: Franzbecker.

Selter, Ch., Götze, D., Höveler, K., Hunke, S., & Laferi, M. (2011). Mathematikdidaktische diagnostische Kompetenzen erwerben – Konzeptionelles und Beispiele aus dem KIRA-Projekt. In K. Eilerts, A. H. Hilligus, G. Kaiser, & P. Bender (Hrsg.), *Kompetenzorientierung in Schule und Lehrerbildung* (S. 307–321). LIT.

Steinweg, A. S. (Hrsg.). (2014). *10 Jahre Bildungsstandards – Tagungsband des AK Grundschule in der GDM 2014.* UBP.

Stewart, I. (1998). *Die Zahlen der Natur.* Heidelberg, Berlin: Spektrum.

Sullivan, P. (2018). *Challenging mathematical tasks: Unlocking the potential of all students.* Oxford University Press.

Sullivan, P., & Lilburn, P. (1997). *Open-ended maths activities: Using 'good' questions to enhance learning in mathematics.* Oxford University Press.

Sullivan, P., & Lilburn, P. (2010). *Activités ouvertes en mathématiques: 600 'bonnes' questions pour développer la compréhension en mathématiques.* Chenelière Education.

Sullivan, P., Walker, N., Borcek, C., & Rennie, M. (2015). Exploring a structure for mathematics lessons that foster problem solving and reasoning. In M. Marshman, V. Geiger, & A. Bennison (Hrsg.), *Mathematics education in the margins: Proceedings of the 38th annual conference of the Mathematics Education Research Group of Australasia* (S. 41–56). MERGA.

Walther, G., Van den Heuvel-Panhuizen, M., Granzer, D., & Köller, O. (Hrsg.). (2008). *Bildungsstandards für die Grundschule: Mathematik konkret.* Cornelsen.

Wiese, I., & Wollring, B. (1995). Kinder zeichnen Würfel – Analyse unangeleiteter Kinderzeichnungen von Grundschulkindern zu Würfelbauwerken. In K. P. Müller (Hrsg.), *Beiträge zum Mathematikunterricht 1995* (S. 520–523). Franzbecker.

Wildt, J. (2009). Forschendes Lernen: Lernen im „Format" der Forschung. *Journal Hochschuldidaktik, 20*(2), 4–7.

Wittmann, E. C. (1999). Drawing on the richness of elementary mathematics in designing substantial learning environments. Report of the PME 25 Research Forum „Designing, researching and Implementing Mathematical Learning Environments – the research group Mathe 2000. In M. van den Heuvel-Panhuizen (Hrsg.), *Proceedings of the 25th Conference of the International Group for the Psychology of Mathematics Education (PME)* (Vol. 1/4). www.mathematik.uni-dortmunt.de/ieem/mathe2000/pdf/rf4-2wittmann.pdf

Wittmann, E. C. (1997). Aktiv-entdeckendes und soziales Lernen als gesellschaftlicher Auftrag. In: *Schulverwaltung*. Nordrhein-Westfalen, 8(5), S. 133–136.

Wittmann, E. C. & Müller, G. N. (1990). *Handbuch produktiver Rechenübungen, Band 1.* Stuttgart: Klett.

Winter, H. (1975). Allgemeine Lernziele für den Mathematikunterricht? *Zentralblatt Für Didaktik Der Mathematik, 3*, 106–116.

Winter, H. (1989). *Entdeckendes Lernen. Einblicke in die Ideengeschichte und ihre Bedeutung für den Unterricht.* Vieweg.

Wollring, B. (1998). Beispiele zu raumgeometrischen Eigenproduktionen in Zeichnungen von Grundschulkindern – Bemerkungen zur Mathematikdidaktik für die Grundschule. In H. R. Becher (Hrsg.), *Taschenbuch Grundschule* (3., völlig neu bearbeitete Aufl., S. 126–140). Schneider-Verlag Hohengehren.

Wollring, B. (1999). Mathematikdidaktik zwischen Diagnostik und Design. In C. Selter & G. Walther (Hrsg.), *Mathematikdidaktik als design science* (S. 270–276). Klett.

Wollring, B. (2004). Streifenschablonen – eine handlungsintensive Lernumgebung zu Kongruenz und Ähnlichkeit. *Mathematik Lehren, 122*, 9–14.

Wollring, B. (2008). Zur Kennzeichnung von Lernumgebungen für den Mathematikunterricht in der Grundschule. In Kasseler Forschungsgruppe (Hrsg.), *Lernumgebungen auf dem Prüfstand. Bericht 2 der Kasseler Forschungsgruppe Empirische Bildungsforschung Lehren – Lernen – Literacy* (S. 9–26). Kassel University.

Das Schätzen von Längen in der Grundschule: Welche Schätzsituationen sollten im Mathematikunterricht thematisiert werden?

Jessica Hoth und Aiso Heinze

1 Einleitung

In vielen Alltagssituationen wird das Schätzen von Längen relevant. Kinder müssen beispielsweise die Länge an Geschenkpapier schätzen, die sie benötigen, um ihr Geschenk komplett zu umschließen. Außerdem müssen sie in Zeiten einer Corona-Pandemie eine Länge von 1,5 m schätzen, um den nötigen Abstand zu anderen Personen zu wahren, oder sie schätzen spielerisch, wie lang z. B. eine abgerollte Lakritzschnecke ist. Eine besondere Bedeutung für die Sicherheit im Straßenverkehr kommt der Schätzkompetenz dann im Erwachsenenalter zu, wenn Autofahrerinnen und Autofahrer Längen schätzen, in denen Geschwindigkeitsbegrenzungen gelten, oder von ihrem Navigationssystem die Länge genannt bekommen, nach der sie in die nächste Straße abbiegen sollen.

Da die Kompetenz, Längen möglichst genau zu schätzen, relevant für unseren Alltag ist, ist sie international in den Schulcurricula verankert (KMK, 2004; NCTM, 2000). In den KMK-Bildungsstandards für die Primarstufe wird das Schätzen von Längen in dem inhaltsbezogenen Kompetenzbereich *Größen und Messen* konkretisiert. Schülerinnen und Schüler sollen am Ende der Klassenstufe 4 unter anderem „Größen vergleichen, messen und schätzen; wichtige Bezugsgrößen aus der Erfahrungswelt zum Lösen von Sachproblemen heranziehen sowie in Sachsituationen angemessen mit Näherungswerten rechnen und dabei Größen

J. Hoth (✉) · A. Heinze
Abteilung Didaktik der Mathematik, IPN – Leibniz-Institut für die Pädagogik der Naturwissenschaften und Mathematik, Kiel, Deutschland
E-Mail: hoth@leibniz-ipn.de

A. Heinze
E-Mail: heinze@leibniz-ipn.de

begründet schätzen" (KMK, 2004, S. 11). Auch hier wird deutlich, dass diese Kompetenz insbesondere im Kontext von Sachsituationen relevant wird. Entsprechend sollten Lerngelegenheiten im Mathematikunterricht diese Situationen möglichst authentisch abbilden. Welche Charakteristika diese Situationen aufweisen, welche dieser Charakteristika den Schätzprozess der Kinder beeinflussen und wie viele Schätzsituationen unterschieden und im Mathematikunterricht berücksichtigt werden sollten, ist bisher kaum geklärt. Dabei sind diese Fragen für eine Erfassung der Kompetenz des Schätzens von Längen höchst relevant. In diesem Kontext weisen Heinze et al. (2018) darauf hin, dass für eine valide Erfassung dieser Kompetenz die Berücksichtigung aller unterscheidbarer Schätzsituationen notwendig ist. Vor diesem Hintergrund und mit dem Ziel, prozessbestimmende Merkmale von Schätzsituationen zu beschreiben und durch Aufgabenbeispiele für den Mathematikunterricht der Grundschule zu konkretisieren, wird im Folgenden zunächst geklärt, wie sich das Schätzen von Längen (bzw. Größen im Allgemeinen) charakterisiert.

2   Das Schätzen von Größen

Franke und Ruwisch (2010, S. 248) beschreiben das Schätzen von Größen als "das Ermitteln einer ungefähren Größenangabe durch gedankliches Vergleichen mit eingeprägten Repräsentanten als Stützpunkten". Diese Ermittlung erfolgt mental und ohne das Verwenden von standardisierten Messinstrumenten. Die mentalen Prozesse beschreiben Siegel et al. (1982) bzw. D'Aniello et al. (2015) im Rahmen von Prozessmodellen. Beide Modelle betonen, dass unter anderem Schätzstrategien für den Schätzprozess und dessen Ausgang relevant werden. Insbesondere Siegel et al. (1982) sehen dabei einen direkten Zusammenhang zwischen den Gegebenheiten einer Schätzsituation und der vom Schätzenden bzw. von der Schätzenden gewählten Schätzstrategie. Dabei charakterisieren sie beispielsweise Aufgaben, in denen Objekte mehrfach aneinandergelegt werden sollen, als Anforderungen, bei denen die Strategie des Zerlegens eines Schätzobjektes in zu schätzende Teilstrecken und das anschließende Addieren der Teillängen (Strategie *decomposition/recomposition*) vorteilhaft ist (z. B. würde man alle Seiten einer Tageszeitung nebeneinanderlegen, wie lang wäre die Strecke?) (vgl. ebd., S. 216). Gehen wir davon aus, dass dieser Zusammenhang zwischen Eigenschaften einer Schätzsituation und Effizienz einer Schätzstrategie besteht, so wären diejenigen Schülerinnen und Schüler in einer Schätzsituation im Vorteil, die über geeignete effiziente Schätzstrategien verfügen.

In der Literatur werden drei Grundstrategien beim Schätzen von Längen unterschieden: 1) die Strategie des gedanklichen Messens mit einem mentalen Bild einer Standardeinheit (unit iteration), 2) das gedankliche Vergleichen einer Größe mit einem Stützpunkt (Benchmark Comparison) und 3) das Zerlegen des zu schätzenden Objekts (decomposition) und wieder Zusammenfügen der im Einzelnen geschätzten Teile (recomposition) (vgl. Heid, 2018; Joram et al., 1998; Siegel et al., 1982). Entlang der Argumentation von Siegel et al. (1982) würden beispielsweise Aufgaben, in denen eine Vergleichseinheit für den Schätzprozess gegeben ist, ein gedankliches Vergleichen der zu schätzenden Größe mit dieser Vergleichseinheit (zweite Grundstrategie) veranlassen. Demnach kann das Vorhandensein einer Vergleichseinheit als ein strukturgebendes Merkmal der Schätzsituation beschrieben werden. Wie sich diese Zusammenhänge für weitere Merkmale konkretisieren lassen, wird in Kap. 3 dargestellt.

D'Aniello et al. (2015) sehen darüber hinaus auch das Arbeitsgedächtnis und Vorwissen als zentrale Komponenten, die den Schätzprozess beeinflussen. Je nach Schätzsituation, die eine Person vorfindet, kann z. B. Wissen über Schätzobjekte oder Wissen über die Länge eines Referenzobjekts für die Schätzung relevant werden. Auch das Arbeitsgedächtnis kann unterschiedlich stark beansprucht werden. Das Schätzen der Länge eines sehr großen Schätzobjekts wird beispielsweise das Arbeitsgedächtnis stärker beanspruchen, da das zu schätzende Objekt ggf. in erfassbare Teile untergliedert werden muss. Dabei kann es auch erforderlich sein, die Teilstücke gedanklich zu drehen, um sie z. B. mit einem Stützpunkt vergleichbar zu machen. Entsprechend können auch andere Fähigkeiten (z. B. das räumliche Vorstellungsvermögen) den Erfolg einer Schätzung in bestimmten Situationen beeinflussen (Weiher & Ruwisch, 2018) und es könnten nur Schülerinnen und Schüler in diesen Schätzsituationen genaue Schätzergebnisse erreichen, die über ein gutes räumliches Vorstellungsvermögen verfügen. Auch ein Zusammenhang zwischen Stützpunktwissen und Schätzsituationen, die einen gedanklichen Vergleich mit einem Stützpunkt erfordern, kann angenommen werden (vgl. hierzu z. B. Weiher, 2020). Im folgenden Kapitel wird die Bedeutung der genannten Faktoren (Arbeitsgedächtnis, Schätzstrategien und Vorwissen) für die zu unterscheidenden Merkmale von Schätzsituationen konkretisiert.

3　Strukturierung von Schätzsituationen

Wie bereits für einzelne Merkmale von Schätzsituationen angedeutet, können bestimmte Merkmale einer Schätzsituation den Schätzprozess und dessen Ausgang beeinflussen, indem z. B. unterschiedliche Schätzstrategien initiiert werden,

bestimmtes Wissen für den Schätzprozess relevant wird oder das Arbeitsgedächtnis mehr oder weniger stark beansprucht wird. Auch andere Fähigkeiten,
wie das räumliche Vorstellungsvermögen, können zusätzlich auf den Erfolg
einer Schätzung einwirken. Merkmale der Schätzsituation, die den Schätzprozess beeinflussen können, betreffen entweder das zu schätzende Objekt, eine ggf.
vorhandene Vergleichseinheit oder die Einheit, in der geschätzt werden soll.

3.1   Merkmale des Schätzobjekts in einer Schätzsituation

Ein offensichtliches Merkmal eines Schätzobjekts in einer Schätzsituation ist
seine **Größe**. Während kleine Schätzobjekte (z. B. ein Streichholz) in der Regel
schnell als Ganzes erfasst werden können und ihre Länge als Ganzes geschätzt
werden kann, erfordert das Schätzen der Länge von sehr großen Schätzobjekten
(z. B. die Höhe eines Hochhauses) mehr Kapazitäten des Arbeitsgedächtnisses.
Es ist naheliegend, dass die Länge sehr großer Objekte oft mithilfe der Strategie
decomposition/recomposition geschätzt wird (indem z. B. die Höhe der Stock-
werke des Hochhauses geschätzt und addiert wird). Ein weiteres Merkmal eines
Schätzobjekts ist, ob das Objekt in der Schätzsituation **physisch anwesend** ist
oder nicht. Dieses Merkmal beeinflusst unter anderem, ob Vorwissen über das zu
schätzende Objekt relevant wird. Sollte das zu schätzende Objekt physisch nicht
anwesend sein, muss das Objekt bekannt sein, um sich eine Repräsentation vorzustellen und dessen Länge zu schätzen. Darüber hinaus wird in diesem Fall auch
das Arbeitsgedächtnis damit beansprucht, eine Repräsentation des zu schätzenden Objekts zu erzeugen. Sofern das Objekt jedoch physisch anwesend ist, sind
Arbeitsgedächtnis und Vorwissen nicht in der beschriebenen Weise gefordert. Ist
das zu schätzende Objekt anwesend, kann weiterhin unterschieden werden, ob es
berührbar ist oder nicht. Auch die Variation der **Berührbarkeit** kann die Strategiewahl beeinflussen. Das mehrfache Aneinanderlegen einer geschätzten oder
bekannten Vergleichseinheit (wie z. B. der Handspanne oder der Schrittlänge)
erfordert beispielsweise eine Berührbarkeit des Schätzobjekts. Falls das Objekt
nicht physisch anwesend ist, kann die Schätzsituation die **Konstruktion einer
Repräsentation** des zu schätzenden Objekts verlangen. Auch in diesem Fall wird
das Arbeitsgedächtnis dadurch beansprucht, dass eine mentale Vorstellung erzeugt
werden muss, während dies nicht erforderlich ist, wenn bereits eine Repräsentation des Objektes vorhanden ist bzw. das Objekt selber physisch anwesend
ist.

3.2   Merkmale der Vergleichseinheit

Wie bereits mehrfach erwähnt, kann zum Schätzen eine Vergleichseinheit herangezogen werden, deren Länge entweder im Rahmen eines approximativen (mentalen) Messprozesses verwendet wird (unit iteration mit der Länge des Referenzobjekts als Einheit) oder direkt als Referenzlänge (Benchmark) dient. Dabei kann eine **Vergleichseinheit in der Schätzsituation gegeben** sein oder nicht. Ist sie gegeben, kann sie entweder **in realer Größe sichtbar** sein oder nicht und auch **berührbar** sein oder nicht. Darüber hinaus kann auch die **Länge der Vergleichseinheit** in der Schätzsituation entweder genannt sein oder nicht. Sofern eine Vergleichseinheit in realer Größe vorhanden ist und ihre Länge genannt wird, können die dadurch gegebenen Voraussetzungen der Schätzsituation eine bestimmte Strategiewahl beeinflussen. Hier wäre z. B. naheliegend, die bekannte Länge der Vergleichseinheit durch mehrfaches Aneinanderlegen zu nutzen (unit iteration mit der Länge des Vergleichsobjekts als Einheit). Sofern eine Vergleichseinheit nur genannt wird, diese aber weder in realer Größe sichtbar ist, noch ihre Länge genannt wird, wird einerseits Wissen über diese Vergleichseinheit relevant und andererseits das Arbeitsgedächtnis durch die Konstruktion eines Abbilds beansprucht.

3.3   Merkmale der Längeneinheit

Der Schätzprozess und die Genauigkeit der Schätzung können weiterhin von Merkmalen der Längeneinheit abhängen bzw. davon, ob die Schätzung in einer standardisierten Maßeinheit erfolgen soll oder in einer unstandardisierten (z. B. Stöcker). Hier hat z. B. Wissen über die verschiedenen Längenmaße (km, m, cm, mm) und ihre Relation zueinander einen Einfluss auf die Schätzgenauigkeit. Soll die Länge eines Objekts in Metern geschätzt werden, kann Wissen über das Verhältnis zwischen Metern und Zentimetern helfen, wenn die Länge des Objekts mithilfe der Strategie unit iteration geschätzt wird und der mentale Messprozess in Zentimetern erfolgt.

3.4   Zusammenfassung

Insgesamt lassen sich vier Merkmale unterscheiden, die sich auf das zu schätzende Objekt beziehen (Größe, physische Anwesenheit, Berührbarkeit und Konstruktion einer Repräsentation), vier Merkmale, die sich auf die Vergleichseinheit beziehen

(Vergleichseinheit genannt, Vergleichseinheit in realer Größe gegeben, Berührbarkeit der Vergleichseinheit und Angabe der Länge der Vergleichseinheit) und ein Merkmal zur Längeneinheit (Standardisierung der Maßeinheit). Mit Ausnahme der Größe des Schätzobjekts lassen sich alle verbleibenden acht Merkmale durch eine ja/nein-Unterscheidung variieren. Durch eine Kombination der unterschiedlichen Bedingungen (außer mit dem Merkmal Größe) und nach Ausschluss von Situationen, die in der Realität nicht auftreten können (z. B. Objekte, die physisch nicht anwesend sind, aber berührbar sein sollen) unterscheiden Heinze et al. (2018) 72 Schätzsituationen. Je nachdem, wie das Merkmal Größe differenziert wird, vervielfacht sich die Anzahl der möglichen Situationen.

Ob diese – rein theoretisch unterschiedenen – Merkmale und Schätzsituationen tatsächlich unterschiedliche Dimensionen einer Schätzkompetenz erfordern, ist eine empirische Frage. Zunächst sollten diese Merkmale für eine valide Erfassung der Kompetenz des Schätzens von Längen berücksichtigt werden (Heinze et al., 2018). Erste empirische Ergebnisse deuten darauf hin, dass die Kompetenz des Schätzens von Längen tatsächlich nicht eindimensional ist, sondern zumindest die Merkmale *Größe des zu schätzenden Objekts* und seine *Berührbarkeit* unterschiedliche Kompetenzdimensionen voraussetzen (Hoth et al., 2019). Geht man vor diesem Hintergrund davon aus, dass die Schätzkompetenz mehrdimensional ist und sich dies in den Eigenschaften von Schätzsituationen manifestiert, so könnten sich auch für den Kompetenzerwerb unterschiedliche Schätzsituationen als förderlich oder sogar notwendig erweisen. Die zuvor beschriebenen Merkmale der Schätzsituationen liefern dazu Anhaltspunkte. Im Folgenden werden exemplarisch Aufgabensituationen vorgestellt, die dies illustrieren.

4   Das Schätzen von Längen im Mathematikunterricht der Grundschule: Beispiele für Schätzaufgaben

Zu der Frage, wie der Mathematikunterricht gestaltet werden kann, um die Kompetenz des Schätzens von Längen möglichst effektiv zu fördern, liegt bisher kaum empirische Evidenz vor. Franke und Ruwisch (2010, S. 259) weisen darauf hin, dass neben der Unterrichtsgestaltung insbesondere die Auswahl der Schätzaufgaben zu einer Förderung von Schätzkompetenz beiträgt. Für eine systematische Variation von Schätzsituationen bieten sich die in Kap. 3 herausgearbeiteten Merkmale von Schätzsituationen an. Im Folgenden wird dies anhand einer Aufgabenserie zum Thema „Dinosaurier: Der Triceratops" vorgestellt. Eine Unterrichtseinheit mit diesem Thema im Mathematikunterricht bietet sich natürlich in Kombination mit einer Einheit im Sachunterricht an, in der

Hintergrundinformationen über die Zeit der Dinosaurier behandelt werden. Auch im Kunstunterricht (Dinosaurierbilder) und Deutschunterricht (Lesen von Dinosauriergeschichten) kann das Thema parallel adressiert werden. Im Rahmen der hier skizzierten Aufgabenbeispiele fokussieren wir ausschließlich die Fragen der Größe und des Schätzens.

Für jedes der in Kap. 3 genannten Merkmale werden Aufgabenvariationen vorgestellt. Die ersten drei Aufgabenstellungen variieren das Merkmal *Größe*. Dabei sind hinsichtlich der Größe eines Schätzobjekts diverse Unterscheidungen denkbar[1]. Hier werden exemplarisch drei Aufgabenbeispiele genannt: Eines mit einem sehr großen Schätzobjekt (9 m), eines mit einem mittelgroßen (90 cm) und eines mit einem eher kleinen (3,5 cm). Natürlich sind in jeder Beispielaufgabe die verschiedenen Merkmale der Schätzsituation unterschiedlich berücksichtigt. Zur besseren Einschätzung werden immer alle Ausprägungen genannt, wobei der Fokus immer auf der Variation eines Merkmals liegt. Anzumerken ist noch, dass mit Schätzobjekt immer das Objekt gemeint ist, an die die Kinder die Schätzung vornehmen. Wenn beispielsweise ein Körperteil eines Dinosauriers in Originalgröße abgebildet wird, dann ist das Bild das Schätzobjekt und nicht das Körperteil.

	Aufgabenbeispiel	Merkmale der Schätzsituation
Variiertes Merkmal: Größe	Der Triceratops war ein Pflanzenfresser, der sehr groß wurde. Auf dem Schulhof habe ich die Länge (blau) und die Höhe (rot) eines ausgewachsenen Triceratops mit zwei Bändern ausgelegt. Wie lang und wie hoch war ein Triceratops ungefähr? Gib beide Werte in Metern an	• **Großes Schätzobjekt** • Schätzobjekt ist physisch anwesend • Repräsentation muss nicht konstruiert werden • Schätzobjekt ist berührbar • Vergleichseinheit ist nicht gegeben • Schätzung mit standardisierten Maßeinheiten

---

[1] Erste empirische Ergebnisse deuten auf eine Unterscheidbarkeit der Kompetenzdimensionen für das Schätzen von kleinen ($\leq$ 12 cm) und nicht kleinen (12 cm $< x \leq$ 100 cm) Objekten hin (Hoth et al., 2019). In den folgenden Aufgaben wird das Merkmal Größe differenziert in kleine ($\leq$ 12 cm), mittelgroße (12 cm $< x \leq$ 100 cm) und große Schätzobjekte (> 100 cm), wobei die Abgrenzung von großen Objekten noch empirisch untersucht werden muss.

	Aufgabenbeispiel	Merkmale der Schätzsituation
	In unserem Dinosaurier-Museum siehst du eine originalgroße Nachbildung eines Triceratops-Horns. Natürlich darf man in einem Museum die Ausstellungsstücke nicht immer berühren. Stelle dich hinter das Absperrband und schätze auf Zentimeter genau: Wie lang ist das Horn eines ausgewachsenen Triceratops?[a] 	• **Mittelgroßes Schätzobjekt** • Schätzobjekt ist physisch anwesend • Repräsentation muss nicht konstruiert werden • Schätzobjekt ist nicht berührbar • Vergleichseinheit ist nicht gegeben • Schätzung mit standardisierten Maßeinheiten
Variiertes Merkmal: Größe	Der Triceratops (auf Deutsch „Dreihorngesicht") hatte seinen Namen wegen der drei Hörner auf seinem Schädel – ein kurzes auf der Nase und zwei lange über den Augen. Auf dem Bild siehst du eine originalgroße Abbildung des Horns eines Triceratops-Kükens, das Forscherinnen und Forscher ausgraben konnten (Küken nennt man die Jungen der Dinosaurier). Wie viele Zentimeter lang ist das Horn? 	• **Kleines Schätzobjekt** • Schätzobjekt ist physisch anwesend • Repräsentation muss nicht konstruiert werden • Schätzobjekt ist berührbar • Vergleichseinheit ist nicht gegeben • Schätzung mit standardisierten Maßeinheiten

Aufgabenbeispiel	Merkmale der Schätzsituation
Variiertes Merkmal: Physische Anwesenheit Auf dem Plakat neben dem ersten Ausstellungsstück siehst du eine originalgroße Abbildung des größten jemals gefundenen Horns eines Nashorns. Schätze in Zentimeter. Wie lang ist das Horn?	• Großes Schätzobjekt • **Schätzobjekt ist physisch anwesend** • Repräsentation muss nicht konstruiert werden • Schätzobjekt ist berührbar • Vergleichseinheit ist nicht gegeben • Schätzung mit standardisierten Maßeinheiten
Forscherinnen und Forscher konnten den Schädel eines Triceratops-Kükens ausgraben. Das Horn des Baby-Dinos ist so lang wie die Breite einer Streichholzschachtel. Wie viele Zentimeter lang ist das Horn?[b]	• Kleines Schätzobjekt • **Schätzobjekt ist nicht physisch anwesend** • Repräsentation muss nicht konstruiert werden • Schätzobjekt ist nicht berührbar • Vergleichseinheit ist gegeben, aber nicht in realer Größe sichtbar, und die Länge ist nicht genannt • Schätzung mit standardisierten Maßeinheiten
Variiertes Merkmal: Berührbarkeit Hier siehst du eine originalgroße Abbildung des kleinsten jemals gefundenen Dinosaurier-Eis. Es ist nicht bekannt, von welchem Dinosaurier das Ei stammt. Schätze wie viele Millimeter hoch das Ei ist!	• Kleines Schätzobjekt • Schätzobjekt ist physisch anwesend • **Schätzobjekt ist berührbar** • Repräsentation muss nicht konstruiert werden • Vergleichseinheit ist nicht gegeben • Schätzung mit standardisierten Maßeinheiten

Aufgabenbeispiel	Merkmale der Schätzsituation
In unserem Dinosaurier-Museum siehst du als zweites Ausstellungsstück eine Nachbildung eines Eis des Dinosauriers Maiasaura. Über die Eier des Triceratops konnten Forscherinnen und Forscher bisher nicht viel herausfinden. Der Maiasaura war in etwa so groß wie der Triceratops. Natürlich darf man das nachgemachte Ei nicht berühren. Stelle dich hinter das Absperrband und schätze: Wie viele Zentimeter hoch ist das Ei ungefähr?	• Mittelgroßes Schätzobjekt • Schätzobjekt ist physisch anwesend • **Schätzobjekt ist nicht berührbar** • Repräsentation muss nicht konstruiert werden • Vergleichseinheit ist nicht gegeben • Schätzung mit standardisierten Maßeinheiten
Variiertes Merkmal: Repräsentation konstruieren Hier siehst du eine originalgroße Abbildung des Schädels des Baby-Triceratops, den Forscherinnen und Forscher ausgegraben haben. Wie lang war der Schädel des Baby-Dinos in Zentimetern?[c] 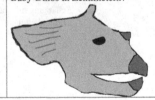	• Mittelgroßes Schätzobjekt • Schätzobjekt ist physisch anwesend • Schätzobjekt ist berührbar • **Repräsentation muss nicht konstruiert werden** • Vergleichseinheit ist nicht gegeben • Schätzung mit standardisierten Maßeinheiten

	Aufgabenbeispiel	Merkmale der Schätzsituation
	Der Schädel eines ausgewachsenen Triceratops konnte bis zu 3 m lang werden. Zeichne eine Linie mit Kreide auf dem Schulhof, die so lang ist wie der Schädel eines ausgewachsenen Triceratops.	• Großes Schätzobjekt • Schätzobjekt ist nach der Konstruktion in Form einer Repräsentation physisch anwesend • Schätzobjekt ist nach der Konstruktion als Repräsentation berührbar • **Repräsentation muss konstruiert werden** • Vergleichseinheit ist nicht gegeben • Schätzung mit standardisierten Maßeinheiten
Variiertes Merkmal: Vergleichseinheit	Das zweite Ausstellungsstück unseres Dinosaurier-Museums zeigt einen originalgroßen Nachbau eines Maiasaura-Eis. Hier siehst du eine originalgroße Abbildung eines Hühnereis. Wie viele von diesen Hühnereiern sind so hoch wie das Dinosaurier-Ei?[d]	• Mittelgroßes Schätzobjekt • Schätzobjekt ist physisch anwesend • Schätzobjekt ist nicht berührbar • Repräsentation muss nicht konstruiert werden • **Eine Vergleichseinheit ist in realer Größe gegeben und berührbar** • Schätzung mit unstandardisierter Maßeinheit
	Neben dem Maiasaura-Ei steht ein Hühnerei, damit du die Größen der beiden Eier vergleichen kannst. Wie viele Hühnereier sind so hoch wie das Dinosaurier-Ei?[e]	• Mittelgroßes Schätzobjekt • Schätzobjekt ist physisch anwesend • Schätzobjekt ist berührbar • Repräsentation muss nicht konstruiert werden • **Vergleichseinheit ist in realer Größe gegeben aber nicht berührbar** • Schätzung mit unstandardisierter Maßeinheit

	Aufgabenbeispiel	Merkmale der Schätzsituation
Variiertes Merkmal: Vergleichseinheit	Stelle dir ein mittelgroßes Hühnerei vor. Mittelgroße Hühnereier sind etwa 42 mm lang. Wie viele Hühnereier sind so hoch wie das Maiasaura-Ei, das du im Dinosaurier-Museum siehst?[f]	• Mittelgroßes Schätzobjekt • Schätzobjekt ist physisch anwesend • Schätzobjekt ist nicht berührbar • Repräsentation muss nicht konstruiert werden • **Vergleichsgröße ist mit Länge gegeben, aber nicht in realer Größe abgebildet und nicht berührbar** • Schätzung mit unstandardisierter Maßeinheit
	Wie viele Zentimeter hoch ist das Maiasaura-Ei in der Ausstellung unseres Dinosaurier-Museums ungefähr?	• Mittelgroßes Schätzobjekt • Schätzobjekt ist physisch anwesend • Schätzobjekt ist nicht berührbar • Repräsentation muss nicht konstruiert werden • **Vergleichseinheit ist nicht gegeben** • Schätzung mit standardisierter Maßeinheit
Variiertes Merkmal: Längeneinheit	Der Triceratops war länger und höher als ein Fußballtor. Auf dem Bild siehst du den Größenvergleich von Triceratops und einem Tor. Wie viele Meter lang und hoch war ein Triceratops? 	• Großes Schätzobjekt • Schätzobjekt ist physisch nicht anwesend • Schätzobjekt ist nicht berührbar • Repräsentation muss nicht konstruiert werden • Vergleichsgröße ist gegeben, aber nicht in realer Größe, nicht berührbar und ohne Längenangabe • **Schätzung mit standardisierter Maßeinheit**
	Auf dem Bild siehst du die Größen eines Triceratops und eines Mannes. Wie viele Männer muss man nebeneinander stellen, damit sie so lang sind wie der Triceratops?[g] 	• Kleines Schätzobjekt • Schätzobjekt ist physisch anwesend • Schätzobjekt ist berührbar • Repräsentation muss nicht konstruiert werden • Vergleichsgröße ist in realer Größe ohne Längenangabe gegeben und berührbar • **Schätzung mit unstandardisierter Maßeinheit**

[a]Bei dieser Aufgabe wird das Nachstellen einer Museums-Situation im Klassenzimmer vorgeschlagen. Alternativ könnte der Besuch eines Naturkundemuseums mit der Klasse für einen derartigen Schätzkontext initiiert werden. So wird eine authentische und realistische Schätzsituation geschaffen, in der das Schätzobjekt nicht berührbar ist. Das Horn in dem Exponat ist 90 cm lang.

[b]Da das Schätzen der Länge von Schätzobjekten, die nicht physisch anwesend sind, immer eine Kenntnis des zu schätzenden Objekts erfordert, wird hier der Vergleich mit der Breite einer Streichholzschachtel gewählt. Kinder haben in der Regel Erfahrungen mit Streichholzschachteln, während sie kaum über Erfahrungen mit Objekten rund um einen Dinosaurier verfügen können (Ausnahme: Museumsbesuch).

[c]Der Schädel hatte eine Länge von 30 cm. Natürlich kann die Abbildung hier nicht in der Originalgröße dargestellt werden.

[d]Die Länge des Vergleichsobjekts wird in dieser Aufgabenstellung nicht genannt. Dies kann einfach durch einen zusätzlichen Satz variiert werden: „Das abgebildete Ei ist 42 mm hoch." Natürlich kann die Abbildung auch durch das Austeilen eines Hühnereis an die Kinder ersetzt werden.

[e]Auch bei dieser Aufgabe ist die Höhe der Vergleichseinheit (des Hühnereis) nicht genannt. Dies lässt sich variieren durch den Zusatz: „Das Hühnerei ist 42 mm lang."

[f]In diesem Aufgabenbeispiel wird die Länge der Vergleichseinheit genannt. Dies kann durch das Weglassen der ersten beiden Sätze variiert werden.

[g]Dies ist ein Aufgabenbeispiel, in dem die Vergleichseinheit in realer Größe gegeben und berührbar ist. Natürlich sind weder der Mann noch der Triceratops in realer Größe dargestellt. Da das Größenverhältnis aber stimmt, resultiert die genannte Kategorisierung.

Es ist bisher nicht bekannt, ob die Beantwortung der Fragen zu den hier dargestellten Situationen immer die gleiche Schätzkompetenz erfordert, diese also eindimensional ist, oder ob verschiedene Kompetenzdimensionen bei den Längenschätzungen in den sehr unterschiedlichen Situationen eine Rolle spielen. Solange es hier keine belastbaren Ergebnisse gibt, sollte im Mathematikunterricht eher eine umfangreiche und systematische Variation von Schätzsituationen angeboten werden. Ebenfalls sinnvoll sind das explizite Thematisieren verschiedener Schätzstrategien (Franke & Ruwisch, 2010) und deren Vergleiche. Es ist zwar bisher kaum untersucht, ob das Nutzen bestimmter Schätzstrategien in den unterschiedlichen Schätzsituationen zu genaueren Schätzergebnissen führt (Heid, 2018, kann für das Merkmal Größe erste Zusammenhänge finden). Analog zu den Befunden aus der Arithmetik (z. B. Heinze et al., 2020) liegt jedoch die Annahme nahe, dass eine flexible und adaptive Strategiewahl auch für den Bereich des Schätzens von Längen zu einer Optimierung von Schätzprozessen und der Schätzgenauigkeit führt. Auch hier bieten sich z. B. Strategiekonferenzen (Nührenbörger & Verboom, 2005) an, um den Kindern einen Zugang zu einem offenen Austausch über ihre Strategiewahl zu ermöglichen.

5   Schlussbemerkung

Die in diesem Beitrag vorgeschlagenen Schätzaufgaben bilden die Variationen von unterscheidbaren Merkmalen einer Schätzsituation ab. Allerdings sind durch die hier dargestellten Aufgaben nicht alle Kombinationen der Ausprägungen abgedeckt. Wie Heinze et al. (2018) analysieren, können ohne das Merkmal *Größe* bereits 72 Schätzsituationen durch eine Kombination der Ausprägungen unterschieden werden. Es sollte also – auch für die Gestaltung eines effektiven Unterrichts zum Schätzen von Längen – noch geklärt werden, wie viele Dimensionen bei der Kompetenz des Schätzens von Längen angenommen werden können und ob die Behandlung der unterscheidbaren Schätzsituationen im Unterricht zum Erwerb dieser mehrdimensionalen Kompetenz beiträgt. Außerdem sollten auch die Zusammenhänge zwischen Schätzsituation, gewählter Schätzstrategie und der Schätzgenauigkeit vertieft analysiert werden, um weitere Kriterien für eine effektive Gestaltung eines Mathematikunterrichts zum Schätzen von Längen ableiten zu können. Auch könnten die Zusammenhänge zwischen der Kompetenz, Längen möglichst genau zu schätzen, und anderen mathematischen Kompetenzbereichen (z. B. dem räumlichen Vorstellungsvermögen oder der Messkompetenz) weitere Hinweise darauf liefern, welche Kompetenzbereiche in einer Unterrichtseinheit zum Schätzen von Längen berücksichtigt werden sollten. Auf der Basis dieser Informationen ist eine Entwicklung, Implementation und Evaluation einer Unterrichtseinheit zum Schätzen von Längen für den Mathematikunterricht der Grundschule sinnvoll und denkbar.

Literatur

D'Aniello, G. E., Castelnuovo, G., & Scarpina, F. (2015). Could cognitive estimation ability be a measure of cognitive reserve? *Frontiers in Psychology, 6*, 1–4.

Franke, M., & Ruwisch, S. (2010). *Didaktik des Sachrechnens in der Grundschule.* Springer Spektrum.

Heid, L.-M. (2018). *Das Schätzen von Längen und Fassungsvermögen – Eine Interviewstudie zu Strategien mit Kindern im 4. Schuljahr.* Springer Spektrum.

Heinze, A., Arend, J., Grüßing, M., & Lipowsky, F. (2020). Systematisch einführen oder selbst entdecken lassen? Eine experimentelle Studie zur Förderung der adaptiven Nutzung von Rechenstrategien bei Grundschulkindern. *Unterrichtswissenschaft, 48*(1), 11–34.

Heinze, A., Weiher, D. F., Huang, H-M., & Ruwisch, S. (2018). Which Estimation Situations are Relevant for a Valid Assessment of Measurement Estimation Skills? In E. Bergqvist, M. Österholm, C. Granberg, & L. Sumpter (Hrsg.), *Proceedings of the 42nd Conference of the International Group for the Psychology of Mathematics Education* (Vol. 3, S. 67–74). PME.

Hoth, J., Heinze, A., Weiher, D. F., Ruwisch, S., & Huang, H.-M. (2019). Primary school students length estimation competence: A cross-country comparison between Taiwan and Germany. In J. Novotná & H. Moraová (Hrsg.), *Opportunities in learning and teaching elementary mathematics* (S. 201–211). Charles University.

Joram, E., Subrahmanyam, K., & Gelman, R. (1998). Measurement estimation: Learning to map the route from number to quantity and back. *Journal of Educational Review, 6,* 413–449.

KMK – Sekretariat der Ständigen Konferenz der Kultusminister der Länder in der Bundesrepublik Deutschland. (2004). Bildungsstandards im Fach Mathematik für die Primarstufe: Beschluss der Kultusministerkonferenz vom 15.10.2004. https://www.kmk.org/filead min/veroeffentlichungen_beschluesse/2004/2004_10_15-Bildungsstandards-Mathe-Pri mar.pdf. Zugegriffen: 2. Apr.2020.

NCTM National Council of Teachers of Mathematics. (2000). *Principles and standards for school mathematics.* NCTM.

Nührenbörger, M., & Verboom, L. (2005). Eigenständig lernen, gemeinsam lernen – Mathematikunterricht in heterogenen Klassen im Kontext gemeinsamer Lernsituationen. Publikation des Programms SINUS-Transfer Grundschule. http://www.sinus-an-grundschulen. de/fileadmin/uploads/Material_aus_STG/Mathe-Module/Mathe8.pdf. Zugegriffen: 15. May 2020.

Siegel, A. W., Goldsmith, L. T., & Madson, C. R. (1982). Skill in estimation problems of extent and numerosity. *Journal for Research in Mathematics Education, 13*(3), 211–232.

Weiher, D. F. (2020). Der Zusammenhang zwischen Schätzgenauigkeit und Stützpunktausprägung bei Längen. In H.-S. Siller, W. Weigel & J. F. Wörler (Hrsg.).*Beiträge zum Mathematikunterricht* (S.1277-1280). Münster: WTM-Verlag, 2020

Weiher, D. F., & Ruwisch, S. (2018). Kognitives Schätzen aus Sicht der Mathematikdidaktik: Schätzen von visuell erfassbaren Größen und dazu erforderliche Fähigkeiten. *Mathematica Didactica, 41*(1), 77–103.

Digitale Assistenz im Geometrieunterricht auf Lernenden- und Lehrendenebene

Steven Beyer, Dominik Bechinie und Katja Eilerts

1 Mathematik Lehren und Lernen in der digitalen Welt

1.1 Einleitung

Die Digitalisierung der Bildungsbereiche ist in aller Munde und das nicht erst seit der Ausrufung des *DigitalPakt#D* im Jahr 2016, in dessen Rahmen fünf Mrd. Euro Fördermittel an die Länder ausschütten werden sollen, um die notwendigen Voraussetzungen in den Schulen zu schaffen (BMBF, 2020). Auch Wissenschaft und Schulpraxis setzen sich – häufig in wenigen Leuchtturmprojekten statt im Regelbetrieb – mit Veränderungsmöglichkeiten bzw. Erwartungen im Zusammenhang mit der Digitalisierung des Lehrens und Lernens auseinander.

Eine globale Grundidee, die von vielen mit digital unterstütztem Lernen in Verbindung gebracht wird, ist die Stärkung selbstgesteuerter und partizipativer Lernphasen. Digitalisierung soll zu einer höheren Adaptivität und Individualisierung, zu einer räumlichen und zeitlichen Entgrenzung, aber gleichzeitig auch zu mehr kooperativem, kollaborativem und kognitiv aktivierendem Lernen führen (Eickelmann et al., 2014).

S. Beyer (✉) · D. Bechinie · K. Eilerts
Institut für Erziehungswissenschaften, Abteilung Grundschulpädagogik – Lernbereich Mathematik und ihre Didaktik, Humboldt-Universität zu Berlin, Berlin, Deutschland
E-Mail: steven.beyer@hu-berlin.de

D. Bechinie
E-Mail: dominik.bechinie@hu-berlin.de

K. Eilerts
E-Mail: katja.eilerts@hu-berlin.de

© Springer Fachmedien Wiesbaden GmbH, ein Teil von Springer Nature 2022   161
K. Eilerts et al. (Hrsg.), *Auf dem Weg zum neuen Mathematiklehren und -lernen 2.0*,
https://doi.org/10.1007/978-3-658-33450-5_11

Durch die heute (2020) endlich fließenden Fördermittel des *DigitalPaktes Schule* und die aufgrund der Corona-Krise zusätzlich bereitgestellten Digitalisierungsmittel kommt der digitale Transformationsprozess nun auch flächendeckend langsam in Gang (BMBF, 2020). Die Digitalisierung oder auch Mediatisierung der Schule findet nach Schaumburg (2015) in drei Bereichen statt, die sich zwar getrennt beschreiben lassen, aber in der Praxis eng miteinander verbunden sind. Der erste Bereich ist die Schulentwicklung, also der Prozess der Schaffung der technischen und organisatorischen Voraussetzungen für ein Lehren und Lernen in der digitalen Welt. Der zweite Bereich ist die Fortbildung des pädagogischen Personals an den Schulen. Hier geht es um die Verknüpfung technischer, medienddidaktischer, allgemeinpädagogischer und fachdidaktischer Kompetenzen der Lehrkräfte. Der dritte Bereich ist die Unterrichtsentwicklung, also der Prozess der Integration digitaler Medien unter dem Primat der (Fach-)Didaktik und die Befähigung der Schüler*innen zum kompetenten Umgang mit (digitalen) Medien.

Diese Prozesse werden in der Öffentlichkeit leider zu oft auf medienpädagogische oder technologische Argumente beschränkt und es fehlt an Wissenschaftlichen Publikationen, die die fachdidaktische Perspektive und Potentiale ausreichend berücksichtigen (Eilerts & Huhmann, 2018; Krauthausen, 2012). Deshalb wird sich dieser Beitrag mit den Bereichen der Unterrichtsentwicklung und der Fortbildung aus mathematikdidaktischer Sicht im Kontext eines digital unterstützten Geometrieunterrichts auseinandersetzen.

Zur Begründung dieses Fokus sind zwei zentrale Argumente relevant. Zum einen ist der Inhaltsbereich „Raum & Form" zwar faktisch in den Bildungsstandards mit den anderen Leitideen gleichberechtigter Teil des Mathematikunterrichts der Grundschule, allerdings ist die Befassung damit im Unterricht meist unzureichend, obwohl es normative und fachliche Argumente für eine stärkere Beachtung gibt (Eilerts et al., 2012). Hier gilt es also nicht nur aus der Digitalisierungsperspektive Entwicklungsforschung zu betreiben, sondern auch aus einer Perspektive der mathematikdidaktischen Unterrichtsgrundlagen (Wollring, 2009).

Ein zweites Argument ist, dass die heutigen Mathematiklehrkräfte eine hohe Heterogenität in ihren Qualifikationshintergründen aufweisen und damit die Lehrer*innenaus- und -fortbildung herausfordert (Beyer & Eilerts, 2020). Dies ist eine mittlerweile Jahrzehnte anhaltende Tendenz, die nicht nur fachliche Herausforderungen, sondern auch didaktische Probleme mit sich bringt. So verweist Wollring (2009) auf den Missstand, dass durch die nicht in Mathematik examinierten Lehrkräfte oft ein enges und tradiertes Bild von Mathematik in den Grundschulen vermittelt wird. Dieses entspricht nicht mehr den Prinzipien eines zeitgemäßen Mathematikunterrichts – ein Faktum, das den doppelten Fortbildungsbedarf aus Digitalisierungs- und Fachdidaktikperspektive unterstreicht.

1.2   Rückblick: Bildungstechnologien und ihr Einsatz

Technologien für Lehr-Lern-Prozesse zu verwenden ist kein neuer Trend, sondern im Verlauf des 20. Jahrhundert ständiger Anlass zu kontroversen Diskussionen über Chancen und Herausforderungen gewesen. Bekannt, weil in ähnlicher Form keine 50 Jahre später wiederholt, ist die Debatte über die Nutzung des Rechenschiebers (1929) und später des Taschenrechners (1972) (Weigand, 2012). Getrieben wurden die Entwicklungen u. a. durch die Hoffnungen von der Abkehr der gleichgeschalteten Gruppensituationen im Frontalunterricht. Technologien sollten individuelle Lernwege und -geschwindigkeiten realisieren. Heute ist die Erwartung des besseren Umgangs mit Heterogenität und damit Entlastung der Lehrkräfte durch den Einsatz digitaler Medien immer noch aktuell (s. Abschn. 1.3), auch wenn sich die heutigen Konzepte von denen aus Mitte des 20. Jahrhunderts. mit Blick auf die zugrunde liegende Lerntheorie stark unterscheiden. Die Arbeiten des letzten Jahrhunderts sind stark durch den Behaviorismus geprägt. Bekanntester Vertreter dieser Zeit ist wohl Skinner, der mit seinen *teaching machines* elektronische und mechanische Apparate für Lehr-und Testzwecke einsetzte, die bestimmte Lehrfunktionen automatisieren sollten (Heinen & Kerres, 2015; Petko, 2014). Diese und nahverwandte behavioristische Unterrichtsideen wirkten bis in die 70er-/ 80er-Jahre und erleben heute eine problematische Renaissance (s. Abschn. 1.3).

Im Laufe der 80er-Jahre wurde die Diskussion über einen flächendeckenden Schuleinsatz von Technologien beflügelt durch die wachsende Verbreitung der Geräte, aber vor allem aufgrund der zunehmenden Handhabbarkeit auch für Nicht-Informatiker. Problematisch war in dieser Phase eine fehlende Anwendungsgrundlage für die Grundschulen durch die Bildungsadministration, die in der BRD erst 1985 durch die KMK (Kultusministerkonferenz) geschaffen wurde (Krauthausen, 2012). In den 90er-Jahren stand die Nutzung des Computers allgemein im Mittelpunkt der Betrachtungen für die Grundschule, welche in den letzten Jahren durch das Aufkommen von webbasierten Angeboten (beispielsweise Wikis, Apps, eBooks) und neuen technischen Möglichkeiten durch mobile Endgeräte (beispielsweise Smartphones, Tablets, VR-Cardboard-Brillen) bereichert wird (Eickelmann et al., 2014).

Über all die Zeit zeigte sich in der mathematikdidaktischen Forschungsgemeinschaft ein großes Interesse an den durch Technologien möglichen Entwicklungsperspektiven für das Fach, die Lehrkräftebildung und die Forschung. Man ging von einem schnellen, grundlegenden Wandel des Mathematikunterrichts aus. Dass sich dies bis heute aber eher als Zielperspektive denn als tatsächliche

Unterrichtspraxis darstellt, führt zu einer nicht zu leugnenden Ernüchterung (Weigand, 2012). Der folgende Abschnitt beleuchtet den aktuellen Stand der Nutzung digitaler Medien im Mathematikunterricht der Grundschule näher.

1.3 Digitalisierung im Mathematikunterricht der Grundschule

Der Medieneinsatz hat seit jeher eine große Bedeutung in der Mathematikdidaktik, weil die mathematischen Inhalte und Objekte oft nur als mentale Konstrukte oder in der Vorstellung vorhanden sind und mediale Darstellungen hier im wahrsten Sinne als Vermittler zwischen dem Abstrakten und dem Entdecken, Verstehen sowie Systematisieren dienen.

Mit der nun immer größeren Relevanz der digitalen Medien – und zum Teil aufgrund des zunehmenden gesellschaftlichen Drucks – müssen die „traditionellen" Medien neu bewertet und in ihrem Verhältnis zu den „neuen" Medien gesehen werden (Schmidt-Thieme & Weigand, 2015).

Dieser Prozess geht mit einigen Erwartungen seitens der Lehrkräfte einher, z. B. besserer Umgang mit Heterogenität, Öffnung des Unterrichts, Motivationssteigerung und Spaß sowie die Entlastung im Unterricht. Krauthausen (2012) merkt hier an, dass digitale Medien in diesen Bereichen durchaus als Unterstützungselemente am richtigen Platz wären. Allerdings sind die starken Tendenzen des Auslagerns an originären Verantwortlichkeiten der Lehrkraft auf Technologien durchaus problematisch. Er sieht, ähnlich wie Wollring (2009), in Bezug auf die fachliche Heterogenität der Lehrkräfte, die Gefahr, dass überholte bzw. tradierte Standards fortgeschrieben werden und so die digitalen Medien keinen Beitrag zu einem zeitgemäßen Mathematikunterricht leisten. Der wohl wichtigste Kritikpunkt ist das überwiegend große Desinteresse der Entwickelnden an dem, was Mathematiklernen zu einem Großteil ausmacht, nämlich den Inhalten und ihrer Vermittlung, egal ob mit oder ohne mediale Unterstützung (Krauthausen, 2012).

Aus heutiger Sicht sind die Defizite der aktuellen Angebote auf dem Markt folgende: Fortschreibung behavioristischer Ansätze (Drill & Practice), unzureichender Curriculumsbezug, ungenügendes oder fehlendes didaktisches Begleitmaterial und Reduktion bzw. fehlerhafte Verwendung von zentralen Begriffen des Lehrens und Lernens (Krauthausen, 2012; Petko, 2014). Der folgende Abschnitt wirft einen Blick auf aktuelle bzw. anstehende Entwicklungsschwerpunkte.

1.4 Technologischer Fortschritt: Assistenzsysteme als Handlungs- und Lernfeld der Mathematikdidaktik

Wie voranstehend beschrieben, leidet ein Großteil des aktuellen Mathematik-Angebots im Bereich der Bildungstechnologien unter Qualitätsmängeln. Sie ergeben sich vor allem aus dem Mangel an Berücksichtigung der wissenschaftlichen Erkenntnisse aus der Mathematikdidaktik und der Dominanz *„von Laien und Semiprofessionellen, die Grundschulmathematik für trivial genug halten, um sich im Rahmen einer ›Selbstberufung‹ als Entwickler oder Anbieter zu betätigen"* (Krauthausen, 2012, S. 194). Vor diesem Hintergrund berücksichtigen auch aktuelle Projekte zu Assistenzsystemen, wie Cloud-Systeme für die Schulen oder intelligente Softwareroboter (Bots), oft nur unzureichend grundschulspezifische Bedarfe, von mathematikdidaktischen Bedarfen in der Grundschule noch gar nicht gesprochen.

Seit den 90er-Jahren gibt es Assistenzsysteme, die als Selbstlernplattformen bzw. schlagwortbasierte und / oder regelgeleitete Bots ihren Weg als Lernprogramme in den Bildungsbereich fanden. Bekannt im Kontext der Mathematik sind u. a. intelligente Tutoring-Systeme, die den Übungsprozess beim Rechnen durch Feedback und Erklärungen zu den Lösungen begleiten.

Heute steht der Bereich der Bildungsassistenzsysteme aufgrund des technischen Fortschritts in Bezug auf Smart Devices mit ihren stetig steigenden Rechenleistungen sowie -kapazitäten, Methoden Künstlicher Intelligenz, besseren Algorithmen und enormen verfügbaren Datenmengen vor dem nächsten Entwicklungsschritt. Erneut werden Stimmen laut, die nun den unausweichlichen Aufschwung für das Bildungssystem sehen. Was man vermutlich bereits anerkennen kann, ist die bessere Möglichkeit, über Adaptivität und Interaktivität der Assistenzsysteme Lernwege durch Unterstützungselemente zu individualisieren (Beyer & Eilerts, 2020; Chounta, 2019; Niegemann et al., 2008).

Dies kann auf drei Wegen geschehen: 1) Bedarfsanalysen und personalisiertes Feedback, 2) Empfehlungssysteme für Unterrichtsmaterialien und 3) computerbasierte Tools für Lehrkräfte (Chounta, 2019). Der Beitrag stellt im Weiteren zum vorgenannten ersten Bereich Ergebnisse eines interdisziplinären Forschungsprojektes zur Lernumgebung Pentominos und darauf aufbauend zum o. g. dritten Bereich die Konzeption eines Bildungsassistenzsystems für Mathematiklehrkräfte in Aus- und Fortbildung vor.

2   Digital unterstützte Lernumgebungen im Mathematikunterricht

Das Lehren und Lernen im Mathematikunterricht sehen wir aus konstruktivistischer Perspektive als ein aktives Konstruieren. Es zeichnet sich im Weiteren als aktiv-entdeckend, selbstbestimmt und sozial aus. In diesem Rahmen ist die Rolle der Lehrkräfte mehr moderierend statt dozierend und besteht u. a. darin, substanzielle Lernumgebungen zu planen, zu gestalten und ihre Umsetzung sowie Eigenproduktionen der Kinder zu reflektieren (Wollring, 2009). Diese Grundsätze und Erkenntnisse haben aus unserer Sicht auch beim Mathematik Lehren und Lernen in der digitalen Welt weiter Bestand und sollen im Folgenden am Beispiel der analogen Lernumgebung Pentominos und einer dazugehörigen App dargestellt werden.

2.1   Lernumgebung Pentominos

Nach Wollring ist eine Lernumgebung:

> „[...] im gewissen Sinne eine natürliche Erweiterung dessen, was man im Mathematikunterricht traditionell eine ‚gute Aufgabe' nennt. Eine Lernumgebung ist gewissermaßen eine flexible Aufgabe oder besser, eine flexible große Aufgabe. Sie besteht aus einem Netzwerk kleinerer Aufgaben, die durch bestimmte Leitgedanken zusammengebunden werden" (Wollring, 2009, S. 13).

In diesem Kontext gehört die Arbeit mit Pentominos. Im Zusammenhang mit dem geometrischen Figurentyp der Quadratfünflinge lassen sich vielfältige Aktivitäten gestalten (Golomb, 1994), die neben der Raumvorstellungsentwicklung und der Entwicklung von Symmetrievorstellungen insbesondere das Problemlösen, Kommunizieren über Vorgehensweisen und Argumentieren schulen können (Radatz & Rickmeyer, 1991).

Zu den bekanntesten Unterrichtsaktivitäten zählen u. a. das Entdecken der Pentominos über das Aneinanderfügen fünf identischer Quadrate, sodass benachbarte Quadrate eine gemeinsame Seite haben. Figuren, die sich durch Spiegelungen oder Drehungen in andere Figuren überführen lassen, werden aussortiert. Am Ende ergeben sich zwölf unterschiedliche Pentominos. Weitere Aktivitäten sind das Auslegen von Lochfiguren und Rechtecken sowie das Erstellen und Lösen von selbst gestalteten Spielfeldern im Sinne von Rätseln.

Neben den vielen fachdidaktischen Möglichkeiten, die diese Lernumgebung bietet, bringt sie allerdings auch Herausforderungen mit sich. Diese zeigen sich insbesondere im Bereich der Reflexion von Bearbeitungs- und Lösungsprozessen wodurch dann diagnostische Momente nicht wahrgenommen werden können. Hierzu gehören – insbesondere bei den Legeaufgaben – eine hohe kognitive Belastung sowie eine starke Darstellungs-/Prozessflüchtigkeit aufgrund der fehlenden Dokumentationsmöglichkeiten und der fehlenden Simultanität der Erzeugbarkeit möglicher Handlungsprodukte (Beyer et al., 2020).

Auf Basis dieser Herausforderungen der analogen Lernumgebung sehen wir hier eine sinnvolle Möglichkeit, digitale Unterstützungselemente im Rahmen einer App einzusetzen, dabei jedoch fachdidaktische Möglichkeiten zu erhalten und neue Potentiale zu nutzen.

2.2   Digitale Assistenz am Beispiel einer Pentomino-App

Ausgehend von den Herausforderungen und Grenzen der analogen Lernumgebung startete 2016 das gemeinsame Entwicklungsforschungsprojekt der Humboldt-Universität zu Berlin (Katja Eilerts), der Universität Paderborn (Carsten Schulte) und der PH Weingarten (Tobias Huhmann). Im interdisziplinären Verbund aus Mathematik- und Informatikdidaktik wurde mit konstruktiv-kritischer Grundhaltung ein erster Prototyp einer App entwickelt, der seitdem iterativ und empirisch Weiterentwicklungen erfahren hat (Huhmann et al., 2018).

Beispielhaft sollen Funktionen des Assistenzsystems im Folgenden anhand der Leitideen zum Design von Lernumgebungen nach Wollring (2009) vorgestellt werden. Sie beschreiben die Ganzheit von Lernumgebungen anhand folgender Aspekte: *Gegenstand und Sinn* (L1), *Artikulation, Kommunikation und Soziale Organisation* (L2), *Differenzierung* (L3), *Logistik* (L4), *Evaluation* (L5) und *Vernetzung mit anderen Lernumgebungen* (L6). Wollring (2009) beschreibt die durch die Leitideen bestimmten Lernumgebungen als einen Ausformungsrahmen für Lehrende, die durch bewusste, lokale und temporäre Schwerpunktsetzungen konkrete Problemlagen angehen.

Durch die erste Leitidee (L1) wird im Design der Lernumgebungen betont, dass die Grundsubstanz bzw. der Kern immer durch den mathematischen Sinn des Bearbeitungsgegenstandes gebildet wird und durch vermeintliche Freude oder Spaß nicht ersetzt werden kann. Diese Forderung Wollrings (2009) hat Krauthausen (2012) auch in Bezug auf digital unterstützte Lernumgebungen als essentiell fortgeführt. Durch diesen Grundsatz geleitet wurden die Bearbeitungshilfen der Pentomino-App entwickelt. Sie sollen im Folgenden kurz beschrieben sowie in der ‚Taxonomie der Hilfen' nach Zech (1998) in einem allgemeineren Rahmen verortet werden (Tab. 1).

In einer Interviewstudie mit Schüler*innen der dritten Klasse wurde in einem analog–digital-vergleichenden Ansatz der Bearbeitungsprozess mit und ohne Hilfen näher betrachtet. Wichtig zu betonen ist hierbei, dass die Hilfen frei gewählt wurden und kein Druck zur Findung einer Lösung durch die Interviewenden ausgeübt wurde. Als Ergebnis konnte festgehalten werden:

> „[…] dass die Nutzung der entwickelten Hilfen die Lernenden bei der Strukturierung ihres Lösungsprozesses und der Entwicklung eines Strategierepertoires im Sinne überlegter Handlungsschritte unterstützen kann" (Beyer et al., S. 128).

In diesem Sinne lässt sich auch ein Bogen zur Leitidee Differenzierung (L3) spannen, die sich dadurch kennzeichnet, dass durch das Variieren von Daten

Tab. 1 Bearbeitungshilfen in der Pentomino-App nach Beyer et al. (2020)

Unterstützungselement	Beschreibung	‚Taxonomie der Hilfen' nach Zech (1998)
Problemreduktion	Zerlegung des Gesamtproblems in Teilprobleme, wobei die zur Lösung des Teilproblems benötigten Pentominos bekannt sind	Es handelt sich um eine direkte inhaltsorientierte strategische Hilfe, die speziellere Hinweise zur Lösung liefert
Vorschau Raumlage	Visuelle Vorschau der möglichen Raumlagen nach dem Spiegeln eines Pentominos entlang einer horizontalen und vertikalen Spiegelachse	Es handelt sich um eine indirekte inhaltsorientierte strategische Hilfe, die Hinweise zur Raumlage, aber nicht zur Zielposition liefert
Prüfen	Kennzeichnen der korrekt positionierten Pentominos auf Basis der größten Übereinstimmung beim Abgleich hinterlegter Lösungsvarianten	Es handelt es sich um eine Rückmeldungshilfe, also eher um eine schwache Hilfe
Sukzessives Vorgeben	Zielpositionen einzelner Pentominos in der Gesamtfigur werden vorgegeben	Es handelt sich um eine inhaltliche und damit starke Hilfe, weil sie Teillösungen vorgibt

oder Strukturelementen auf unterschiedliche Leistungsniveaus eingegangen werden kann bzw. die Lernumgebung auf sie eingestellt werden kann (Wollring, 2009). Durch die freiwillige Nutzung der digitalen Bearbeitungshilfen bietet sich die Möglichkeit der Anpassung über Selbsteinschätzung und über die interaktive Auseinandersetzung mit dem System.

In der weiteren Entwicklung wurde insbesondere die Bearbeitungshilfe der Problemreduktion im Sinne der L3 weiterentwickelt. In der Interviewstudie mit den Lernenden zeigte sich ein positiver Einfluss auf den Bearbeitungsprozess, aber es wurden auch Wünsche geäußert. Im Ergebnis entstand eine Bearbeitungshilfe mit einem adaptiven Charakter hinsichtlich des Problemumfangs. Sie ermöglicht den Schüler*innen, zu Beginn, den Problemumfang mittels eines Schiebereglers selbstständig zu konfigurieren. Es zeichnet sich des Weiteren dadurch aus, dass die Kinder über die verschiedenen Lösungsanläufe hinweg individuell Anpassungen vornehmen können. So setzen sie sich konstruktiv und selbstorganisiert mit dem gestellten Problem auseinander und können gleichzeitig den Problemumfang entsprechend den eigenen Fähigkeiten justieren (Beyer et al., 2020).

Mit Blick auf L2 kann die Berücksichtigung des Spiel-Raums und des Dokumenten-Raums hervorgehoben werden. Wollring (2009) verweist in diesem Zusammenhang auf die Notwendigkeit, dass Lernumgebungen den Schüler*innen die Möglichkeit zur Dokumentation ihrer Erfahrungen und (Zwischen-)Ergebnisse ermöglichen sollten. In der App ist die Standardoberfläche, in der die Pentominos konkret gelegt werden, der sogenannte Spiel-Raum und über Knopfdruck lässt sich der Dokumentenraum einblenden, der zusätzliche Werkzeuge zur Dokumentation (beispielsweise ein Textwerkzeug, Marker sowie die Möglichkeit, Screenshots zu speichern) bereithält (siehe Abb. 1).

Zu den Leitideen L4 bis L6 soll abschließend nur überblicksartig Stellung genommen werden. Da die App als Webversion neben dem Tablet auch auf dem

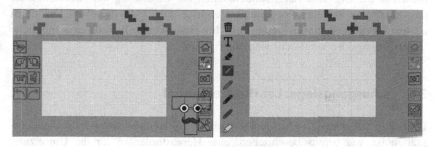

Abb. 1 Screenshot des Spiel-Raums und des Dokumenten-Raums (v.l.n.r.)

Computer ohne Installation mit jedem gängigen Browser nutzbar ist, ist der Mehraufwand an Zeit und Zuwendung (L4) im Vergleich zum rein analogen Material moderat. Die wichtige Bedingung der Machbarkeit im Sinne einer nachhaltigen Implementation im Grundschulkontext ist hier also erfüllt.

Auch die Forderung nach Ansätzen für Förderimpulse auf Basis einer Evaluation der Ergebnisse und Strategien (L5) ist durch einen Lehrer*innen-Bereich (*teacher mode*) berücksichtigt. Hierzu gehören u. a. intelligente Screencasts, die wichtige Lösungsschritte der Kinder für die Lehrkraft automatisiert schnell erfassbar machen sollen, sowie Daten aus den Dokumenten-Räumen der Schüler*innen, die diese selbst mit Anmerkungen versehen können, um so auf Lösungsschritte oder auftretende Probleme eingehen zu können. Hierdurch wird die Grundlage für eine umfangreichere Evaluation geschaffen. Diese Evaluation sollte die Stärkung des Selbstkonzeptes des Kindes fördern.

In Bezug auf die Vernetzung zu anderen Lernumgebungen (L6), welche als zentraler Faktor für die Akzeptanz von Technologien genannt wird (Weigand, 2012), ist zu sagen, dass hier Verbindungen zu Aktivitäten im Kontext der handlungsbasierten Symmetrie, Raumvorstellungsentwicklung und Problemlöseaufgaben hergestellt werden können. Der anschließende Abschnitt greift die Auseinandersetzung mit der digital unterstützten Lernumgebung zu Pentominos auf und führt sie auf der Lehrkraftebene mit Blick auf die Aus- und Fortbildung weiter.

3   Digitale Assistenz in Fortbildungen für Mathematiklehrkräfte

Die Weiterentwicklung von Unterricht, Lernumgebungen und Aufgaben ist eine fortwährende berufsbegleitende Aufgabe für Lehrkräfte. Die Anlässe dafür sind nicht nur die Digitalisierung, sondern auch die Umsetzung der Inklusion oder das Aufgreifen aktueller Forschungsergebnisse. Das Innovieren von Unterricht ist mit Herausforderungen verbunden. Im Folgenden soll dazu eine mögliche Unterstützungsidee vorgestellt werden.

3.1   Ausgangslage: Lehrkräftemangel

Die stetig zunehmende Qualifikationsheterogenität unter den Mathematiklehrkräften ist, wie bereits beschrieben, eine Herausforderung für die Umsetzung zeitgemäßen Mathematikunterrichts. Aktuelle Daten zeigen, dass aufgrund des

Mangels qualifizierter Personen beispielsweise in Berlin rund ein Fünftel der Mathestunden von nicht in diesem Fach examinierten Lehrkräften gegeben werden müssen, um die Grundversorgung sicherzustellen. Der Trend der steigenden Heterogenität wird sich auch in den kommenden Jahren aufgrund der staatlichen Maßnahmen im Zusammenhang mit dem allgemeinen Lehrkräftemangel fortsetzen. An dieser Stelle setzt das Forschungsprojekt MATCHED (mobile learning & pedagogical agents in teacher education) an und untersucht, wie die unterschiedlichen Lernbiografien und damit -bedürfnisse durch digitale Assistenz in Fortbildungen individueller begleitet werden können (Beyer & Eilerts, 2020).

3.2 Wirksame Fortbildungen

Der veränderte gesellschaftliche Rahmen erfordert auch Professionalisierungsmaßnahmen, die den oben beschriebenen individuellen Voraussetzungen entsprechen können. Oevermann sieht als zentralen Aspekt des Begriffs der Professionalisierung den „Umgang mit Neuem, den daraus resultierenden Krisen und die Lösungen dieser Krisen" (Oevermann, 1996, zitiert nach Schmaltz, 2019, S. 36) und beschreibt damit die Teilnehmenden als Aktive in diesem Prozess, die nicht nur rezeptiv beiwohnen. Das heißt aber auch, dass sie im Rahmen des Bewältigungsprozesses individuelle Unterstützung benötigen, um erfolgreich zu sein.

Wirksame Maßnahmen weisen folgende Merkmale auf: 1) Fachlicher sowie fachdidaktischer Fokus, 2) Orientierung an Merkmalen lernwirksamen Unterrichts, 3) Einbezug wissenschaftlicher Expertise, 4) Verschränkung von Input-, Erprobungs- und Reflexionsphasen, 5) Rückmeldeformate und -gelegenheiten, 6) Gelegenheiten zum Erleben eigener Wirksamkeit, 7) Gelegenheiten zur Kooperation und Kollaboration (Lipowsky, 2019). Hervorzuheben sind hier die Herausforderungen beim Transfer von Fortbildungsinhalten über Arbeitsaufträge in die unterrichtlichen Erprobungsphasen. Dieser Transfer unterliegt zahlreichen Einflüssen, die über Erhalt, Einsatzminimierung oder gar Abbruch entscheiden.

Zur Begleitung der Lehrkräfte in diesen Erprobungsphasen gibt es aktuell zahlreiche analoge und digitale Unterstützungsangebote, u. a. Coaching, Supervision, Selbstlernplattformen, Video-Begleitkurse, die jedoch selbst auch einige Nachteile mit sich bringen (ausführlich dazu siehe Beyer & Eilerts, 2020). Die Autoren haben zur deren Überwindung eine weitere Facette digitaler Unterstützung in das MATCHED-Projekt integriert. Das sogenannte *mobile learning* wird im Folgenden näher betrachtet.

3.3   Mobile learning für Mathematiklehrkräfte

In den aktuellen Digitalisierungsdebatten fällt auf, dass einerseits wenige Arbeiten vorliegen, die das digital unterstützte Lehrkraftlernen bzw. die -unterstützung im Alltag aufgreifen, andererseits jedoch genau dieser Punkt vielfach von Autoren als relevant herausgestellt wird (Aubusson et al., 2009; Baran, 2014). Auch aus der Mathematikdidaktik heraus werden Forschungsbedarfe zu möglichen bzw. wünschenswerten Lernverläufen bei Lehrkräften und damit auch die Sensibilisierung für Herausforderungen und gegenstandsspezifische Unterstützung formuliert (Prediger et al., 2017). An dieser Stelle kommt dem Ansatz des mobile learning eine entscheidende Rolle zu. Dieser betont eine Idee des Lernens, das in Bewegung, an verschiedenen Orten und Zeiten stattfindet und sich somit gut in den Alltag der Lehrkräfte einpasst, der nicht dem einer klassischen Bürotätigkeit entspricht und von ständigen Kontextwechseln geprägt ist. Somit könnte sich eine ad hoc orts-, zeit- und tätigkeitsspezifische Unterstützung mittels mobiler Technologien eignen, um den Abbruch von Transferprozessen zu vermeiden. Das MATCHED-Projekt verfolgt dieses Ziel durch die Entwicklung eines *pedagogical conversational agent,* der, gestützt durch Methoden künstlicher Intelligenz und Konzepte des Mikrolernens, diese Unterstützung in Professionalisierungsprozessen leisten könnte (Technische Grundlage: Beyer & Eilerts, angemeldet). Doch welchen Anforderungen sollte eine solche eine mobile Anwendung konkret gerecht werden? Hierzu soll nachfolgend erst auf einige allgemeinere Aspekte und anschließend auf ausgewählte Situationen eingegangen werden.

Um echtes personalisiertes Lernen durch den pedagogical agent zu erreichen, sollten die Lehrkräfte das mobile Endgerät nicht mit anderen teilen. Das könnte die Personalisierung der Software und des Gerätes beeinträchtigen. Wird dies eingehalten, ermöglicht die Anwendung situiertes Lernen über das mobile Endgerät und somit das Zusammenführen verschiedenen Lernräume (Privatleben, Schule und Fortbildung) zu einem hybriden Lernraum.

Unter 3.2. wurde bereits erwähnt, dass sich wirksame Fortbildungen u. a. durch die Verschränkung von Input- und Erprobungsphasen sowie Gelegenheiten zur Kooperation und Kollaboration auszeichnen. Nehmen wir diese beiden Punkte zum Anlass für die nähere Betrachtung eines Arbeitsauftrages, der so in einer Fortbildung gestellt werden könnte: „Planen, gestalten und reflektieren Sie den Einsatz einer digital unterstützten Lernumgebung zu Pentominos". Gehen wir des Weiteren davon aus, dass in der Inputphase u. a. bereits die unter 2.1 und 2.2 vorgestellten Grundlagen durchgearbeitet wurden und dort erste Erfahrungen im Umgang mit den analogen und digitalen Materialien gesammelt wurden.

Am Ende der Präsenzsitzung und zu Beginn der Erprobungsphase stellt sich die Frage, wie der Arbeitsauftrag umgesetzt und in den Schulalltag vor Ort integriert werden kann. An dieser Stelle könnte der pedagogical conversational agent Tipps und Hinweise zu Formen gelingender Schul- und Unterrichtsentwicklung z. B. in Professionellen Lerngemeinschaften oder Tandems geben. Ein weiterer Weg könnte auf Basis der Vernetztheit der Geräte im Sinne des kooperativen Lernens die Realisierung einer Online-community unter den Fortbildungsteilnehmenden sein, auch wenn diese nur für kurzzeitige Austausche zwischendurch genutzt wird.

Es hat sich in Fortbildungsdokumentationen gezeigt, dass auch berufserfahrene Lehrkräfte bei der Planung von digital unterstützten Lernumgebungen vor Herausforderungen stehen. Ihnen fehlen praktische Erfahrungen zu geeigneten Strukturen, Abläufen, Zeitspannen und dem Verhältnis zwischen traditionellen und digitalen Medien. Hier könnten also allgemeinere Hinweise gegeben oder konkrete Planungsdokumente zur Verfügung gestellt werden. Ein weiterer Punkt ist die Generierung von mathematikdidaktischen Materialien, wie den Pentomino-Figuren. Auch hier könnte eine mobile Anwendung auf Anfrage entsprechende Druckvorlagen je nach Teilaufgabe (Erkunden, auslegen, Rätselkarten erstellen) vorschlagen oder bei technischem Bedarf aufzeigen, wo z. B. geeignete Geräte ausgeliehen werden könnten. Des Weiteren könnten auch Gebrauchsanleitungen zum Umgang mit der App allgemein oder zielgerichtet zu einzelnen Aufgaben ausgegeben werden.

Auch bei der Gestaltung des Mathematikunterrichts könnte der pedagogical agent die Lehrkraft unterstützend begleiten. Hier stehen insbesondere ad hoc Anfragen zu fachlichen, methodischen oder technischen Themen, aber auch die Dokumentation des Unterrichtsgeschehens im Fokus. So könnten Lernendenergebnisse beim Auslegen des 6•10-Rechtsecks mit den Pentomino-Figuren im Kontext einer am mathematischen Inhalt orientierten Wettbewerbssituation dokumentiert werden, bei der möglichst viele der 2.339 verschiedenen Lösungen gefunden werden sollen. Der pedagogical agent könnte hierbei helfen, u. a. Doppelungen zu vermeiden.

Wie bereits unter 2.2 ausgeführt, zeichnen sich Lernumgebungen auch dadurch aus, dass Lehrkräfte die Evaluation als Basis für die Reflexion und Überarbeitung der Implementierung nutzen können. Auch hier könnte der pedagogical agent über eine konversationsbasierte Reflexion einen Beitrag leisten. In der Anwendung ließen sich des Weiteren auch multimediale Dokumente aus der Unterrichtsgestaltung unmittelbar einpflegen und in den nachträglichen Betrachtungen aufgreifen. Außerdem lassen sich die Dokumentationen beziehungsweise Selbsteinschätzungen so auch direkt mit anderen teilen, die dann unmittelbar auf ihrem mobilen

Endgerät die Gelegenheit zur Fremdeinschätzung hätten. So könnte auch über Distanz ein Peer-Review-Prozess in der Community realisiert werden. Im Folgenden werden nun die zentralen Argumentationslinien zusammengeführt und ein Ausblick gegeben.

3.4 Zusammenfassung

Im Verlauf des Beitrags wurde aufgezeigt, dass bereits im vergangenen Jahrhundert eine Diskussion über Chancen und Potentiale, aber auch Gefahren und Herausforderungen des Einsatzes digitaler Medien im Mathematikunterricht und dem Bildungswesen allgemein geführt wurde. Zu lange wurden die Ergebnisse dieser Diskussionen allerdings lediglich über Modell- und Leuchtturmprojekte in den Schulalltag implementiert, weil die notwendigen Voraussetzungen in der Fläche noch nicht geschaffen waren.

Die heutige Situation zeichnet sich durch eine Steigerung der Aktivitäten auf diesem Feld aus, was wiederum neue Herausforderungen mit sich bringt. Zum einen leidet das Fach Mathematik an den Grundschulen unter der hohen Heterogenität der Qualifikationshintergründe der Lehrkräfte und zum anderen zeichnet sich der Markt der Bildungstechnologien durch die Nichtberücksichtigung von aktuellen mathematikdidaktischen Erkenntnissen aus. Dieser Forschungsbedarf wurde auf der Ebene der Schüler*innen und auf der Ebene der Lehrkräfte genauer beleuchtet.

Unter Zuhilfenahme der Arbeit Wollrings (2009) zu Kennzeichen von Lernumgebungen wurde ein interdisziplinäres Forschungsprojekt zur Entwicklung einer digital unterstützten Lernumgebung im Geometrieunterricht vorgestellt. Entlang der Leitideen zum Design von Lernumgebungen wurde aufgezeigt, wie diese auch digital umgesetzt werden können.

Doch um eine idealtypische digital unterstützte Lernumgebung im Matheunterricht der Grundschule zu implementieren, bedarf es einiger Anstrengung seitens der Lehrkräfte in der Unterrichtsentwicklung. Um für diese facettenreiche Herausforderung die Digitalisierung in Form von Unterstützungselementen nutzbar zu machen, wurde die Idee eines Bildungsassistenzsystems für den Transfer von Fortbildungsinhalten in unterrichtliches Handeln in Erprobungsphasen vorgestellt, bei dem es nicht nur um Berufseinsteigende und Berufserfahrene, sondern auch um Seiten- und Quereinsteigende sowie Fachfremde mit ihren jeweils unterschiedlichen Bedarfen geht. Als Grundlage des Systems wurde das Konzept des mobile learnings vorgestellt, weil sich dieses besser in den Alltag der Lehrkräfte einpasst als andere Formen der digitalen oder analogen Begleitung.

Abschließend lässt sich zusammenfassen, dass digitale Assistenzsysteme durchaus ihren Platz im Mathematikunterricht haben können, sofern Sie nicht nur aus einer allgemeinen Technologie- oder Pädagogikperspektive entwickelt werden, sondern die jeweiligen gegenstandsspezifischen Besonderheiten der Fächer und der Fachlehrer*innenbildung berücksichtigen.

Literatur

Aubusson, P., Schuck, S., & Burden, K. (2009). Mobile learning for teacher professional learning: benefits, obstacles and issues. *Alt-J. Research in Learning Technology, 17*(3), 233–247. https://doi.org/10.1080/09687760903247641

Baran, E. (2014). A review of research on mobile learning in teacher education: Discovery service for Universidade de Coimbra. *Journal of Educational Technology & Society, 17*(4), 17–32. https://doi.org/10.1007/s10639-011-9182-8

Beyer, S., & Eilerts, K. (2020). Mit mobile learning Professionalisierungsprozesse von (angehenden) Mathematik-Lehrkräften in Fort- und Ausbildung unterstützen. In K. Kaspar, M. Becker-Mrotzek, S. Hofhues, J. König, & D. Schmeinck (Hrsg.), *Bildung, Schule, Digitalisierung* (S. 395–400). Waxmann.

Beyer, S., & Eilerts, K. (angemeldet, Juni 2020). *DE 10 2020 115 289.2*. Deutsches Patent und Markenamt.

Beyer, S., Huhmann, T., & Eilerts, K. (2020). Nutzung von Hilfen in Problemlöseprozessen – am Beispiel einer analogen und digital gestützten Lernumgebung zu Pentominos. In: S. Ladel, R. Rink, C. Schreiber & D. Walter (Hrsg.), *Forschung zu und mit digitalen Medien – Befunde für den Mathematikunterricht der Primarstufe* (Lernen, Lehren und Forschen mit digitalen Medien, Bd. 6, S. 119–134). WTM-Verlag.

BMBF. (2020). *DigitalPakt Schule*. https://www.bmbf.de/de/wissenswertes-zum-digitalpakt-schule-6496.php. Zugegriffen: 23. Juni. 2020

Chounta, I.-A. (2019). *Whitepaper: Review of the state-of-the-Art of the use of machine-learning and artificial intelligence by educational portals and OER repositories*. European Schoolnet.

Eickelmann, B., Lorenz, R., Vennemann, M., Gerick, J., & Bos, W. (2014). Grundschule in der digitalen Gesellschaft – Konzeptionen und Inhalt des Bandes. In B. Eickelmann, R. Lorenz, M. Vennemann, J. Gerick, & W. Bos (Hrsg.), *Grundschule in der digitalen Gesellschaft – Befunde aus den Schul-leistungsstudien IGLU und TIMSS 2011* (S. 9–17). Waxmann.

Eilerts, K., & Huhmann, T. (2018). Ein interdisziplinäres Projekt zur Entwicklung und Erforschung digital unterstützter Lehr-Lernumgebungen für den Inhaltsbereich Raum und Form im Mathematikunterricht der Primarstufe. In Fachgruppe Didaktik der Mathematik der Universität Paderborn (Hrsg.), *Beiträge zum Mathematikunterricht 2018* (S. 497–500). WTM-Verlag.

Eilerts K., Rinkens, H.-D., & Wollring, B. (2012). Domänen-integrierende Itembündel im Bereich Raum und Form zur Erfassung professionellen Wissens angehender Primarstufenlehrkräfte. In W. Blum, R. Borromeo Ferri, & K. Maaß (Hrsg.), *Mathematikunterricht im Kontext von Realität, Kultur und Lehrerprofessionalität* (S. 220–229). Vieweg+Teubner I Springer Fachmedien.

Golomb, S. W. (1994). *Polyominoes, puzzles, patterns, problems, and packings.* Princeton University Press.

Heinen, R., & Kerres, M. (2015). *Individuelle Förderung mit digitalen Medien – Handlungsfelder für die systematische, lernförderliche Integration digitaler Medien in Schule und Unterricht.* Bertelsmann Stiftung.

Huhmann, T., Eilerts, K., & Heinemann, B. (2018). Digital unterstützte Lernumgebungen zum Inhaltsbereich Raum und Form interdisziplinär entwickeln. In Fachgruppe Didaktik der Mathematik der Universität Paderborn (Hrsg.), *Beiträge zum Mathematikunterricht 2018* (S. 855–858). WTM-Verlag.

Krauthausen, G. (2012). *Digitale Medien im Mathematikunterricht der Grundschule.* Springer-Spektrum.

Lipowsky, F. (2019). Wie kommen Befunde der Wissenschaft in die Klassenzimmer? – Impulse der Fortbildungsforschung. In C. Donie et al. (Hrsg.), *Grundschulpädagogik zwischen Wissenschaft und Transfer, Jahrbuch Grundschulforschung 23* (S. 170–174). https://doi.org/10.1007/978-3-658-26231-0

Niegemann, H. M., Domagk, S., Hessel, S., Hein, A., Hupfer, M. & Zobel, A. (2008). *Kompendium multimediales Lernen.* https://doi.org/10.1007/978-3-540-37226-4

Petko, D. (2014). *Einführung in die Mediendidaktik – Lehren und Lernen mit digitalen Medien* (Bildungswissen Lehramt, Bd. 25). Beltz.

Prediger, S., Leuders, T. & Rösken-Winter, B. (2017). Drei-Tetraeder-Modell der gegenstandsbezogenen Professionalisierungsforschung: Fachspezifische Verknüpfung von Design und Forschung. In *Jahrbuch für Allgemeine Didaktik* (S. 159–177).

Radatz, H., & Rickmeyer, K. (1991). *Handbuch für den Geometrieunterricht an Grundschulen.* Schroedel.

Schaumburg, H. (2015). *Chancen und Risiken digitaler Medien in der Schule – Medienpädagogische und -didaktische Perspektiven.* Bertelsmann Stiftung.

Schmaltz, C. (2019). *Heterogenität als Herausforderung für die Professionalisierung von Lehrkräften. Entwicklung der Unterrichtsplanungskompetenz im Rahmen einer Fortbildung.* https://doi.org/10.1007/978-3-658-23020-3

Schmidt-Thieme, B., & Weigand, H.-G. (2015). Medien. In R. Bruder, L. Hefendehl-Hebeker, B. Schmidt-Thieme, & H.-G. Weigand (Hrsg.), *Handbuch der Mathematikdidaktik* (S. 461–490). Springer.

Weigand, H.-G. (2012) Fünf Thesen zum Einsatz digitaler Technologien im zukünftigen Mathematikunterricht. In W. Blum, R. Borromeo Ferri, & K. Maaß (Hrsg.), *Mathematikunterricht im Kontext von Realität, Kultur und Lehrerprofessionalität* (S. 315–324). Vieweg+Teubner I Springer Fachmedien.

Wollring, B. (2009). Zur Kennzeichnung von Lernumgebungen für den Mathematikunterricht in der Grundschule. In A. Peter-Koop, G. Lilitakis, & B. Spindeler (Hrsg.), *Lernumgebungen –Ein Weg zum kompetenzorientierten Mathematikunterricht in der Grundschule* (S. 9–23). Mildenberger Verlag.

Zech, F. (1998). *Grundkurs Mathematikdidaktik: Theoretische und praktische Anleitungen für das Lehren und Lernen im Fach Mathematik* (10. Aufl.). Beltz.

Zur aktuellen Bedeutung von Algorithmen im Mathematikunterricht – Perspektiven der Digitalisierung

Regina Möller, Katja Eilerts, Peter Collignon und Steven Beyer

1 Zu Veränderungen des Phänomens der Algorithmen bezüglich ihrer Rolle im Mathematikunterricht

Seit 30 Jahren gehört das Konzept der Algorithmen zu einer der grundlegenden Ideen im Mathematikunterricht (Schweiger, 1992). Die grundlegende Idee, die hinter dieser Einordnung steht, erkennt Algorithmen in ihrer besonderen Bedeutung für die Mathematik an. Darüber hinaus nimmt die Relevanz von Algorithmen im Alltag in den letzten Jahrzehnten erheblich zu. Es schien plausibel, in den Lehrplänen des Mathematikunterrichts algorithmische Inhalte zu berücksichtigen und in Anlehnung an Bruner (1976) spiralförmig zu strukturieren.

Bereits im Mathematikunterricht der Grundschule kann das Sieb des Eratosthenes, mit dessen Hilfe Primzahlen gefunden werden können, behandelt werden. In der Sekundarstufe werden lineare Gleichungen durch ein Schritt-für-Schritt-Verfahren gelöst. Darüber hinaus müssen die Schülerinnen und Schüler auf dieser

R. Möller (✉) · K. Eilerts · S. Beyer
Kultur-, Sozial- und Bildungswissenschaftliche Fakultät, Erziehungswissenschaften,
Mathematik Primarstufe, Humboldt-Universität zu Berlin, Berlin, Deutschland
E-Mail: regina.moeller@hu-berlin.de

K. Eilerts
E-Mail: katja.eilerts@hu-berlin.de

S. Beyer
E-Mail: steven.beyer@hu-berlin.de

P. Collignon
Erziehungswissenschaftliche Fakultät, Mathematik, Universität Erfurt, Erfurt, Deutschland
E-Mail: peter.collignon@uni-erfurt.de

© Springer Fachmedien Wiesbaden GmbH, ein Teil von Springer Nature 2022   177
K. Eilerts et al. (Hrsg.), *Auf dem Weg zum neuen Mathematiklehren und -lernen 2.0*,
https://doi.org/10.1007/978-3-658-33450-5_12

Stufe Graphen skizzieren, wobei sie diese Aufgabe oft mehr oder weniger algo-
rithmisch ausführen. Weiterhin wird der Gauß-Algorithmus zur Lösung linearer
Gleichungssysteme verwendet. In den letzten Jahren haben die Schülerinnen und
Schüler begonnen, geometrische und algebraische Software (z. B. CAS, DGS,
Mathematica) zu benutzen, wobei sie sich der in diesen Werkzeugen verborgenen
Algorithmen oft nicht bewusst sind. Im Wesentlichen benutzen sie die Werkzeuge
wie eine Black Box.

Sowohl die Verwendung von Algorithmen als auch ihre Bedeutungen haben
in den letzten Jahrzehnten enorme Veränderungen erfahren: Früher wurden Algorithmen in Büchern sowohl für Wissenschaftler als auch für Bürger dokumentiert
– die veröffentlichten bürgerlichen Rechnungen von Adam Ries (Deschauer,
1992) sind dafür ein herausragendes Beispiel (Möller, 2002).

Heutzutage sind viele Algorithmen Teile von Programmen und von Apps,
wobei sie Bestandteile eines Geschäftsplans oder -geheimnisses sind und deshalb nicht offen dokumentiert werden. In modernen Maschinen und digitalisierten
Werkzeugen verbergen sich viel mehr algorithmische Verfahren als den meisten
Menschen im Alltag bewusst ist. Die Zahl der versteckten Algorithmen übersteigt
deshalb die Zahl der bekannten immens, und sie wächst täglich weiter.

Angesichts dieser Beobachtung gibt der Lehrplan für Algorithmen im Mathematikunterricht weder einen Überblick noch veranschaulicht er typische Algorithmen, die in den heutigen IT-Werkzeugen verwendet werden. Wir hinterfragen
daher die Rolle, die der Lehrplan im Hinblick auf die fundamentale Idee des Algorithmus spielt. Unsere kritische Sicht richtet sich auf diese nicht erfüllte Aufgabe,
da sie nicht die tatsächlich heutzutage übliche Verwendung in einer sich schnell
verändernden Zeit widerspiegelt (Ernest, 2015, S. 12).

Zunächst skizzieren wir die verschiedenen Rollen, die die Algorithmen im
Laufe der Geschichte eingenommen haben in exemplarischer Weise.

1.1 Zur historischen Entwicklung von Algorithmen

Die Geschichte der Algorithmen als Teil der Mathematik reicht weit zurück, da
das systematische Lösen mathematischer Probleme im Wesenskern mathematischer Tätigkeit liegt. Zum Beispiel gab Euklid (circa 300 v. Chr.) im antiken
Griechenland eine Regel zur Berechnung des größten gemeinsamen Teilers zweier
gegebener natürlicher Zahlen an. Ein weiterer bekannter Algorithmus ist das oben
bereits erwähnte Sieb des Eratosthenes, ein sukzessives Verfahren, welches Primzahlen aus einer vorgegebenen endlichen Menge natürlicher Zahlen herausfiltert.
Etwa ein Jahrtausend später war es Al-Khwarizmi, der eine Reihe mathematischer

Anwendungen für kaufmännische Zwecke vorstellte. Manche dieser mathematischen Regeln wurden ins Lateinische übersetzt, wobei der Titel "Algorithmi" das Kunstwort "arithmos" enthält, dass sich aus "Zahl" und dem Namen des Mathematikers ableitet (vgl. Chabert, 1999). All diese Verfahren wurden für einen Kreis interessierter Mathematiker, Wissenschaftler und Philosophen veröffentlicht, und sie konnten diese Verfahren, im Sinne von Expertenwissen, jederzeit verwenden.

Kurz nach Ende des Mittelalters veröffentlichte Adam Ries (1492–1559) ein Rechenbuch (1574) über die Grundrechenarten, das einen großen Einfluss auf seine deutschsprachigen Zeitgenossen hatte. Mit diesem Werk über die Grundrechen-arten leitete er eine Art Aufklärung des zeitgenössischen Bürgertums ein. Die Rolle, die Algorithmen in seinen Büchern spielten, hatte eine immens informative und lehrreiche Wirkung. Das Wissen um diese Algorithmen half den Bürgern, selbstständig zu rechnen, sodass sie keine Rechenmeister mehr beauftragen mussten, um arithmetische Berechnungen gegen Entgelt durchführen zu lassen.

Wiederum später verwendete Leibniz (1646–1716) bereits den Binärcode; eine weitere wichtige Zäsur geht auf Ada Lovelace (1815–1852) zurück, von der als erster Frau komplexe Codierungen im Sinne einer Programmierung bekannt sind. Die Kernaussage von Gödel (Unvollständigkeitssätze, 1931) war, dass konsistente Systeme, ab einer gewissen Komplexität, nicht vollständig sein können und deshalb auch nicht in Form einer endlichen axiomatischen Auflistung vollständig beschrieben werden können. Also können sie auch nicht von einem Algorithmus erzeugt werden. Dies war für viele seiner Zeitgenossen ein überraschendes Resultat. Etwas später, in der Mitte des 20. Jahrhunderts, legten John von Neuman (1903–1957) und Alan Turing (1912–1954) die Grundlagen für die theoretische Informatik, was den Boden für weitere Fortschritte bereitete. Der moderne Begriff der KI hätte sich ohne diese weitreichenden Einsichten nicht entwickeln können.

In der zweiten Hälfte des 20. Jahrhunderts nahm die technische Entwicklung einen beschleunigenden Einfluss auf die Komplexität von Algorithmen. Damit ging sukzessive ein Verlust an Transparenz bei technischen Geräten einher (Black Box). Der Fokus lag zunehmend auf der praktischen Anwendbarkeit. Diese Beobachtung ist immer noch aktuell. Die Rollen, die Algorithmen hierbei spielen, unterscheiden sich grundlegend von jenen, die sie früher innehatten. Seinerzeit half das Wissen um algorithmische Verfahren den Bürgern, unabhängiger zu werden, weil sie bestimmte Probleme selbstständig in der Lage waren zu lösen. Heute verwendet der „user" Algorithmen, derer er sich oft nicht einmal bewusst ist, geschweige denn ihre Funktionsweise verstanden hat.

Während der letzten Jahrzehnte schritt die Entwicklung der "künstlichen Intelligenz" so schnell voran, dass die Natur der Algorithmen auf unermesslich vielfältige Weise komplex wurde (z. B. Computerlinguistik, Selbstlernende Systeme). Möglich wurde diese Entwicklung durch die rasch fortschreitenden technischen Bedingungen, die in der Folge eine Verbesserung der Rechengeschwindigkeit und des Speicherplatzes ermöglichten. Neue Organisationsformen, wie z. B. Cloud Computing, verbesserten die Effizienz.

Zum Abschluss dieses sehr kurzen historischen Blicks auf die verschiedenen Erscheinungsformen und unterschiedlichen Inhalte von Algorithmen im Laufe der Jahrhunderte wird deutlich, dass sie früher meist schriftlich kommuniziert wurden, um sie Wissenschaftlern und Bürgern zugänglich zu machen. Selbst im Falle militärischer Zwecke, namentlich der Kryptologie, wurde die Geheimhaltung des zugrundeliegenden Algorithmus nicht als sinnvoll und realisierbar erachtet. Nur der "Schlüssel", der die Parameter eines allgemeinen – auch öffentlichen – Verschlüsselungsverfahrens spezifiziert, musste verborgen werden. Dies ist die Aussage des Kerckhoffschen Prinzips (Kerckhoff, 1883, S. 12). Heute bleiben Algorithmen hinter Programmen und Apps als Teile von Geschäftsgeheimnissen meist verborgen, um kommerzielle Aktivitäten unterstützen.

Diese Aufgabe der früher selbstverständlichen und gewollten Transparenz, ist noch nicht hinreichend wissenschaftstheoretisch und historisch analysiert. Man darf erwarten, dass dies künftig auch Gegenstand interdisziplinärer Forschung sein wird.

1.2   Algorithmen als Teile digitaler Prozesse

Ausgehend von der gegenwärtigen Situation, die durch die breite Verfügbarkeit von Rechengeschwindigkeit und Speicherplatz gekennzeichnet ist, haben die Algorithmen, auch wenn sie verborgen bleiben, enormen Einfluss auf das Arbeiten und Leben der Menschen. Dies hat dramatische Veränderungen im Alltagsleben und der modernen Wirtschaft zur Folge (O'Neill, 2016). Dieser Trend wird sich fortsetzen, sofern Rechengeschwindigkeit und Speicherkapazität weiterhin mit der gegenwärtigen Dynamik wachsen, was vorerst zu erwarten ist.

Diese Entwicklungen gehen mit sozialen und pädagogischen Konsequenzen einher, bezüglich derer bisher kaum Erfahrungen vorliegen. Diese Beobachtungen verweisen auf Phänomene, deren wissenschaftstheoretische Analyse erst begonnen hat. Mit seinem Beitrag zur Wissenschaftstheorie der mathematischen Bildung liefert uns Paul Ernest (2015) viele und recht weit gefasste Fragen zur detaillierten Betrachtung. Eine seiner Fragen betrifft die Beziehungen von

Mathematik und Gesellschaft, schließlich beruhen digitale Konzepte auf mathematischen Grundlagen mit vornehmlich algorithmischer Natur. Weiterhin wirft er die Frage nach der Rolle des Lehrens und Lernens im Zusammenhang mit der Förderung sozialer Gerechtigkeit auf. Ernest thematisiert weiterhin die Funktion der Mathematik in der heutigen Gesellschaft (vgl. Winter, 1996). Wie oben bereits erwähnt, ist die Transparenz moderner Algorithmen aus sehr unterschiedlichen Gründen immer seltener gegeben.

Mit Blick auf den Bildungskontext fragt Ernest (2015) ob der Mathematikunterricht über eine angemessene und geeignete Technikphilosophie verfügt, die den wesentlichen Inhalten und Konsequenzen der Informations- und Kommunikationstechnologie gerecht wird. Dies ist deshalb von mathematikdidaktischer Bedeutung, weil die Idee des Algorithmus fundamental für den Mathematikunterricht ist (Führer, 1997).

Seit mehr als drei Jahrzehnten hat sich der Algorithmusbegriff insbesondere hinsichtlich seiner Bedeutung in der täglichen Verwendung verändert. Inzwischen lässt sich eine große Diskrepanz zwischen den Algorithmen, die zu den mathematischen Lehrplanthemen gehören, und jenen, die die Grundlage der modernen Informatik bilden, feststellen. Letztere sind hoch komplex und führen mittlerweile bis zu Simulationen menschlicher Gehirne, d. h. der Künstlichen Intelligenz in all ihren Facetten.

Vor diesem Hintergrund stellt sich die Frage, inwieweit der Mathematikunterricht dieser Bandbreite gerecht werden soll und gegebenenfalls neue Wege findet. Es muss ausgehandelt werden, inwieweit und mit welchen mathematischen Methoden dies zu erreichen wäre, und welche didaktischen Ideen hier leitend sein können. Die Antworten auf diese Fragen sind nicht für den Mathematikunterricht, sondern letztlich auch für die Gesellschaft von entscheidender Bedeutung, sofern der Mathematikunterricht während der gesamten Schulzeit auch weiterhin seinen allgemeinbildenden Anspruch einlösen soll (Heymann, 2013).

1.3 Propädeutische Überlegungen zu einer wissenschaftstheoretischen Sichtweise auf den Gebrauch von Algorithmen im Mathematikunterricht

Was wir heute brauchen, ist eine Diskussion über die Rolle des Mathematikunterrichts in Bezug auf die Digitalisierung, insbesondere, wenn dieser den Anspruch erhebt, Teil einer zur Urteilsbildung befähigenden Allgemeinbildung zu sein und auch auf zukünftige Anforderungen vorzubereiten. Es muss geklärt werden, inwieweit der Mathematikunterricht in der Schule im Hinblick auf seinen allgemeinbildenden Auftrag seinen Beitrag leisten kann.

Zugleich ist es notwendig, die Lehrpläne anderer Unterrichtsfächer wie Informatik, Sachunterricht und idealerweise auch Philosophie einzubeziehen. Dabei geht es nicht primär um technische Fragen, sondern um Phänomene, die bis vor kurzem völlig unbekannt waren, und die faszinierenden Chancen, aber auch zugleich enorme Risiken bergen (siehe 3.2). Weitere Beispiele sind die sozialen Netzwerke, deren Rückkopplung auf die Gesellschaft nicht nur auf technischen Bedingungen beruht. In jedem Fall muss die Ausrichtung der (mathematischen) Bildung dies widerspiegeln. Die Theorie, insbesondere eine konstruktivistische Sichtweise, kann eine Grundlage für eine angemessene Anpassung des Mathematikunterrichts legen (Roberge & Seyfert, 2017).

Dabei empfiehlt sich die Beachtung von genetischen Bedingungen der heutigen Stellung der Algorithmen im Sinne einer „postmodernen Sichtweise" (vgl. Lyotards, 1984). Dabei verlangt die Postmoderne eine skeptische Sichtweise. Zu diesem Zweck müssen wir die Meta-Narrative betrachten, die sich auf viele verschiedene Bereiche auswirken. Meta-Narrative zu analysieren (d. h. zu dekonstruieren) bedeutet daher, historische Entwicklungen und die in deren Verlauf getroffenen Entscheidungen zu erkennen. Auf diese Weise werden Optionen verständlich, die sich historisch in den einzelnen Disziplinen durchgesetzt haben. Zum Beispiel war die auch ökonomisch motivierte Entscheidung, grafikfähige Taschenrechner in den Mathematikunterricht einzuführen, getroffen, bevor überhaupt eine mathematikdidaktische Analyse der neuen Situation angepasste unterrichtliche Handlungsstrategien bereitstellte. Das damalige Dilemma bestand darin, dass viele Aufgabentypen aus den Unterrichtswerken für die Verwendung des Taschenrechners keine echten Aufgaben mehr darstellten und obsolet geworden waren.

Die Informationstechnologie, also die technische Realisierung von Algorithmen, folgt in weiten Teilen dem Metanarrativ, dass fortschreitende Technologie grundsätzlich Vorteile bringt. Diese Sichtweise auf den technischen Fortschritt steht wiederum in engem Zusammenhang mit dem Metanarrativ der Forderung nach fortwährenden Wirtschaftswachstum.

Algorithmen im Kontext des Mathematikunterrichts können in drei Kategorien eingeteilt werden:

– Elementarmathematisch im Sinne fundamentaler Ideen (Führer, 1997), deren Verständnis zu den Zielen des Mathematikunterrichts gehört.

- Algorithmen, die Grundlage zeitgemäßer Informationstechnologie sind, und die Phänomene hervorbringen, die Gegenstände mathematischer Modellierung sein können.
- Lernsoftware unter Einschluss der Robotik, die in simplifizierter Weise einen Zugang zu technischen Umsetzungen ermöglicht.

2   Die mathematische Präzisierung und ihre Auswirkungen auf die Bildung

Über Jahrhunderte hinweg wurde ein Algorithmus als eine Sequenz von Anweisungen verstanden. Die Genese des Verständnisses führte zu einer Systematisierung mit ihm verbundener Eigenschaften.

2.1   Schritte zur Formalisierung

Selbst die längsten Algorithmen bestehen aus einer endlichen Abfolge von Anweisungen zur Lösung eines gegebenen Problems, wie es vom Sieb des Eratosthenes bekannt ist. Allgemein akzeptiert sind die folgenden Eigenschaften, die auch als Postulate für Algorithmen verstanden werden können (Saake & Sattler, 2010):

1. Das algorithmische Verfahren muss unter gleichen Voraussetzungen stets zum gleichen Ergebnis führen.
2. Jeder nächste zu unternehmende Schritt ist eindeutig festgelegt.
3. Die Beschreibung eines Algorithmus erfordert eine nur endliche Länge des Quellcodes.
4. Ein Algorithmus darf zu jedem Zeitpunkt während seines Ablaufs nur eine endliche Speicherkapazität beanspruchen.
5. Ein Algorithmus stoppt nach einer endlichen Anzahl von Schritten.

Für didaktische Zwecke ist es daher einsichtig, welche Verfahren unter den Begriff des Algorithmus fallen. Wie beim Mengenbegriff entwickelte sich jedoch neben dem „naiven" auch ein komplexeres Begriffsverständnis. So wurde nach der Konfrontation mit logischen Schwierigkeiten (Russell, 1903) die Notwendigkeit einer weiteren Theoretisierung deutlich und in Form einer Axiomatisierung vorgenommen. Analog hat auch die naive Deutung des Algorithmusbegriffs ihre Grenzen, die durch die Arbeiten von Turing und insbesondere durch Gödels Unvollständigkeitssätze verdeutlicht wurden. Beide Konzepte, Mengen wie Algorithmen, führen schließlich zu Dilemmata hinsichtlich der den Schülerinnen und Schülern zugänglichen Alltagsvorstellungen.

2.2 Didaktische Perspektiven für den Mathematikunterricht

Die Idee des Algorithmus zeigt sich Mathematikunterricht auf vielfältige Weise. Auf der Primarstufe haben die vier Grundrechenarten algorithmischen Charakter, welcher in der mathematikdidaktischen Literatur in zunehmendem Maße als solcher gekennzeichnet ist. In der täglichen Unterrichtspraxis ist das Reflektieren über Algorithmen jedoch nicht sehr ausgeprägt. Zu Beginn der Sekundarstufe I ist der bekannte Euklidische Algorithmus Gegenstand des Unterrichts. In vielen Fällen ist dies das erste Mal, dass sich die Schülerinnen und Schüler des Konzepts eines Algorithmus bewusst werden. Er wird oft als Prototyp eines Algorithmus betrachtet, wohl auch, weil er den Begriff bereits im Namen führt.

Dem Spiralprinzip folgend finden sich weitere Beispiele für Algorithmen auf der Sekundarstufe I, so etwa die Methoden zur Lösung linearer und quadratischer Gleichungen sowie linearer Gleichungssysteme. Typische Beispiele auf der zweiten Sekundarstufe sind Elemente der Kurvendiskussion wie das Finden von Extrema, Wendepunkten und anderen Eigenschaften differenzierbarer Funktionen. Hier werden zudem lineare Gleichungssysteme mit einem noch strukturierteren Verfahren, nämlich dem Gauß-Algorithmus, behandelt.

In der Schule treten Algorithmen im Zusammenhang mit Taschenrechnern oder Tablets und der darin implementierten Software für Lehr- und Lernzwecke auf. Beispiele bilden die Software für dynamische Geometrie (DGS) und Computeralgebrasysteme (CAS). Darüber hinaus setzen Witzke und Hoffart (2018) 3D-Plotter im Mathematikunterricht auf verschiedenen Ebenen ein, um nicht nur mathematische Objekte zu visualisieren, sondern auch, um Graphen und geometrische Körper zu materialisieren. Das bedeutet nebenbei, dass Algorithmen didaktisches Anschauungsmaterial erzeugen können, das einen Zugang über jede der Brunerschen Ebenen erzeugen können.

Blickt man auf oben genannte Schulbeispiele, so werden nur wenige durch ihre Bezeichnungen, wie der Euklidische und der Gauß-Algorithmus, explizit als Algorithmen ausgewiesen und sind daher für die Schülerinnen und Schüler zunächst schwerer als Algorithmen zu erkennen. Ein Beispiel dafür ist das Verkennen des algorithmischen Charakters im Falle der schriftlichen Grundrechenarten.

Weiterhin ist zu beachten, dass der Einsatz digitaler Werkzeuge, wie zum Beispiel des Taschenrechners, den Blick auf den algorithmischen Gehalt mathematischen Handels sogar verstellen kann.

Im Folgenden werden moderne digitale Werkzeuge für den Mathematikunterricht der Grundschule in Bezug auf den Algorithmusbegiff betrachtet.

3 Zur Rolle der Algorithmen im digital unterstützten Mathematikunterricht

Mit dem digitalen Wandel geht auch eine Digitalisierung des Lernens und Lehrens einher. Was aber digital unterstütztes Lernen und Lehren wirklich ausmacht, welche Potenziale digitalen Medien (Lernsoftware, Apps, etc.) in Bildungsprozessen in der Schule innewohnen, ist nach wie vor wenig geklärt (vgl. z. B. Eilerts & Huhmann, 2018; Krauthausen, 2012). Digital unterstütztes Lehren und Lernen als eine neue Kultur in der heutigen Informations- und Wissensgesellschaft ist eine Notwendigkeit und ein Schlüsselbegriff der Digitalisierung im Bildungsbereich.

Konzeptionelle Grundlagen innovativer digital unterstützter Lernumgebungen müssen zunächst entwickelt werden (siehe u. a. Beyer et al., in diesem Band). Hier können prototypische Vorgehensweisen und Ausstattungen wegweisenden Aufschluss geben. Moderne didaktische Konzepte wie „Inverted Classroom" und Just-in Time-Teaching, ergänzt um den Einsatz KI-gesteuerter Tools, bilden ein zukunftsweisendes Szenario für den Mathematikunterricht. Weitere Stichworte dazu sind MOOCs, KI-gesteuerte learning bit moduls, Roboter, Controller, Tablets, SMART Boards, Active Tables, APPs und vieles mehr.

3.1 Bildungsvorgaben zum digitalen Wandel

Den neuen Herausforderungen des digitalen Wandels in der Bildung und der damit einhergehenden Transformation der Bildungsansprüche hat auch die Kultusministerkonferenz (KMK) 2016 entsprochen und unter dem Titel „Bildung in der digitalen Welt" ein Handlungskonzept für die weitere Entwicklung der Bildung in Deutschland vorgelegt.

Ein Auszug aus dem fünften Kapitel zeigt, welche Bedeutung die KMK dem Thema Algorithmen gibt (Abb. 1):

Die KMK nennt „Algorithmen erkennen und formulieren" als einen von sechs digitalen Kompetenzbereichen. Bereits die Formulierung deutet auf die gestiegene Bedeutung des Algorithmenbegriffs hin, denn die selbstständige Formulierung

5.5.   Algorithmen erkennen und formulieren

    5.5.1.   Funktionsweisen und grundlegende Prinzipien der digitalen Welt kennen und verstehen.

    5.5.2.   Algorithmische Strukturen in genutzten digitalen Tools erkennen und formulieren

    5.5.3.   Eine strukturierte, algorithmische Sequenz zur Lösung eines Problems planen und verwenden

Abb. 1   Auszug aus der Handlungsempfehlung der KMK „Strategie in der digitalen Bildung"

von Algorithmen geht weit über das bloße Erkennen und Ausführen hinaus. Dies gilt insbesondere für prinzipiell bekannte Algorithmen, bei denen die Fähigkeit zur Ausführung noch nicht sicherstellt, dass sie zugleich korrekt formuliert werden können.

Der erste Unterpunkt macht bereits deutlich, dass die Entwicklung digitaler Kompetenzen nicht alleine Aufgabe des Mathematikunterrichts sein kann, da jener offensichtlich auf Ansätze technischen Verständnisses verweist. Der zweite Punkt betont das Erkennen algorithmischer Strukturen in digitalen Tools. Dies bedeutet zum Beispiel im Falle des größten gemeinsamen Teilers, dass Vorwissen vorhanden sein muss, um die algorithmische Grundlage überhaupt zu verstehen. Erst dann kann eine Formulierung mit passenden Fachbegriffen erfolgen, was eine Aufgabe des Mathematikunterrichts ist. Die dritte Forderung setzt neben inhaltlichem Verständnis zusätzlich Kenntnisse hinsichtlich einer digitalen Realisierung voraus. Das Design sowie die Verwendung der entsprechenden digitalen Tools ist eine didaktische Aufgabe.

Die obigen Überlegungen berühren die Aufteilungen mathematischer und informatorischer Inhalte, was aufzeigt, dass die Informatik in Zeiten des digitalen Wandels zu einem Bestandteil der allgemeinen Bildung werden muss. Dafür ist es notwendig, bereits auf der Primarstufe eine konstruktive Grundlage zu schaffen. So ist die Empfehlung der Gesellschaft für Informatik „Kompetenzen für informatische Bildung im Primarbereich" (Best et al., 2019) ein weiterer Schritt auf dem Weg zur Etablierung der Informatik in der allgemeinen Bildung. Sie führt in ihren Empfehlungen „Kompetenzen für informatische Bildung im Primarbereich" das in Abb. 2 abgebildete Kompetenzschema auf.

Es stellen sich die folgenden Fragen:

– Welche Gemeinsamkeiten und welche Unterschiede bestehen zu den Kompetenzen in den Bildungsstandards der KMK für den Mathematikunterricht in der Grundschule?

Abb. 2 Darstellung der Kompetenzfacetten der informatischen Bildung im Primarbereich (Gesellschaft für Informatik, 2019, CC BY-NC-SA)

– Weisen die Bildungsstandards nicht explizit genannte, aber hier dargestellte Kompetenzen auf, die durch die allgemeinbildende Funktion des Mathematikunterrichts abgedeckt sind?
– Ergeben sich daraus womöglich neue Forderungen an den Mathematikunterricht?

Wie weiter oben bereits erwähnt, wird es im Zuge technischer Entwicklung immer wieder auszuhandeln sein, welche Rolle dem Mathematikunterricht bei der Entwicklung digitaler Kompetenz zukommt.

3.2 Einsatz digitaler Werkzeuge im Mathematikunterricht am Beispiel der Robotik

Die bisherigen Ausführungen legen den Einsatz programmierbarer Materialien für den Mathematikunterricht nahe. Algorithmen kommt hier eine doppelte Bedeutung zu. Sie sind sowohl mathematischer Lerngegenstand als auch Grundlage der

Programmierung der digitalen Technologien, die eingesetzt werden. Im Zusammenhang mit dem Einsatz dieser digitalen Werkzeuge im Unterricht stellt sich die Frage, nach welchen Kriterien und Prinzipien Lernaktivitäten dazu gestaltet werden können und welche Abwägungen mit Blick auf die informatischen Bestandteile getroffen werden müssen.

Die Orientierung an den Grundsätzen der Lernumgebungen im Mathematikunterricht hat sich in der Entwicklungsarbeit als günstig erwiesen. Die Arbeit mit diesen Lernumgebungen zeichnet sich dadurch aus, dass die Schülerinnen und Schüler in der Rolle der autonomen und aktiven Lernenden im konstruktivistischen Sinne gesehen werden. Die Lehrkraft ihrerseits begleitet durch effizientes Moderieren und ergänzendes Informieren dieses konstruktiven Lernprozesses. Außerdem besitzen die entstehenden Eigenproduktionen der Schülerinnen und Schüler einen großen Wert im weiteren Verlauf des Unterrichts. Diese werden u. a. analysiert, diagnostiziert und zur Weiterarbeit eingebunden. Es werden dabei das gesamte Leistungsspektrum und damit der Kompetenzerwerb aller Lernenden gefördert.

Begrifflich verstehen wir unter (digitalen) Lernumgebungen die Erweiterung substanzieller als auch guter Aufgaben. Durch einen mathematischen bzw. sachbezogenen Leitgedanken werden mehrere Teilaufgaben bzw. Arbeitsanweisungen zu einer flexiblen, großen Aufgabe zusammengefasst (Hirt et al., 2016). Neben der verbindenden Leitidee des Gegenstands und des (mathematischen) Sinns (L1) gilt es nach Wollring (2009) noch folgende Aspekte zu beachten: Artikulation, Kommunikation und Soziale Organisation (L2), Differenzierung (L3), Logistik (L4), Evaluation (L5) und Vernetzung mit anderen Lernumgebungen (L6). Wollring beschreibt die durch die Leitideen bestimmten Lernumgebungen als einen Ausformungsrahmen für Lehrende, die durch bewusste, lokale und temporäre Schwerpunktsetzungen konkrete Problemlagen angehen können (s. Abb. 5).

Wie bereits beschrieben, haben die Aufgabenstellungen innerhalb einer Lernumgebung eine besondere Bedeutung. Die sie verbindenden innermathematischen oder sachbezogenen Inhalte und Strukturen bilden einen Rahmen für den Unterricht und ermöglichen ein Lernen in unterschiedlichen Intensitäten am selben Gegenstand. Dies wird durch Aufgaben realisiert, die unterschiedliche Fähigkeiten, Lösungsideen, Strategien und Darstellungsweisen berücksichtigen. So gibt es zum Einstieg Basisaufgaben, an denen alle Schülerinnen und Schüler arbeiten. Diese werden dann im Weiteren über komplexere Aufgaben, sogenannte Rampen, erweitert, sodass leistungsstarke Lernende in die Zone der nächsten Entwicklung gelangen können (Hirt et al., 2016).

Der Leitgedanke des Umgangs mit Algorithmen und damit ein wichtiger Aspekt des *computational thinking* erfordert den bereits beschriebenen Abwägungsprozess zwischen mathematischen und informatischen Inhalten. Eben diesen Prozess haben Kotsopoulos et al. (2017) in einem pädagogischen Ordnungsrahmen dargelegt und akzentuieren dabei insbesondere die Aufgabengestaltung anhand bestimmter Erfahrungen, die bei der Bearbeitung bestimmter Aufgabentypen gesammelt werden. Ähnlich wie der Ausformungsrahmen der Lernumgebungen sind auch die vier Erfahrungen zur Förderung des *computational thinking* im Konstruktivismus verankert. Diese Erfahrungen werden aufsteigend nach ihrer Komplexität kurz vorgestellt, was aber in der Praxis nicht bedeutet, dass immer alle Aufgabentypen linear nacheinander durchlaufen werden müssen. Es kann gesprungen und kombiniert werden.

- Der erste Aufgabenbereich, bei dem Erfahrungen durch die Auseinandersetzung mit Materialien ohne digitale Unterstützung gemacht werden, wird *unplugged* genannt (s. Abb. 3).
- Auf der Stufe des *tinkering* werden durch Basteln und Experimentieren bestehende Objekte unter der Frage „Was, wenn …?" modifiziert (s. Abb. 4, use und modify).
- Im dritten Aufgabentyp schließen sich Erfahrungen des *making* an. Hier stehen Aktivitäten im Mittelpunkt, die neue Objekte schaffen (s. Abb. 4, create).

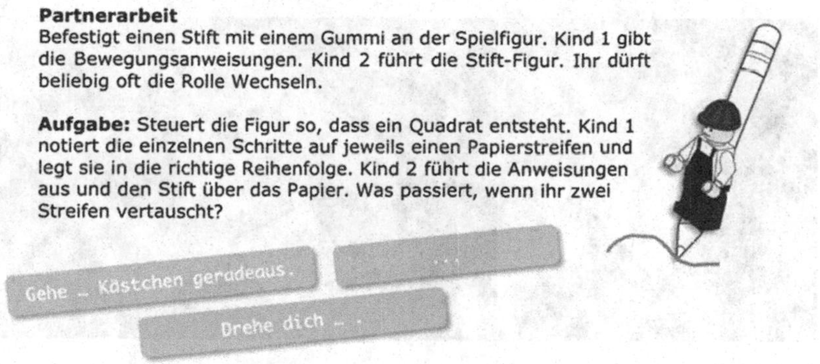

Partnerarbeit
Befestigt einen Stift mit einem Gummi an der Spielfigur. Kind 1 gibt die Bewegungsanweisungen. Kind 2 führt die Stift-Figur. Ihr dürft beliebig oft die Rolle Wechseln.

Aufgabe: Steuert die Figur so, dass ein Quadrat entsteht. Kind 1 notiert die einzelnen Schritte auf jeweils einen Papierstreifen und legt sie in die richtige Reihenfolge. Kind 2 führt die Anweisungen aus und den Stift über das Papier. Was passiert, wenn ihr zwei Streifen vertauscht?

Gehe _ Kästchen geradeaus.

Drehe dich _ .

…

Abb. 3 Beispiel einer unplugged-Arbeitsanweisung, die den algorithmischen Charakter von basalen Konstruktionsbeschreibungen zeigt

Aufgabenstellung: Wie musst du die Programmierblöcke anordnen, damit der Dash ein Quadrat mit einer Seitenlänge von 40 cm zeichnet? *Versetze dich in den Roboter hinein, um herauszufinden, wie er fahren muss. Erinnere dich dabei, welche Eigenschaften ein Quadrat hat. Überprüfe deine Programmierung, indem du Dash mit dem Sketch-Kit fahren lässt und die Seitenlängen nachmisst.*

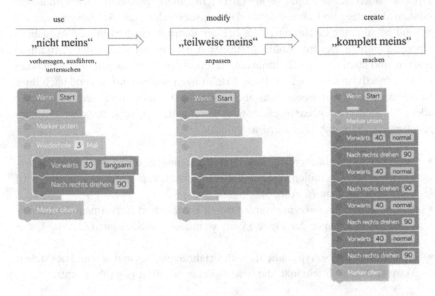

Abb. 4 Stufen des Scaffolding beim Programmierenlernen (Eigene Darstellung)

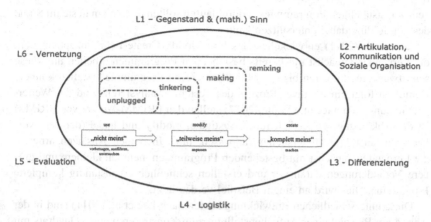

Abb. 5 „Balanced Scorecard" (dt.: „ausgewogene Bewertungstafel"; Wollring, 2009) für Lernumgebungen mit dem Fokus Algorithmen & Programmieren

- Die komplexesten Erfahrungen ermöglicht das *remixing*. Dabei werden (Teil-)Objekte zur Verwendung in anderen Objekten sowie für andere Zwecke modifiziert und eingesetzt.

Wie bei den „traditionellen" Lernumgebungen, zeichnen sich auch die um Elemente des *computational thinking* erweiterten Lernumgebungen durch das Gestalten von mehr oder weniger eigenen Produkten aus. Diese Elemente können sowohl mit konkreten Materialien, etwa mit Lego WeDo, Dash, Ozobot, mTiny etc., als auch virtuell, zum Beispiel mit Programmiersoftware/-simulationen wie Scratch oder MakecodeCalliope realisiert werden. Die selbstständigen Tätigkeiten des „Neu-Erfindens" bzw. des Experimentierens führen dazu, dass das Erarbeitete als etwas Eigenes angesehen wird. Dies bietet dann im weiteren Verlauf die Möglichkeit, dass auf dieser Basis ergänzende Informationen bzw. Konventionen durch die begleitende Lehrkraft oder erfahrene Peers eingebracht und durch die Lernenden angenommen werden können, ohne dass das Eigene dabei verloren geht (Hirt et al., 2016; Kotsopoulos et al., 2017).

Neben der Konzentration auf bestimmte Aufgabentypen lohnt es sich Ansätze zu betrachten, die die Handlungen der Lernenden während des Programmierens im Sinne von Entwicklungsschritten in den Mittelpunkt stellen. Im Kontext der Informatikdidaktik untersuchen sowohl Lee et al. (2011) als auch Sentance und Waite (2017), welche Entwicklung die Schülerinnen und Schüler auf dem Weg zum selbstständigen Programmieren durchlaufen sollten und wie man sie im Sinne des Scaffolding dabei unterstützen kann.

Lee et al. (2011) entwickelten das Use-Modify-Create-Lehrkonzept, in dem die Lernenden zunächst mit bereits bestehenden Programmen arbeiten und diese schrittweise modifizieren bis sie schließlich eigene Programme erstellen können. Daraufhin folgt ein iterativer Prozess des Testens, Analysierens und der Weiterentwicklung. Sentance und Waite (2017) stellen den PRIMM-Ansatz vor. PRIMM ist die Abkürzung für predict, run, investigate, modify und make (deutsch: vorhersagen, ausführen, untersuchen, anpassen, tun). In beiden Ansätzen arbeiten die Lernenden zunächst mit bestehenden Programmen, nehmen kleinere und größere Veränderungen daran vor und erstellen schließlich eigenständig komplette Programme. Dies wird an einem Beispiel verdeutlicht:

Diese unterschiedlichen Entwicklungsstufen nach Lee et al. (2011) sind in der Abb. 4 am Beispiel einer Aufgabenstellung zum Konstruieren eines Quadrats mit dem Dash-Roboter dargestellt. Auf der Use-Stufe wird eine fehlerhafte Vorlage gegeben, die zum Auffinden einer geeigneten Lösung nachgebaut, gelesen und auf Fehler untersucht werden muss. Auf der Modify-Stufe gibt es eine stumme Vorlage, die zwar einen Rahmen vorgibt, der nachgebaut werden kann, aber die Leerstellen noch gefüllt werden müssen oder auch durch weitere Blöcke ergänzt werden können. Auf der Create-Stufe wird eine Schülerinnen-Lösung gezeigt, die ganz ohne eine Vorlage in der Erstellung ausgekommen ist.

Allen Stufen ist gemein, dass die Programme immer wieder mittels des Roboters abgespielt werden können, um so den eigenen Arbeitsstand zu überprüfen. Je nach Umfang der Hilfestellung im Sinne des Scaffoldings werden die Aufgaben in unterschiedlichen Stellen im pädagogischen Orientierungsrahmen nach Kotsopoulos et al. (2017) verortet. Dies zeigt, dass auch diese mathematisch-informatischen Lernumgebungen, wie ihre analogen Gegenstücke, die gesamte Begabungsbreite der Lernenden abdecken können, sodass jede Schülerin bzw. jeder Schüler in einer leistungsangemessenen Entwicklungszone arbeiten und Erfahrungen sammeln kann (s. Abb. 5).

Die obigen Beispiele bestätigen die Einschätzung von Tietze et al. (1982, 42 f.) und Ziegenbalg (2015), dass der Mathematikunterricht besonders geeignet ist, die Bedeutung der Algorithmen zu thematisieren. Insbesondere sind sie hilfreich bei der Integration elementarisierter „Computer-Werkzeuge" in den Mathematikunterricht der Primarstufe. So wird eine lange Tradition, die über Jahrhunderte hinweg bestand, auf einer weiteren Ebene fortgeführt. Es besteht so die Hoffnung, dass vor diesem Hintergrund vonseiten Gesellschaft und Medien ein angemessen präziser Sprachgebrauch gepflegt wird und Schlagzeilen wie „Algorithmen als neue Weltsprache" (Süddeutsche Zeitung, 22. Juli 2014) in ihrer Ungenauigkeit erkannt werden. Aus mathematikdidaktischer Perspektive bietet die fundamentale Idee des Algorithmus jedenfalls weiterhin eine Herausforderung für den Mathematikunterricht der Primarstufe, bei der Weiterentwicklung der aktuellen und künftigen digitalen Werkzeuge für das Lehren und Lernen.

Literatur

Best, A., Borowski, C., Büttner, K., Freudenberg, R., Fricke, M., Haselmeier, K., Herper, H., Hinz, V., Humbert, L., Müller, D., Schwill, A. & Thomas, M. (2019). *Kompetenzen für informatische Bildung im Primarbereich.* Gesellschaft für Informatik e.V. https://dl.gi.de/bitstream/handle/20.500.12116/20121/61-GI-Empfehlung_Kompetenzen_informatische_Bildung_Primarbereich.pdf?sequence=1&isAllowed=y. Zugegriffen: 20. Nov. 2020.

Bruner, J. (1976). *The process of education.* Harvard University Press.

Chabert, J.-L. (1999). Algorithms for arithmetic operations. In J.-L. Chabert (Hrsg.), *A history of algorithms. From the pebble to the microchip* (S. 7–48). Springer.

Deschauer, S. (1992). *Das zweite Rechenbuch von Adam Ries.* Vieweg.

Eilerts, K., & Huhmann, T. (2018). Ein interdisziplinäres Projekt zur Entwicklung und Erforschung digital unterstützter Lehr-Lernumgebungen für den Inhaltsbereich Raum und Form im Mathematikunterricht der Primarstufe. In Fachgruppe Didaktik der Mathematik der Universität Paderborn (Hrsg.), *Beiträge zum Mathematikunterricht 2018* (S. 497–500). WTM-Verlag.

Ernest, P. (2015). Postmodern mathematics. In *The Proceedings of the 12th International Congress on Mathematical Education* (S. 605–608). Springer.

Führer, L. (1997). *Pädagogik des Mathematikunterrichts: eine Einführung in die Fachdidaktik für Sekundarstufen.* Vieweg.

Heymann, H. W. (2013). *Allgemeinbildung und Mathematik.* Belz.

Hirt, U., Wälti, B., & Wollring, B. (2016). Lernumgebungen für den Mathematikunterricht in der Grundschule: Begriffsklärung und Positionierung. In U. Hirt & B. Wälti (Hrsg.), *Lernumgebungen im Mathematikunterricht – Natürliche Differenzierung für Rechenschwache bis Hochbegabte* (S. 12–14). Klett I Kallmeyer.

Kerckhoff, A. (1883). La cryptographie militaire. *Journal Des Sciences Militaires, 9,* 5–38.

Kotsopoulos, D., Floyd, L., Khan, S., et al. (2017). A pedagogical framework for computational thinking. *Digital Experiences in Mathematics Education, 3,* 154–171. https://doi.org/10.1007/s40751-017-0031-2

Krauthausen, G. (2012). *Digitale Medien im Mathematikunterricht der Grundschule.* Springer-Spektrum.

Lee, I., Martin, F., Denner, J., Coulter, B., Allan, W., Erickson, J., Malyn-Smith, J., & Werner, L. (2011). Computational thinking for youth in practice. *ACM Inroads, 2,* 32–37. https://doi.org/10.1145/1929887.1929902

Lyotard, J.-F. (1984). *The postmodern condition: A report on knowledge.* Manchester University Press (French original published by Les Editions de Minuit, 1979).

Möller, R. (2002). Gibt es Mathematik im Rest der Welt? In J. Roth & J. Ames (Hrsg.), *Beiträge zum Mathematikunterricht 2014, Band 2: Beiträge zur 48. Jahrestagung der Gesellschaft für Didaktik der Mathematik vom 10. bis 14. März 2014 in Koblenz* (S. 819–822). WTM Verlag für wissenschaftliche Texte und Medien Münster.

Napier, J. (1614). Mirifici logarithmorum canonis descriptio ejusque usus in utraque trigonometria etc. Edinburgh 1614. https://archive.org/details/mirificilogarit00napi

O'Neil, C. (2016). *Weapons of math destruction: How big data increases inequality and threatens democracy.* Crown.

Roberge, J., & Seyfert, R. (2017). Was sind Algorithmuskulturen? In R. Seyfert & J. Roberge (Hrsg.), *Algorithmuskulturen. Über die rechnerische Konstruktion der Wirklichkeit* (S. 7–40). transcript.

Russell, B. (1903). *The principles of mathematics.* Cambridge. Chapter X online: http://fairuse.org/bertrand-russell/the-principles-of-mathematics/s106

Saake, G., & Sattler, K.-U. (2010). *Algorithmen und Datenstrukturen.* dpunkt.

Schweiger, F. (1992). Fundamentale Ideen: Eine geistesgeschichtliche Studie zur Mathematikdidaktik. *Journal Für Mathematik-Didaktik, 13*, 199–214.

Sentance, S. & Waite, J. (2017). PRIMM: Exploring pedagogical approaches for teaching text-based programming in school. In *WiPSCE '17: Proceedings of the 12th Workshop on Primary and Secondary Computing Education* (S. 113–114). https://doi.org/10.1145/313 7065.3137084

Tietze, U. P., Klika M., & Wolpers H. (1982). Begriffs- und Regellernen. In U.-P. Tietze, M. Klika, & H. Wolpers (Hrsg.), *Didaktik des Mathematikunterrichts in der Sekundarstufe II* (S. 32–48). https://doi.org/10.1007/978-3-322-91103-2_2

Winter, H. (1996). Mathematikunterricht und Allgemeinbildung. *Mitteilungen Der Gesellschaft Für Didaktik Der Mathematik, 61*, 37–46.

Witzke, I., & Hoffart, E. (2018). 3D-Drucker: Eine Idee für den Mathematikunterricht? Mathematikdidaktische Perspektiven auf ein neues Medium für den Unterricht (Preprint).

Wollring, B. (2009). Zur Kennzeichnung von Lernumgebungen für den Mathematikunterricht in der Grundschule. In A. Peter-Koop, G. Lilitakis, & B. Spindeler (Hrsg.), *Lernumgebungen – Ein Weg zum kompetenzorientierten Mathematikunterricht in der Grundschule* (S. 9–23). Mildenberger.

Ziegenbalg, J. (2015). Algorithmik. In R. Bruder, L. Hefendehl-Hebeker, B. Schmidt-Thieme, & H.-G. Weigand (Hrsg.), *Handbuch der Mathematikdidaktik* (S. 303–329). Springer.

Gleichgewicht „Invention – Konvention": Versuche mit dem Rhombendodekaeder

Gerhard Stettler

1 Traditionen im Mathematikunterricht reflektieren und erweitern

Der Würfel hat im Geometrieunterricht der Grundschule eine Vorrangstellung. Aufgaben zum Thema Würfelbauten sind bekannt. Gäbe es andere Körper, die sich für den Geometrieunterricht in der Grundschule eignen würden? Im Mathematikum in Giessen konnte ich mit vielen Rhombendodekaedern bauen. Dabei erlebte ich, wie mit diesem Körper der Raum lückenlos gefüllt werden kann. Das faszinierte mich. Wäre das Rhombendodekaeder eine Alternative zum Würfel im Geometrieunterricht?

Wenn wir uns einen Würfel vorstellen und diesen skizzieren, zeigt ihn die perspektivische Darstellung meistens auf einer Seitenfläche stehend. Dass viele Menschen sich den Würfel als stehenden Körper vorstellen, ist auch in den Traditionen des Mathematikunterrichts der Schule begründet. Als Ausgangspunkt raumgeometrischer Betrachtungen wählte Schatz (2008) einen anderen Ansatz: Er hängte den Würfel an einer Ecke, an zwei oder vier Ecken auf. Dadurch prägt sich im Hirn ein anderes Bild von diesem Körper ein. Schatz spricht in diesem Zusammenhang von „Formfühlen" (Schatz, 2008).

Ich finde, dass Bernd Wollring mit der Forderung nach einem Gleichgewicht von Invention und Konvention im Mathematikunterricht hohe Anforderungen an die Lehrpersonen stellt (Wollring, 2007). Er versteht die Invention als Neu-Erfinden von Bestehendem. Diese Definition kann auch erweitert gesehen werden, indem das Erfinden von etwas Neuem angestrebt wird. In diesem Sinn will ich in

G. Stettler (✉)
Langnau im Emmental, Bern, Schweiz

© Springer Fachmedien Wiesbaden GmbH, ein Teil von Springer Nature 2022
K. Eilerts et al. (Hrsg.), *Auf dem Weg zum neuen Mathematiklehren und -lernen 2.0*,
https://doi.org/10.1007/978-3-658-33450-5_13

den Versuchen auch Neues suchen. Ob dabei Ideen für den Mathematikunterricht entstehen?

Bei meinen Arbeiten mit dem Rhombendodekaeder lasse ich mich vom Vorgehen von Gübeli und Wick (2006) zu Inventionen inspirieren. Die Erfinder von geometrischen Spielobjekten fanden mit dem Entstehungsprinzip ihrer „Platten-Bausteine" Wege zu neuen Puzzle-Experimenten: Sie zerlegten die vier Rhomboeder des Rhombendodekaeders in 32 kleine Rhomboeder. Diese setzten sie zu verschiedenen Platten-Bausteinen zusammen, die sie beim Erfinden neuer Rhombendodekaeder-Puzzles nutzten (Gübeli & Wick, 2006). Das Prinzip Zerlegen-und-neu-Zusammensetzen dient bei meinen Versuchen als Orientierung.

2   Fragen zur Produktion und erste Erfahrungen

Weil die aus weichem Kunststoff gegossenen Rhombendodekaeder im Mathematikum Giessen speziell für die Ausstellung gefertigt wurden und nicht verkauft werden, beginne ich zu Hause zu überlegen, wie ich diese Körper selber aus Holz zuschneiden kann. Ich erwarte, dass ich mit Holz präzisere Kanten und schönere Flächen erreichen kann als es mit dem Guss des weichen Kunststoffs möglich ist. Rhombendodekaeder und seine Zerlegungskörper, Rhomboeder, regelmässige Doppelpyramiden und gerade Pyramiden, in grösserer Anzahl aus Karton zu falten, scheint mir zu aufwendig. Zudem empfinde ich gefaltete geometrische Körper eher als Hohlformen denn als feste Körper. Massgebend für die Produktion sind folgende Fragen:

- Welchen Querschnitt müssen Holzstäbe haben, um Rhombendodekaeder, Rhomboeder, regelmässige Doppelpyramiden und gerade Pyramiden an der Kreissäge abschneiden zu können?
- Welche Holzarten eignen sich, damit schöne Schnittflächen und klare Körperkanten entstehen?
- Welche Hilfseinrichtungen für die Kreissäge muss ich entwickeln, damit z. B. der Rohling beim Schneiden eines Rhombendodekaeders in der richtigen Lage gehalten wird?
- Welche Grössen sind optimal, damit einerseits die Sicherheit beim Arbeiten an der Kreissäge gewährleistet ist und sich andererseits das Bauen und Entwickeln mit den Körpern angenehm gestaltet?

Erste Überlegungen und Versuche an der Kreissäge beim Schneiden des Rhombendodekaeders und der Körper für die Umformung und die Zerlegungen zeigen, dass ein Rhombendodekaeder am einfachsten aus einem Stab mit quadratischem Querschnitt geschnitten werden kann. Besonders überraschte mich die Feststellung, dass die zwölf geraden Pyramiden eines Rhombendodekaeders aus einem Holzstab geschnitten werden können, der als Querschnitt ein gleichseitiges Dreieck hat. Die Versuche an der Kreissäge zeigten weiter, dass sich vor allem dichte, feinfaserige Hölzer für schöne Schnittflächen und klare Körperkanten eignen, z. B. Nussbaum, Rotbuche und Douglasie. Um aus den bestehenden Körpern Neues entstehen zu lassen, entwickelte ich spezielle Einrichtungen, um an der Kreissäge u. a. gerade Pyramiden produzieren zu können. Für die Körper der Umformung wählte ich einen Würfel mit der Seitenlänge 6 cm. Alle anderen Körper passte ich dieser Grösse an. So konnte ich sie beim Zuschneiden gut und sicher halten.

3   Konventionen

Die Versuche mit dem Rhombendodekaeder beginne ich mit Bekanntem: Ich kenne eine Umformung (Kap. 3.1) und drei Zerlegungen (Kap. 3.2). Über die Konvention fand ich den Weg zu Inventionen (Kap. 4).

3.1   Umformung

Werden sechs quadratische Pyramiden eines Würfels nach aussen gedreht und an die Würfelflächen gesetzt, entsteht ein Rhombendodekaeder (Abb. 1).

3.2   Zerlegungen

Ein Rhombendodekaeder kann in zwölf gleiche, gerade Pyramiden zerlegt werden (Abb. 2). Weitere Varianten von Zerlegungen führen zu sechs Doppelpyramiden (Abb. 3) oder vier gleich grossen Rhomboedern (Abb. 4).

Aus den Versuchen mit der Umformung und den Zerlegungen entstand ein Bausatz: 1 Rhombendodekaeder, 1 Würfel und die 6 quadratischen Pyramiden, die diesen Würfel ergeben, 24 gerade Pyramiden, 12 regelmässige Doppelpyramiden sowie 8 Rhomboeder ergeben zusammen das Achtfache Volumen des ursprünglichen Rhombendodekaeders (Abb. 5). Die Körper werden in einem Rhombendodekaeder aus Sperrholz aufbewahrt (Abb. 6).

Abb. 1 Vom Würfel zum Rhombendodekaeder (Fotos: G. Stettler)

Abb. 2 Zerlegung eines Rhombendodekaeders in 12 gerade Pyramiden (Fotos: G. Stettler)

Abb. 3 Zerlegung eines Rhombendodekaeders in 6 regelmässige Doppelpyramiden (Fotos: G. Stettler)

Abb. 4 Zerlegung eines Rhombendodekaeders in 4 Rhomboeder (Fotos: G. Stettler)

Abb. 5 Ein Bausatz aus
Umformungs- und
Zerlegungskörpern des
Rhombendodekaeders
(Foto: G. Stettler)

Abb. 6 Der Bausatz
verpackt in einem
Rhombendodekaeder aus
Sperrholz (Foto: G. Stettler)

4   Inventionen

4.1   Bestehendes zerlegen und neu zusammensetzen

Orientiert an den Puzzle-Experimenten von Gübeli und Wick (2006) halbierte ich gerade Pyramiden eines Rhombendodekaeders entlang der kurzen Kanten (Abb. 7). Die besonderen Tetraeder nenne ich Elemente. Spielerisch suchte ich Möglichkeiten die Elemente zu neuen Bausteinen für ein Rhombendodekaeder-Puzzle zusammenzusetzen. Mit Malerabdeckband lassen sich mehrere Elemente provisorisch zu unterschiedlichen Bausteinen verbinden. Drei Elemente zusammengesetzt, nenne ich Drilling. Als Bedingung legte ich fest, dass alle Bausteine eines Puzzles die gleiche Form haben müssen. Ob sich die Bausteine zum Puzzeln eignen, prüfte ich in einem nächsten Versuchsschritt. Ich baute Modelle. Dafür brauchte ich einen grossen Vorrat an Elementen.

Durch den Bau von Puzzle-Modellen fand ich heraus, dass mit den Drillingen und Vierlingen verschiedene, unterschiedliche Bausteine zusammengesetzt werden können. Die Puzzle-Modelle aus Drillingen und Vierlingen rutschten beim Bauen immer wieder auseinander. Ich entwickelte deshalb einen Baugrund, der den Bausteinen Halt gab, sodass das Puzzle nicht auseinanderfiel (Abb. 8).

Nachdem ich Bausteine mit drei und mit vier Elementen gefunden hatte, die sich zum Bau eines Rhombendodekaeders-Puzzles eignen, begann ich Sechslinge zusammenzusetzen. Da erlebte ich eine Überraschung: Es gibt unter den Bausteinen aus sechs Elementen konkave Formen, die beim Zusammensetzen des Modells ineinandergreifen. Ein Puzzle aus drei Achtlings-Bausteinen hält in sich zusammen. Wenn jeder Baustein aus einer anderen Holzart gefertigt wird, können die Muster besonders gut erkannt werden (Abb. 9, siehe auch Kap. 4.2).

Abb. 7 Die gerade Pyramide entlang der kurzen Kanten halbiert ergibt 2 besondere Tetraeder (Disphenoid) mit je 4 gleichschenkligen, kongruenten Dreiecken als Seitenfläche (Foto: G. Stettler)

Abb. 8 Ich verleimte
Rhomben aus Sperrholz zu
einem Baugrund, sodass die
Puzzle-Modelle nicht
auseinander rutschten (Foto:
G. Stettler)

Abb. 9 Die Muster lassen sich besser erkennen, wenn verschiedene Holzarten verwendet werden, hier ein Puzzle aus gleichen Sechslingen (Fotos: G. Stettler)

4.2   Herausforderung Invention

Inventionen sind herausfordernd. Die Erfahrungen mit Würfeln lassen sich beim Bauen mit schrägen Körpern kaum nutzen. Die Formen, die entstehen, sind sehr anders und das Bauen führt zu ungewohnten Bildern und geometrischen Zusammenhängen. Wiederholt verglich ich neu zusammengesetzte Körper und stellte erst nach mehrmaligem Hinschauen fest, dass einer anders ist.

Das raumgeometrische Muster der konkaven Bausteine im Puzzle konnte ich manchmal nur schwer erkennen, weil alle Elemente aus der gleichen Holzart gefertigt waren. Aus diesem Grund produzierte ich Elemente aus verschiedenen Holzarten. Mit den verschieden farbigen Bausteinen gelang es mir viel leichter, das Muster zu erkennen.

Dem Dokumentieren messe ich im Unterricht grosse Bedeutung zu. Schülerinnen und Schüler, aber auch Lehrerinnen und Lehrer schaffen sich damit und in Kombination mit den Modellen ihre ganz persönlichen Orientierungshilfen. Es zeigte sich, dass sich Zeichnen als bewährte Methode zur Darstellung von Würfelbauten kaum zur Darstellung meiner Modelle eignet. Deshalb sind aus meiner Sicht die Modelle die Dokumentation. Skizzen und Pläne erübrigen sich. Auch Modelle, die dokumentieren, dass ich mich geirrt habe, behalte ich. Es sind wichtige Objekte, um zu einem späteren Zeitpunkt den Einstieg ins Bauen rasch wiederzufinden.

Das spielerische Entwickeln der Bausteine und Modelle inspiriert immer wieder zu neuen Ideen. Das kann auch ablenken. In der Invention scheint es mir wichtig, Strategien zu entwickeln, wie Einfälle zur Seite gestellt werden können, um eine Idee weiter zu vertiefen.

4.3   Produktion

Ich bin der Meinung, dass ein Modell einer Erfindung anschliessend sorgfältig als Puzzle produziert werden soll. Diese besondere Wertschätzung der Erfindung eines Schülers oder einer Schülerin unterstreicht die Wichtigkeit des Erfindungsprozesses. Das Kind wird seine selbst hergestellte Erfindung kaum aus der Hand geben und das Erfinden wird sich tief in seiner Erinnerung festsetzen.

Die Produktion kann zudem ein weiterer Lernschritt sein. Dies zeigte sich, als ich eines meiner Puzzle-Modelle produzierte: Vor der Produktion betrachtete ich die Bausteine nochmals genau und überlegte, wie ich sie speditiv herstellen könnte. Dabei erkannte ich, dass konvexe Formen als ganzes Stück geschnitten werden können (Abb. 10). Auch die konkaven Bausteine müssen nicht zwingend aus einzelnen Elementen zusammengesetzt werden. Es ist möglich, sie aus konvexen Mehrlingen zu verleimen.

Wenn für die Produktion verschiedene Hölzer verwendet werden, entstehen kleine Kostbarkeiten (Abb. 11).

5   Brückenschlag in den Mathematikunterricht

5.1   Ein Rhombendodekaeder-Puzzle erfinden

Ein Kind muss keine besonderen Voraussetzungen mitbringen, um ein Rhombendodekaeder-Puzzle erfinden zu können. Entscheidend ist, ob die Lehrkraft dem Kind das Erfinden zutraut und mit einer Invention ein Gleichgewicht zu den Konventionen des Geometrieunterrichts sucht. Invention braucht Musse.

Abb. 10 Das Modell links aus vier Elementen (Vierling) kann, wie auf dem rechten Foto dargestellt, als ein Stück hergestellt werden (Fotos: G. Stettler)

Abb. 11 Ein dreiteiliges Rhombendodekaeder-Puzzle produzierte ich nach einem Modell aus Holz des Lederhülsenbaums, des Nussbaums und des Maulbeerbaums (Fotos: G. Stettler)

Unter Zeitdruck werden Kinder kaum in diese für sie wahrscheinlich unbekannte Formenwelt eintauchen können. Es wird nicht alles auf Anhieb gelingen. Dies ist ein wichtiger Teil des Lernprozesses. Kinder ertragen einen eigenen Irrtum, wenn sie ihn selber bemerken. Sie schöpfen daraus Mut, die Modelle zu verändern, bis ein Puzzle stimmt.

Bei diesem Anpassen, Umbauen, Vergleichen, Kontrollieren nehmen die Kinder die Elemente und Bausteine wiederholt in die Hand, drehen sie in die passende Lage und verkleben sie neu. Die Wiederholung gibt den Kindern Routine im Umgang mit den schrägen Körpern. Dies wiederum stärkt sie beim

Suchen einer Puzzle-Erfindung. Das Handeln verändert das motorische Gedächtnis des Kindes und prägt sein Raumvorstellungsvermögen nachhaltig (vgl. dazu das Kapitel von Dr. med. Lorenz Luginbühl „Zur Neurobiologie des Gleichgewichts ‚Invention – Konvention': Desiderata eines Entwicklungsneurologen an die Matehematikdidaktik").

Ich schlage vor, den Beginn des Erfindungsprozesses eines Puzzles nicht an Bedingungen zu knüpfen. Das Kind kann sich seine Rahmenbedingungen selber festlegen. Als Grundhaltung empfehle ich die Äusserung des englischen Mathematikers John H. Conway: „Nach unserer Meinung ist ein Puzzle gut, wenn es einfache Teile hat, aber schwierig zu lösen ist. Mit vielen komplizierten Teilen kann natürlich jeder ein schwieriges Puzzle zuwege bringen; aber wie muss man es anstellen, aus wenigen einfachen Stücken ein ganz schwieriges Puzzle zu machen?" (Berlekamp et al., 1985, S. 42) Zentral ist die Aussage, dass das Erfinden eines Puzzles auch mit einfachen Teilen anspruchsvoll sein kann.

5.2   Spielen

Ein Rhombendodekaeder-Puzzle erfinden kann als Tun mit definiertem Ziel verstanden werden. Dies kann einschränken. Ein anderer Zugang zur Geometrie der hier beschriebenen Körper könnte über das Spielen erfolgen. Der Begründer des Kindergartens, Friederich Fröbel propagierte, dass Neuem spielerisch begegnet werden soll. Habenstreit beschrieb, dass „Freiheit" gemäss Fröbel die zentrale Voraussetzung und Regel für das Spiel ist. Die erwachsene Person ist lediglich Beobachter/Beobachterin während dem Spiel des Kindes und kann, wenn nötig, die zur Verfügung gestellten Objekte (Spielgaben) verändern oder weiterentwickeln (Habenstreit, 2014). Diesen spielerischen Zugang werde ich noch ausprobieren, indem ich Kindern einen Bausatz (Abb. 5) anbiete. Ich bin gespannt zu beobachten, was im Spiel passiert und entsteht.

6   Dank

Die Maschinenarbeiten für meine Versuche konnte ich in der Firma Iseli GmbH, in Niederhünigen (Schweiz) ausführen. Vielen Dank für das Verständnis für meine Ideen. Ich schätze die Arbeitsatmosphäre in dieser Schreinerei und danke allen Mitarbeitern für ihre wohlwollende Haltung.

Der Austausch während meiner Arbeit mit meinem langjährigen Freund Dr.med. Lorenz Luginbühl war inspirierend und bereichernd.

Maria Jakober danke ich für die Durchsicht meines Textes und für die Vorschläge zum besseren Verständnis.

Literatur

Berlekamp, E. R., Conway, J. H., & Guy, R. K. (1985). *Gewinnen: Strategien für mathematische Spiele. Bd. 4. Solitärspiele.* Braunschweig: Vieweg.

Gübeli, A., & Wick, G. (2006). *Vom Würfel zum Rhombendodekaeder.* Eigenverlag. A. Gübeli.

Habenstreit, S. (2014). *Friedrich Fröbel – Menschenbild, Kindergartenpädagogik, Spielförderung* (3. unveränderte Aufl.). Garamond Der Wissenschaftsverlag.

Schatz, P. (2008). *Die Welt ist umstülpbar. Rhythmsforschung und Technik* (3. erweiterte Aufl.). Niggli Verlag AG.

Wollring, B. (2007). Zur Kennzeichnung von Lernumgebungen für den Mathematikunterricht in der Grundschule. http://www.sinus-transfer.de/fileadmin/MaterialienIPN/Lernumgebungen_Wo_f_Erkner_070621.pdf. Zugegriffen: 26.Feb. 2020.

Zur Neurobiologie des Gleichgewichts „Invention – Konvention": Was kann die Mathematikdidaktik von Kindern mit einer Entwicklungsdyspraxie und -dyskalkulie lernen?

Lorenz Luginbühl

1 Vorwort

„Was machst Du denn eigentlich als Rentier?" fragt mich Sina. Sie hat vor vielen Jahren meine Vorlesungen in Entwicklungsneurologie gehört und ist inzwischen als Heilpädagogin und Praktikumsleiterin tätig. Glücklicherweise hat sie ihre Neugierde gegenüber der „Referenzwissenschaft" Entwicklungsneurologie nie verloren[1], und so sehen wir uns hie und da zu Fallbesprechungen.

„Ich versuche, etwas Unmögliches umzusetzen – meine Gedanken zur Bedeutung des Handelns und Erfindens im Mathematikunterricht in einem einzigen Buchkapitel unterzubringen: die zu wenig bedachte Schwierigkeit besteht darin, dass ich die Inhalte meiner Vorlesungen zu ausgewählten Grundlagen und Modellen der Neurobiologie ja nicht voraussetzen kann."

„Du hast uns ja damals erklärt, warum Du einen Teil Deines Skripts als Brief, den anderen als Zettelkasten mit kommentierten Stichworten formuliert hast, und warum Du uns in Deinen Vorlesungen von farfalla, der Heilpädagogin und von grillino, dem Entwicklungsneurologen *erzählt* hast, wenn es um Dir besonders wichtige Inhalte ging: warum greifst Du nicht auf diese Ideen zurück? Wirkt es etwa zu wenig gelehrt?" Sina hat die unangenehme Fähigkeit, mich zu durchschauen... „Du hast uns gezeigt, wie wesentlich, aber auch anspruchsvoll die

---

[1] Dies ist keine Selbstverständlichkeit. Eine „educational hostility" (Quinn, 2010) ist nicht angeboren, sondern eine gelernte Haltung („Wem gehören die Dyskalkulien?").

L. Luginbühl (✉)
Universität Freiburg, Freiburg, Schweiz

© Springer Fachmedien Wiesbaden GmbH, ein Teil von Springer Nature 2022
K. Eilerts et al. (Hrsg.), *Auf dem Weg zum neuen Mathematiklehren und -lernen 2.0*,
https://doi.org/10.1007/978-3-658-33450-5_14

sorgfältige qualitative Analyse des Problemlösens eines einzelnen Kindes ist und was man von Kindern mit Teilleistungsstörungen lernen kann."

Sinas Blick fällt auf einige Stapel sortierter Artikel und Notizen und drei Türme mit Büchern: McGilchrists „The Master and his emissary", Butterworths „The Mathematical Brain" und eine Biographie Froebels liegen obenauf.

„Denk nicht erst daran zu versuchen, all die gescheiten Texte zusammenzu-fassen: was uns Studierenden der Heilpädagogik half, waren neben den meist mit Fallbeispielen eingeführten Ideen einer entwicklungsneurologischen Perspektive auf das Kind und die Auffälligkeiten in seinen Problemlösungen, mit Hinwei-sen für Interessierte unter uns, wo mehr zu holen wäre[2] vor allem die Beispiele aus Deiner Praxis mit den Fragen, die Du uns und Dir dazu stelltest, ..."

„Meist, ohne diese alle wirklich beantworten zu können." ergänze ich. „Genau das war ein wichtiges Merkmal der Lernumgebung in Deinen Veranstaltungen; Du hast als Mediziner nie gesagt: so müsst ihr unterrichten („Neuropädagogik"), aber Du hast uns zum kritischen Nachdenken über die gängigen Wege in der Heilpädagogik und der Mathematikdidaktik angeregt (ich erinnere immer noch Deinen leidenschaftlich vorgetragenen Verweis auf Bénézets [1935] Studien) und uns gewarnt vor Wegen, welche für bestimmte Kinder notwendigerweise zum Scheitern führen."

„Und wie bringe ich all die untereinander zu verknüpfenden Themata Mathe-matik, Handeln und Erfinden, Symbole und Konventionen, Lernen und Verstehen sowie die Grundlagen der Entwicklungsneurologie in eine Reihe?"

„Die Leserin muss zuerst wissen, was eine Entwicklungsneurologin tut, wie Du dazu kamst, Dich – zum Ärger Deiner Kolleginnen an der PH Bern[3] – auch zum Thema **Mathematik**unterricht zu äussern, warum Du dem **Erfinden** im Sinne eines Erarbeitens neuer Erkenntnisse mit den Händen eine derart grosse Bedeutung beimissest und die **neuro**biologische Perspektive als relevant für die Didaktik betrachtest. Anschliessend notierst Du Deine Wunschliste an die Mathematikdidaktik."

---

[2] Anonymous (2019): „Der Mathematikdidaktik kommt die undankbare Aufgabe zu, auch unbegabten oder -motivierten Lehrkräften zu zeigen, wie unterdurchschnittlich intelligenten Kinder mathematische Kompetenzen beigebracht werden können."
   (Sina erinnerte mich an meine freche Idee, im Skript auch markierte Merksätze zum Auswendiglernen für nicht Interessierte Studenten und -erpel einzustreuen.)

[3] Frank Quinn (2010) bespricht als Mathematiker in seinem Artikel „Cognitive and Mathe-matics Education" das bereits genannte Thema der „educational hostility".

2   Chronologie einer Geschichte – eine Übersicht

Grundlage der Entwicklungneurologie ist die Annahme, dass Gedanken, Gefühle und Motive einerseits und biologische Vorgänge im Zentralnervensystem (ZNS) andererseits untrennbar miteinander verschränkt sind („strukturelle Kopplung"). Anders als der Neuropsychologe, welcher bestimmte Aspekte des Verhaltens (ability) bestimmten perzeptiven, expressiven, mnestischen und exekutiven Funktionen im Rahmen einer klassischen Einteilung (Systematik) der Kognition zuordnet, geht der Entwicklungneurologe oft von neurologischen Befunden aus, welche unmittelbar auf betroffene Strukturen des Hirns hinweisen – welche auch mit **nicht bewussten Prozessen** gekoppelt sein können. Im Wissen um die Bedeutung dieser nicht bewussten Prozesse für unser Denken erfolgt nun die Analyse primär auf der biologisch/neurophysiologischen Ebene (impairment): das Nachdenken über die Struktur und deren Funktion kann uns Aufschluss geben auch über diese „unsichtbaren", unserem Bewusstsein nicht zugänglichen Prozesse (Braitenberg, 1986).

In meiner Arbeit in der Abteilung für pädiatrische Neurorehabilitation der Universitätskinderklinik Bern mit Kindern mit ausgeprägten Störungen ihrer Motorik wurde rasch deutlich, dass diese häufig auch Beeinträchtigungen anderer Teile des Denkens und des Lernens zeigen. Diese Koinzidenz führt zur Frage, ob und was Motorik mit Denken zu tun hat: diesem Thema ist das *erste Kapitel* meiner Arbeit gewidmet. Meist enttäuschend verliefen damals allerdings meine Versuche, im Sinne einer qualitativen Analyse bestimmte Typen von Bewegungsstörungen mit definierten Arten von Lernbehinderungen zu korrelieren, dies insbesondere auch bei Kindern mit spastischen Bewegungsstörungen (infantilen Zerebralparesen, CP) einer Körperseite (Hemisymptomatik). Deutlicher erkennbar und recht gut erklärbar erwies sich immerhin der Zusammenhang zwischen beinbetonter CP (Diplegie) und den diese begleitenden Entwicklungsstörungen: bei diesen Kindern liess sich regelmässig eine Störung des Handelns beobachten, welche nicht mit der leichten Spastik im Bereiche der Hände erklärt werden konnte. Damit war mein Interesse an Störungen der Bewegungs- und Handlungs*planung*, den Dyspraxien, geweckt.

Mit der Eröffnung einer eigenen Praxis für Entwicklungneurologie 1999 wuchs der Anteil von Kindern, die mir nicht wegen offensichtlicher Auffälligkeiten in ihrer Bewegungsentwicklung, sondern wegen Schulschwierigkeiten vorgestellt wurden. In dieser neuen Patientengruppe liessen sich nun die zuvor meist ergebnislos gesuchten qualitativen Zusammenhänge gut erkennen, und es zeigte sich unter anderem, dass es mit verhältnismässig kleinem Aufwand möglich ist, bereits beim kleinen Kind verschiedene Arten von Dyspraxien zu unterscheiden (Luginbühl, 2020; Luginbühl & Loukombo, 2019): das *zweite Kapitel* enthält eine erheblich vereinfachte Darstellung der sich ergebenden Systematik. Es liess sich nun ein Muster erkennen, welches einerseits die Zuordnung bestimmter Formen minimaler Bewegungsstörungen zu einer definierten Beeinträchtigung der Praxie (1. Störung des spezifischen Gedächtnissystems für automatisierte Bewegungs- und Handlungsmuster [motor programs]; 2. Störung der perzeptiven Grundlagen des motorischen Lernens – oft einer oder mehrerer der verschiedenen Repräsentationen des Raums; 3. Störungen des Abspeicherns dieser Muster [motor learning]) ermöglichten (und erstere damit zu wichtigen diagnostischen Werkzeugen machen), andererseits fanden sich im Gespräch mit den Eltern, den Lehrkräften, den Therapeutinnen und Schulpsychologinnen der betroffenen Kinder oft unübersehbare Verknüpfungen („Komorbiditäten") mit weiteren Beeinträchtigungen der kognitiven und sozialen Entwicklung der Kinder im Sinne von umschriebenen Entwicklungsstörungen und/oder Auffälligkeiten in der Interaktion dieser Kinder mit ihren Bezugspersonen mit manchmal an eine Autismus Spektrum Störung erinnerndem Verhalten.

In diesem Aufsatz interessieren uns unter den eben erwähnten umschriebenen Entwicklungsstörungen einerseits Spracherwerbsstörungen, vor allem aber die sogenannten „umschriebenen Störungen schulischer Fertigkeiten: Dyskalkulien ICD 10 F81.2", zu denen die Mediziner unverständlicherweise auch alle Beeinträchtigungen des mathematischen Denkens (Mathematical Learning Disability MLD) zählen...).

Zwei Funde in einem verwunschenen Dubliner Buchantiquariat liessen mich später unverhofft die eben genannten Zusammenhänge besser verstehen. Brian Butterworths Hinweis auf das „number module" im linken Parietallappen in seinem Standardwerk „The Mathematical Brain" (Butterworth, 1999[4], 2019) machte klar, warum Kinder mit einer minimalen Hemisymptomatik rechts eine Dyskalkulie – eine Beeinträchtigung ihrer arithmetischen Fähigkeiten[5], nicht jedoch ihres mathematischen Denkens – zeigen; rasch war ein kleines Programm geschrieben, um bei diesen Kindern am PC mit Reaktionszeitmessungen das fehlende Subitizing (als diagnostisches Merkmal einer „echten" Entwicklungsdyskalkulie) zu finden. – George Lakoffs mit Rafael Nuñez geschriebenes Buch „Where Mathematics Comes From" (Lakoff & Nuñez, 2000) wiesen mich erstmals auf

---

[4] Im Gegensatz zu Stanislas Dehaenes triple code Modell, welches entsprechend zu erweitern wäre (Dehaene et al., 2004; Dehaene, 2010).

[5] Es kann hier nicht auf die aktuellen Theorien zur Entwicklung des Konzepts der Natürlichen Zahlen beim Kind eingegangen werden: eine kritische Übersicht zu diesem Thema findet sich zum Beispiel bei Spelke (2017).

nie bedachte Zusammenhänge zwischen Neuromotorik einerseits und Mathematik andererseits hin: im *dritten Kapitel* finden sich Hinweise zu Arbeiten von Mathematikern und Neurowissenschaftern zu dieser eindrücklichen Illustration der eingangs vertretenen These, wonach die Motorik einen herausragenden Teil nicht nur unseres konkreten, sondern auch abstrakten Denkens ausmacht (siehe indessen Barsalou et al., 2018).

Beelendende Erfahrungen in der Begleitung von Kindern mit Entwicklungsdyskalkulien, mit welchen Heilpädagoginnen nach Anleitung von als Mathematikdidaktikerinnen wirkenden „Rechentanten" (Anonymus, 2014) teils über Jahre erfolglos das Rechnen üben, motivierten mich, nach besseren Strategien zu suchen. Butterworths Verweis auf Bénézets Studien (1935[!]) wies den Weg weg vom Einstieg in die Mathematik über das Zählen und Rechnen hin zum Primat der Schulung des logischen Denkens und einer korrekten sprachlichen Formulierung der Aufgabe – bis hin zu einem Frank Wilsons Satz „Die Hand spricht zum Hirn wie das Hirn zur Hand[6] (Stettler, 2020; Wilson, 1998; Luginbühl, 2017) folgenden Ansatz, den Kindern stattdessen einen Zugang zur Mathematik über den Kompetenzbereich „Form und Raum" zu ermöglichen. Dank meinem Freund Gerhard Stettler habe ich kurz danach Bernd Wollring kennen gelernt: seine Forderung nach einem Gleichgewicht zwischen **Invention und Konvention** im Mathematikunterricht deckten sich einerseits mit den Erfahrungen Gerhards (Stettler, 2013), welcher Jugendliche mit zerstörtem Selbstwert (Mindset) bezüglich ihres mathematischen Talents (Boaler, 2016) von diesen unbemerkt beim Erfinden wunderbar Mathematik betreiben liess, andererseits erinnerten sie an Elkhonon Goldbergs (1994) These, wonach die rechte Hemisphäre alles Neue analysiert und neue Handlungsmuster generiert (Invention!), die linke jedoch (wie seit langer Zeit bekannt) Speichersysteme (z. B. das prozedurale Gedächtnis) für gelernte, vertraute Konzepte (unter ihnen automatisiert einsetzbare Handlungsmuster [motor programs]) birgt – es findet sich hier eine bemerkenswerte und, wie sich zeigen lässt, auch für die Pädagogik relevante Parallele zu Bernd Wollrings Forderung. Diese im *vierten Kapitel* notierten Sachverhalte führen uns zwanglos zur Frage, welche Rolle den Neurowissenschaften in der (nicht ausschliesslich Sonder-)Pädagogik und – im Kontext des vorliegenden Artikels – der Mathematikdidaktik zukommt, siehe hiezu das *fünfte Kapitel.*

Für den Ansatz des Erfindens im Bildungsstandard „Raum und Form"[7] des Mathematikunterrichts haben Gerhard Stettler und ich in den letzten Jahren in

---

[6] Gerhard Stettler weist in seinem Buchkapitel auf diesen Sachverhalt hin: siehe auch Berchtold et al. (2019).

[7] In der Schweiz „Kompetenzbereich 'Form und Raum'" genannt.

zahlreichen gemeinsamen Weiterbildungsveranstaltungen für Fachlehrer geworben (Stettler, 2013, 2016). Auf der Suche nach entsprechender Literatur stiess ich leider erst später bei Dougherty et al., (2010) und Sophian (2007) auf die Arbeiten V. Davidovs (wie Vigotski ein Mitarbeiter Lurijas, des Begründers der Neuropsychologie), welcher gute Argumente dafür nennt, Kinder zu Beginn ihrer Schulzeit über das Messen in die Welt der Zahlen einzuführen und nicht über das Zählen und Rechnen: drei ausgewählte Argumente der genannten Didaktikerinnen werden im *sechsten Kapitel* vorgestellt.

Das Buchkapitel schliesst mit den Desiderata des Autors.

3   logos: zur Bedeutung des Handelns

Die Sensomotorik (zu welcher nicht nur das bewusste, zielgerichtete Handeln gehört), verbindet einerseits sowohl Körper und Geist (Embodiment: Barsalou, 2016) als auch die drei Teile (Kognition, Psyche und Motivation) unseres Geistes zu einer Einheit (Luginbühl & Loukombo, 2019), andererseits ist sie ein zentraler Teil der visuellen und auditiven Wahrnehmung und stellt damit den **Kern** des Denkens, aber auch relevanter Teile der Psyche dar.

Grundlegende Konzepte wie die **Zeit,** der uns umgebende **Raum** und die **Kausalität** basieren aus neurobiologischer Sicht auf Repräsentationen von Bewegungen (eine Einführung in diesen Sachverhalt findet sich bei Gallese und Lakoff (2005)).

In der Objektwahrnehmung werden, unserem Bewusstsein nicht zugänglich, dem Mathematiker bestens bekannte Transformationen (Drehungen, zusammenfügen und auseinandernehmen) umgesetzt; diese Mechanismen stehen auch unserem Vorstellungsvermögen (Imaging) zur Verfügung.

Eine Übersicht findet sich bei Luginbühl und Loukombo (2019, Seite 7, box 2: Logos).

So lässt sich Richard Feynmans berühmter Satz „What I cannot build, I cannot understand" verstehen – mit fundamentaler Bedeutung auch für die Mathematikdidaktik: das Handeln erweist sich als Voraussetzung des **Verstehens** und damit eines nachhaltigen Lernens. (Auch die *Entwicklung* des Muster erkennenden kindlichen Zentralnervensystems ist ohne Hin und Her zwischen Tun und Wahrnehmung des Kindes (Piagets „réactions circulaires") nicht denkbar: diese hängt zwar von seiner genetisch mitbedingten Struktur (nature) und durch diese erst ermöglichten grundlegenden Funktionen des Systems ab – aber in gleichem Ausmasse eben von der (Lern-)Umgebung, in welcher das Kind gross wird (nurture)[8]: Daraus ergibt sich zwangsläufig, dass die Struktur des ZNS eine zu beachtende Variable darstellt (Embodiment) beim Versuch der Psychologen und Pädagogen, das Verstehen zu verstehen, das Denken und Lernen zu erforschen.

Nicht von ungefähr lässt Goethe deshalb Faust den Begriff des logos im Prolog des Johannesevangeliums mit „am Anfang war die Tat" übersetzen. „Tat" statt „Wort" – Handeln und Sprache: tatsächlich gibt es ja in der Struktur der beiden expressiven Funktionen eine weitestgehende Übereinstimmung – sowohl in der sprachwissenschaftlichen Analyse als auch auf der neurobiologischen Ebene (Glenberg und Gallese, 2012).

4   Dyskalkulien und Dyspraxien: schlichte „Komorbiditäten"?

Wenn dem Handeln die eben geschilderte Bedeutung zukommt und man voraussetzt, dass man aus der Analyse von Störungsbildern auch Erkenntnisse zu den entsprechenden Funktionen bei nicht betroffenen Kindern gewinnen kann[9], so muss sich unsere Aufmerksamkeit den unterschiedlichen Störungen der Bewegungs- und Handlungsplanung, den Dyspraxien zuwenden(eine ausführlichere Darstellung der Systematik der Dyspraxien findet sich bei Luginbühl und Loukombo (2019).)

Im Alltag bedienen wir uns ab Kleinkindesalter automatisierter Bewegungs- und Handlungsmuster – was uns erlaubt, mehrere Tätigkeiten gleichzeitig durchzuführen (z. B. Treppe hochsteigen, Tablett balancieren und ein Gespräch führen)

---

[8] Diese in den 30er Jahren entwickelte Idee der grossen russischen Neuro- und Entwicklungspsychologen Luria und Vigotsky wurde erst später als bio-psycho-soziales Modell in der Medizin und als Plastizität in der Neurologie anerkannt. – Gerhard Stettler weist in seiner Arbeit implizit auf den Umstand, wie wenig vertraut wir sind mit dem Konnstruieren und Zerlegen von nicht mit im rechten Winkel zueinander stehenden Flächen begrenzten Objekten – er betritt mit uns Neuland. – Die Strukturen des ZNS führen keineswegs notwendigerweise zu einer Begrenzung unseres Denkens und Vorstellungsvermögens: neuronale Netzwerke könnten ohne weiters 4D Objekte repräsentieren (Braitenberg, 1986, S. 41).

[9] zur eben genannten Voraussetzung: Zu Recht wird eine gute Evidenz zeigenden empirischen Studien, in welchen in Medizin und Pädagogik der Erfolg eines therapeutischen oder pädagogischen Weges überprüft wird, eine grosse Relevanz beigemessen. In unserer Wahrnehmung oft zu kurz kommen aber Arbeiten, aus den Beobachtungen des Vorgehens *einzelner* Kindes beim Problemlösen Schlussfolgerungen zu ziehen: diese Beobachtungen werfen nicht selten gescheite Fragen auf und führen zu neuen Ideen.

oder bei manuellen Routinearbeiten (Koziol & Lutz, 2013) an anderes zu denken: wir nennen sie motorische Programme, deren Gesamtheit entspricht unserem im prozeduralen Gedächtnis gespeicherten „Wörterbuch der Akte" (Rizzolatti & Sinigaglia, 2006). Deren Relevanz zeigt sich weiter in ihrer Verknüpfung mit unserem Wissen über Objekte, welche meist nicht primär durch ihre Form definiert sind, sondern dadurch, wozu und wie sie gebraucht werden können (man spricht von der *affordance* der betreffenden Dinge)[10]. Man beachte in diesem Kontext Timothy Gowers' Definition mathematischer Objekte: „a mathematical object *is* what it *does*" (Gowers, 2002, S. 18[11]).

Die gespeicherten Handlungsmuster erlauben durch eine durch Spiegelneuronen vermittelte Aktivierung motorischer Areale auch das Erkennen des Ziels der visuell wahrgenommenen Handlung des Gegenübers (Theory of Mind). (Die rechte Hemisphäre repräsentiert hingegen auf verschiedene Arten den Raum, welcher [zusammen mit einem ständig dynamisch nachgeführten Körperbild] eine grundlegende Variable des Handelns in neuen Situationen darstellt – darauf bleibt im Kap. 4 zurück zu kommen.)

Im folgenden werden drei ausgewählte Formen (subtypes: siehe auch Vaivre-Douret et al., 2011) von Dyspraxien aufgeführt – zusammen mit den beobachteten, sie begleitenden Entwicklungs- und Bewegungsstörungen:

a) die „echte" Entwicklungsdyspraxie als Beeinträchtigung der verschiedenen Speicherfunktionen (speichern, behalten, abrufen) des mit der linken, sprachdominanten (!) Hemisphäre strukturell gekoppelten prozeduralen Gedächtnisses begleitet minimale Bewegungsstörungen (CP) der rechten Körperseite. Betroffene Kinder lassen nicht selten eine Entwicklungsdyskalkulie erkennen, wie sie Butterworth beschreibt, sie können Zahlen nicht als Ausdruck der Kardinalität (*eine* mehrerer affordances der Zahlen) verstehen.

b) Kinder mit einer visuell räumlich perzeptiven Teilleistungsstörung lassen in einer sorgfältigen Untersuchung ihrer Neuromotorik meist eine minimale spastische Hemisymptomatik links erkennen. Sie zeigen regelmässig Schwierigkeiten in ihrem räumlichen Vorstellungsvermögen und entsprechend nicht

---

[10] Diese intermodale Verknüpfung zwischen Objekt einerseits und Handlung andererseits entspricht auf der biologischen Ebene einer dynamischen, dem Kontext angepassten Vernetzung der mit unserer mit der Objektwahrnehmung strukturell gekoppelten Neuronengruppen mit denjenigen, deren Aktivitätsmuster die Funktion des prozeduralen Gedächtnisses repräsentieren.

[11] Aus entwicklungsneurologischer und -psychologischer Sicht von Interesse sind alle Fragen zur *Entwicklung* mathematischer Kompetenzen. Diese Thematik sprengt den Rahmen dieser Arbeit. Interessierte seien auf die Arbeiten Elizabeth Spelkes (z. B. Spelke, 2017) verwiesen.

genügende Leistungen bei Arbeiten zur Geometrie. In den USA geschulte Kinderpsychologinnen würden die erhobenen neuropsychologischen Befunde einer „nonverbal learning disability NLD" zuordnen.

c) Beinbetonte Bewegungsstörungen (Diplegien) meist frühgeborener Kinder begleiten visuokonstruktive Teilleistungsstörungen (constrcuctional dyspraxias). Diplegien weisen auf eine Schädigung der weissen Substanz, der strukturellen Grundlage aller intermodalen Funktionen. Entsprechend ergeben sich für betroffene Kinder Schwierigkeiten in der Konzeptbildung, wenn diese auf multimodalen Repräsentationen (vgl. Beispiel 2 in Kap. 4) beruhen.

Unterschiedliche Schwierigkeiten im mathematischen Denken (Mathematical Learning Disabilities: siehe Karagiannakis et al., (2014)) begleiten diese neuromotorischen Auffälligkeiten – oft zusammen mit an eine Autismus Spektrum Störung ADD erinnernden Verhaltensweisen der betroffenen Kinder.

Wie sind diese Cluster zu verstehen? Könnten Dyskalkulien als Dyspraxien bestimmter Teile des mathematischen Denkens interpretiert werden?

5   Ideen der Mathematik

Hier soll nicht die zentrale Frage der Mathematikdidaktik – welches sind die zu lehrenden „fundamentals"[12] oder „big ideas" der Mathematik – angeschnitten, sondern an eine die Metaebene der Mathematik (die Philosophie der Mathematik) betreffende Idee des Mathematikers Saunders Mac Lanes, welche später von Lakoff und Nuñez ausführlicher diskutiert wurde, erinnert werden. Mein Plädoyer zur Bedeutung des Bildungsstandards „Form und Raum" vor allem am Anfang des Mathematikcurriculums folgt im sechsten Kapitel.

Mac Lane (1986, S. 35) weist darauf hin, dass alle Teilgebiete der Mathematik menschliche Aktivitäten beschreiben – und er zeigt dies anhand einer Tabelle, in welcher den formalisierten Begriffen der Mathematik einerseits die ihnen zugrunde liegenden Aktivitäten, andererseits die ihnen entnommenen Konzepte („ideas") aufgeführt sind.

Die von Mac Lane genannten Analogien sprechen für sich. Doch welche Bedeutung kommen ihnen für die Mathematikdidaktik zu? Ist es sinnvoll, die

---

[12] siehe hiezu die recht umfangreiche Liste im von der Arbeitsgruppe Cambridge Mathematics (https://www.cambridgemaths.org) zur Diskussion gestellten Arbeitspapier von Charles. I. Randall: „Big ideas and understandings as the foundation for elementary and middle school mathematics" (Randall, 2005).

grundlegende Idee der Mathematik, das Handeln, welches wie dargelegt den Kern des Verstehens darstellt, im Unterricht nicht einzusetzen?

6   Invention und Konvention – ein Gleichgewicht: die Hemisphären des Zentralnervensystems (ZNS)

Mit Gerhard Stettler verfechte ich die von Bernd Wollring vertretene geniale Idee, dass der Mathematikunterricht nicht bloss vermehrt auf Handeln basieren muss, sondern dass Kinder am besten lernen, wenn man sie zum **erfinden** ermuntert – und dass ein **Gleichgewicht** zwischen diesem Prozess des Erfindens (Wollrings **Invention**), in welchem die Handlung, wie eben gezeigt, zum Verstehen führt, und dem Vermitteln von **Konventionen** andererseits anzustreben ist: die Nützlichkeit der Konventionen (wie zum Beispiel eine klare, strenge Begrifflichkeit, Abmachungen zur Machart von Plänen) lässt sich anschliessend zum Beispiel im Rahmen der gemeinsamen Auseinandersetzung mit den unterschiedlichen Dokumentationen der Arbeit der Kinder zeigen.

Wie lässt sich die Bedeutung dieser Idee, Kinder erfinden zu lassen, aus neurobiologischer Sicht plausibilisieren oder gar begründen? Dazu lohnt zuerst ein Blick auf das auffallendste Merkmal des ZNS: seine beiden **Hemisphären.**

Die rechte Hemisphäre ist für das Lernen und die Entwicklung des Kindes wichtigere Teil des Systems („the master": McGilchrist, 2009): es ist zuständig für alles, was neu ist (Goldberg et al., 1994; Koziol & Lutz, 2013; McGilchrist, 2009). Sie ist darauf spezialisiert, all diejenigen Dinge zu erspähen (detect) und zu erkennen, welche noch unbekannt sind, nicht dem Wissen über die Welt entsprechen, unter anderem also Dinge zu bemerken, welche sich verändert, bewegt haben. Sie ist nicht nur spezialisiert darauf, Neues und Verändertes in der Umgebung zu erkennen, sondern auch, neue Dinge sich vorzustellen (Ramachandran vergleicht das virtuelle Handeln im Raum [Imaging] mit dem rückwärts laufen lassen von [hier: neuen Kombinationen von] Wahrnehmungsprozessen), neue Sachen zu konstruieren, neue Bewegungsmuster und Handlungsabläufe entstehen zu lassen – es ist die kreative Hälfte unseres Hirns und ermöglicht damit **Inventionen.**

Wenn die neuen Dinge vertraut werden (wenn sich zum Beispiel visuelle Muster zu Objekten und Lautmuster zu Begriffen verdichtet haben), entspricht dies auf der biologischen Ebene einem Speichern all dieser nun vertrauten, mit Dritten geteilten Muster und **Konventionen** im semantischen Gedächtnis. – Wenn geübte Bewegungsabläufe der Bewegungsidee entsprechen (eine beim Vorliegen auch minimaler Bewegungsstörungen oft nicht erfüllte Bedingung[13]), werden sie als motorische Programme gespeichert. Wenn Kindern beim Lernen handeln, so werden die erfolgreichen Handlungsmuster zusätzlich im prozeduralen Gedächtnis gespeichert. Beim Anwenden des Gelernten stehen entsprechend nun bereits mit Handlungskompetenzen verknüpfte Inhalte zur Verfügung[14].

Schliesslich formt sich aus dem Prozess des Erfindens eine Geschichte, welche sich erzählen lässt: ein weiteres Gedächtnissystem (das episodische Gedächtnis) wird involviert – noch mehr Redundanz entsteht.

Die Gedächtnissysteme für all diese mannigfaltigen Inhalte finden sich fast ausnahmslos in der linken Hemisphäre. – Die rechte Hemisphäre vermag uns das Neue zu präsentieren, indem sie die gegenwärtige, jetzt wahrgenommene Welt mit den bereits bekannten, in der linken Hemisphäre repräsentierten Konzepten abgleicht. Sie ermöglicht es uns entsprechend auch, bekanntes zu neuem zu fügen: *„sie ist nicht dazu da, nachzumachen (Mimesis), sondern neues zu schaffen (Poesie)"* *(nach McGilchrist, 2009[15]).*

Für die Mathematikdidaktik erscheinen mir aus entwicklungsneurologischer Sicht einige der zahlreichen weiteren Folgen der unterschiedlichen Arbeitsweise der miteinander vernetzten, sich gegenseitig hemmenden Teilsysteme der beiden Hemisphären (McGilchrist, 2009) von Bedeutung zu sein:

a) die linke Hemisphäre (im folgenden LH) erlaubt das Bilden von Kategorien aufgrund klarer Ein- und Ausschlusskriterien (das Element x gehört zur Menge y oder nicht), *die rechte Hemisphäre (RH) bildet Kategorien aufgrund von (meist unterschiedlich ausgeprägten) Ähnlichkeiten zwischen ihren Elementen: Lakoff weist nach, dass Kategorien des Alltags einerseits auch diesen Prototypeffekt zeigen (Lakoff, 1987), andererseits oft unter dessen Einfluss stehende Konzepte erkennen lassen.*

b) LH „erkennt" die Teile eines Ganzen und vermag entsprechend auch die Kardinalität einer Menge zu erfassen – als Resultat des Zählens (diskret, natürliche

---

[13] als Beispiel seien Ataxien genannt: diese Bewegungsstörung ist gekennzeichnet durch ein die Bewegung begleitendes Zittern (Tremor) und Danebengreifen (Dysmetrie): Bewegungsplan und -ausführung stimmen nicht überein: die Bedingung für das Speichern des Handlungsplans ist nicht erfüllt.

[14] vergleiche hiezu auch L. Koziols Arbeiten zum „novelty-routinization principle": Koziol und Lutz (2013).

[15] eine vergnügliche Zusammenfassung seines Buchs gibt der Autor in einem mit seinen Cartoons illustrierten Referat: https://www.matrixwissen.de/index.php?option=com_content&view=article&id=1203:iain-mcgilchrist-the-divided-brain-en&catid=302&lang=en&Itemid=763

Zahlen) oder Rechnens – oder eines Subitizings (das von B. Butterworth beschriebene „number module", welches uns kleine Mengen simultan erkennen lässt, liegt im linken Parietallappen*). RH erkennt die Gesamtheit der Teile und ihrer Eigenschaften als konkretes Ganzes und im Kontext unterschiedlicher Konzepte, Mengen werden analog messend (stetig, reelle Zahlen, das Messen erfolgt a priori nicht mit beliebiger Genauigkeit) oder im Rahmen einer Schätzung erfasst: RH ist mit dem approximativen Zahlensystem (ANS) strukturell gekoppelt. (Man beachte den das Messen ermöglichenden eleganten Zugang zu den rationalen Zahlen: messen heisst vergleichen!)*

c) LH repräsentiert den peri- und extrapersonalen Raum als (sprachlich gut fassbare) Relation zwischen Objekten und Orten (Netze, Topologie), *RH lässt den peripersonalen Raum als Ziele von Bewegungsmustern der Hände und Finger (Vektoren) entstehen [!] (Mac Lane, 1986; Rizzolatti & Sinigaglia, 2006), den extrapersonalen als Serie unterschiedlicher Karten (Topographie) und innerer Bilder.*

d) LH: Wahrscheinlichkeiten werden aufgrund einer Analyse vermeintlich nur bestehender sequentieller Muster meist falsch eingeschätzt. *RH: Wahrscheinlichkeiten werden aufgrund von beobachteten Häufigkeiten geschätzt (maximizing).*

e) LH: unter den verschiedenen Teilfunktionen der Aufmerksamkeitssteuerung kontrolliert die linke Hemisphäre allein die Funktion des Fokussierens – zum Beispiel auf bestimmte Eigenschaften eines Objekts oder auf ein einzelnes, formalisiertes Konzept – im Sinne einer Abstraktion.
RH: verschiedene Neuronengruppen der rechten Hemisphäre sind mit allen anderen Teilen der Aufmerksamkeit (z. B. [Neues, Verändertes] entdecken [!!], Verschieben der Aufmerksamkeit) strukturell gekoppelt.

f) LH: entweder die Aussage x = y oder die Aussage x ≠ y ist richtig (Logik). *RH: die beiden Aussagen müssen sich – Kontext abhängig – gegenseitig nicht zwingend ausschliessen.*

g) LH: A verursacht B: physikalisch kybernetisches Modell der Kausalität. *RH: A und B beeinflussen sich gegenseitig (systemische Sicht) (Spieltheorie?).*

Bereits aus dieser unvollständigen Aufzählung wird sichtbar, dass Systeme der linken Hemisphäre uns eine objektivistische Sicht auf die Welt erlauben, diejenigen der rechten hingegen die Welt uns auf der Basis eines erfahrungsbasierten Realismus (Lakoff, 1987, S. xv) interpretieren lassen.

Beide Hemisphären repräsentieren gleichzeitig unsere Umwelt – allerdings, wie gezeigt, in ganz unterschiedlicher Weise. Das dynamische Gleichgewicht (das „Pingpong") zwischen den beiden Repräsentationen der Welt erst ermöglicht uns eine situativ angepasste Interpretation unserer Umwelt, adaptives Verhalten und eine ungestörte Entwicklung (Lernen).

Die Entsprechungen zwischen diesen recht neuen neurobiologischen Erkenntnissen eines dynamischen Gleichgewichts zwischen dem Erkennen von Neuem und den Repräsentationen vertrauter Inhalte einerseits und der pädagogischen Forderung, Invention und Konvention müssten im Gleichgewicht stehen anderseits sind offensichtlich: die rechte Hemisphäre ermöglicht das erfindende Handeln im von ihr zu einem Grossteil repräsentierten Raum (als Grundlage für die Entwicklung das Vorstellungsvermögens, des räumlich-konstruktiven Denkens (Imaging: Kosslyn et al., 2006), die linke, der Sprache mächtig, gewährleistet den Zugang zu bekanntem Wissen und Können, aber auch zu abstrakten Konzepten.

Das Pingpong von Invention und Konvention erweist sich damit auch aus entwicklungsneurologischer Sicht als Königsweg des Lernens.

7   Educational Neurosciene – über die Zusammenarbeit

Eine aktuelle Übersicht zu diesem Thema geben die kontroversen Beiträge von Bowers (2016) und Howard-Jones et al. (2016). Ich möchte aus der klinischen Praxis und aus den in der Chronologie erwähnten gemeinsamen Fallbesprechungen hier bloss die folgenden Argumente vortragen:

Es stimmt: es bedarf vordergründig keiner neurobiologischer Kenntnisse, nicht von Entwicklungsstörungen betroffene Kinder erfolgreich zu unterrichten. Dabei bleibt allerdings unbeachtet, dass betroffene Kinder in den Regelklassen zuerst als solche diagnostiziert werden müssen. Hingegen bleibt in Kap. 8 auf die Frage nach einem Kind gerechten Mathematikcurriculum und auf die Berücksichtigung neurobiologischer Aspekte in der Gestaltung von Lehrmitteln zurückzukommen.

Indessen ist es aus der Sicht des Autors unklug und verantwortungslos, als Heilpädagogin Erkenntnisse wie die eben als Beispiele skizzierten zu ignorieren.

Unklug, weil man damit ein leistungsfähiges diagnostisches Werkzeug achtlos liegen lässt: entwicklungsneurologische Befunde ermöglichen es, in der Diagnostik gezielter vorzugehen und von den beteiligten Struktur her („bottom up") zu argumentieren – was die übliche Arbeit des Diagnostikers, vom Verhalten des Kindes auf die oft neuropsychologisch zu erklärenden Teile der Ursache dieses Verhaltens zu schliessen („top down") erheblich erleichtert und entsprechende Arbeitshypothesen plausibel stützt.

Verantwortungslos, weil man damit Gefahr läuft, für dieses Kind nicht begehbare Wege (z. B. üben, üben, üben in der Arithmetik bei einem von einer Entwicklungsdyskalkulie betroffenen Kind) zu beschreiten und damit dessen

Selbstbewusstsein noch nachhaltiger zu beeinträchtigen (Boaler, 2016). Es ist nicht nur in der Rehabilitationsmedizin wesentlich, rechtzeitig und gut begründet zwischen „frontal attack" einerseits und Kompensationsstrategie (z. B. unter Gewährung eines Nachteilausgleichs) andererseits zu wählen.

Die Antwort auf die Frage, welchen Nutzen nicht als Heilpädagogen tätige Lehrkräfte (und Autoren von Lehrmitteln) aus der Kenntnis neurobiologischer Sachverhalte ziehen können, soll nun mit zwei Beispielen illustriert werden.

Das erste Beispiel lädt ein, sich in Erinnerung zu rufen, dass das Konzept „Raum" in der neurobiologischen Wirklichkeit in *verschiedene* Entitäten zerfällt – in dem Sinne, dass mehrere (mit *unterschiedlichen* Schleifen von Neuronengruppen strukturell gekoppelte) Raumrepräsentationen in unserem Erleben zu einer Einheit werden. Kinder mit Teilleistungsstörungen lassen uns die Auswirkungen der Beeinträchtigung der Funktion einzelner dieser Systeme beobachten: Gebeten, mit vier Bausteinen eines handelsüblichen Mosaikbaukastens einige dem Kind als Bild gezeigte Muster nachzubauen, lassen Kinder mit Beeinträchtigungen räumlich perzeptiver Funktionen oft eine grosse Hilflosigkeit erkennen, (a) wie (in welcher Raumlage) sie den ersten und auch die weiteren drei Baustein hinlegen sollen, und (b) wo die drei weiteren Klötzchen gesetzt werden müssen. Dabei scheint die Aufmerksamkeit des Kindes ganz auf die kleine „Bühne" auf der Heftseite gerichtet. Diese Bühne nun ist Teil des peripersonalen Raums (siehe vorn), dessen Struktur vom betroffenen Kind nicht hinreichend erfasst wird.

Erstaunlich ist nun, wie mühelos meistens das Problem (a) gelöst wird, sobald der Untersucher einlädt, sich an Referenzpunkten ausserhalb des Arbeitsplatzes (extrapersonaler Raum) zu orientieren: „Schau, dieses Dreieck weist in die Richtung des Fensters." oder „Dieses Klötzchen kommt an diejenige Seite des ersten Würfels gelegt, welche zur Türe dieses Zimmers weist."

Das Problem (b) zeigt sich in unterschiedlicher Weise: (b1) einige der Kinder zeigen grosse Unsicherheiten, an welcher Fläche des ersten Würfels der zweite angelegt werden muss, (b2) andere lassen Zwischenräume zwischen den einzelnen Würfeln stehen.

Die Beobachtung (b1) weist darauf hin, dass die Repräsentation des relationalen, die Topologie der Teile des Objekts (hier: des aus den vier Klötzchen bestehenden quadratischen Musters) repräsentierenden Raums betroffen ist: dieses sprachlich gut fassbare (links von, rechts von, oberhalb von), im peri- und extrapersonalen Raum gleichermassen einsetzbare Raumkonzept ist mit Schleifen von Neuronengruppen der *linken,* sprachdominanten Hemisphäre gekoppelt. Entsprechend begleitet die spezifische Schwierigkeit, den Raum auf diese Weise, in Relation zu anderen Objekten zu strukturieren, sehr oft Entwicklungsdyspraxien

– und weist nicht auf eine durch die rechte Hemisphäre gewährleistete, nicht hinreichend differenziert definierte „Raumwahrnehmung". (Diesem Umstand wird in der Interpretation testpsychologischer Befunde oft zu wenig Rechnung getragen.) Daraus ergibt sich für Lehrmittel und Anschauungsmaterial zum Beispiel, dass der Einsatz verschiedener Farben sorgfältig bedacht werden sollte: lässt man die Aufrisse einiger nebeneinander stehender oder liegender Quader zeichnen zur Schulung des „räumlichen Vorstellungsvermögens", wird man mit einer Farbcodierung eine ganz andere Aufgabe gestalten als mit naturfarben belassenen Bausteinen, deren Form nun analysiert werden muss.

Lassen Sie die Kinder (zuerst gedanklich) das auf einem Holzbrett aufgebaute eben beschriebene Szenario mit den Händen drehen – oder ermuntern sie das Kind, sich vorzustellen, es gehe um die Szene herum? Zwei aus neurobiologischer Sicht ganz verschiedene Lösungsstrategien – welche wählt das Kind?

Hingegen verrät Beobachtung (b2) nicht nur die Schwierigkeiten, Abstände zwischen Objekten einzuschätzen (topographische Organisation hier des peripersonalen Raums), sondern auch den verblüffenden Sachverhalt, dass das Muster der Vorlage offenbar nicht in erster Linie als Ganzes, als Einheit gesehen wird, sondern primär als Menge von vier Teilen: dieser klinische Befund stimmt gut überein mit seit langem bekannten Forschungsergebnissen, wonach die linke Hemisphäre dazu neigt, in erster Linie (ihr bekannte) Teile eines Ganzen wieder zu erkennen, wogegen die rechte Hemisphäre primär das Ganze erfasst. Erneut erkennen wir das gestörte Gleichgewicht des Einflusses dieser beiden Rivalen um die Gunst der uns bewusst werdenden Interpretation der Umwelt.

Das zweite Beispiel bezieht sich auf natürliche Zahlen: eine verblüffende Vielfalt unterschiedlicher Codierungen für Kardinalitäten finden sich einerseits in den Ziffernsymbolen ([Dreh-]Symmetrien zählen nicht), andererseits im Dezimalsystem ([Translations-] Symmetrien sind relevant)[16]; da ist erstens der Umstand, dass aus einer 6 eine 9 wird: eine Drehung oder Punktspiegelung des Symbols lässt es für eine andere Menge stehen, zweitens die Tatsache, dass die Bedeutung des Symbols von seinem Ort im Raum (Stellenwerte lassen sich ordinal, relational oder topographisch verstehen) abhängt (Kontext ! Siehe oben.)

Ich zweifle, dass dieser Hürde in allen Lehrmitteln der Basisstufe Rechnung getragen wird.

---

[16] Es sei hier gar nicht auf die in der Literatur zu Recht vieldiskutierte Rolle der in vielen Sprachen unglücklich „gewählten" Zahlworte eingegangen.

8   Zuerst im Bildungsstandard „Raum und Form" erfinden lassen, Zahlen über das Messen einführen (V.V. Davidov)

Aufgrund der in den vorderen Kapiteln skizzierten Sachverhalte, dass

a) Handeln unerlässlicher Teil des Verstehens ist und Voraussetzung für das Imaging[17] (Kosslyn et al., 2006), den nicht sprachlichen Teil des Denkens, dass
b) das Erfinden den Königsweg des Handelns darstellt, unter anderem weil es einerseits zu konzentriertem Tun (Aufmerksamkeit), Freude und zu einer Beziehung zum erfundenen Objekt (Beziehung als Motivation, vgl. Manfred Spitzers „drei Determinanten des Lernens") führt, andererseits eine echte Anerkennungskultur im Unterricht erleichtert und über eine neue Fehlerkultur (Erfinder irren, bemerken den Irrtum, korrigieren ohne Beeinträchtigung ihres Selbstbewusstseins (Mind Set: siehe Boaler, 2016), und dass
c) Erfinden als Kombination der Konzepte „neu" und „Handeln" als mit der rechten Hemisphäre strukturell gekoppelte Tätigkeit den Voraussetzungen des Lernens am besten entspricht (F. Wilson: „Die Hand spricht zum Hirn wie das Hirn zur Hand" [Wilson, 1998; Berchtold et al. 2019]

wird hier die These aufgestellt, dass es sehr gute Gründe gibt, an den Anfang des Mathematikkurrikulums nicht die Arithmetik zu stellen, sondern Tätigkeiten im Bereiche des Bildungsstandards Raum und Form. Die gemeinsame Analyse des Erfundenen (G. Stettler, 2013, 2016) und der Darstellung des erfundenen Objekts erlaubt einen für das Kind Sinn machenden Übergang zur Konvention:

„Wie gewährleiste ich, dass wir vom Gleichen sprechen? Wie muss ich mein Werk darstellen, dass es von meinem Kollegen (re)konstruiert und produziert werden kann?".

Gerhard Stettler und ich denken zudem, dass es möglich sein müsste, in der Geometrie primär von dreidimensionalen Objekten (welchen ja nicht nur mit Froebel Gaben (Hebenstreit, 2013) beschenkte Kinder in der realen Welt zuerst begegnen) aus zu gehen; sehr viele verschiedene Wege führen von diesen zu ihrer Darstellung in der Ebene (vom Stempeln im Kindergarten mit Zylindern, aus Abwicklungen entstandene Netze oder einer Auswahl verschiedener Körper

---

[17] Der Begriff des Vorstellungsvermögens vermag nicht ganz zu überzeugen, weil er oft als mit statischen Bildern von Objekten und nicht mit Handeln im Raum konotiert ist.

über Aufrisse und Projektionen (Beutelspacher, 2015) und zum Messen von Längen (Objekt als Einheit, Abmessungen des Objekts) und weiteren Grössen aller Art. In meiner Schulstube wären nicht nur Baukästen, sondern auch Gefässe, (Zahn-)Räder, Waagen, nicht transitive Würfel und vieles mehr stets zur Hand. Davidovs Idee, Kinder mit Vergleichen und Messen in die Welt der Zahlen einzuführen, wurde von Dougherty (Dougherty, 2010) und Sophian (2007) aufgenommen: Die Autorinnen begründen überzeugend, wie Zahlen (welche als wahre Chamäleone ja – unter anderem – nicht nur für gezählte [LH] sondern auch gemessene Mengen [RH] stehen) einzuführen sind: der Leser muss hier auf die angegebene Literatur verwiesen werden. Immerhin seien im folgenden einerseits zwei der „big ideas" (modifiziert nach Dougherty et al. (2010) vorgestellt, andererseits eine der drei wesentlichsten Forderungen Sophians an ein Mathematikcurriculum notiert:

1. Zahlen können grundlegendere Ideen zum Vergleichen von Quantitäten darstellen. Quantitäten können auch verglichen werden, ohne dass ihnen numerische Werte zugeordnet werden.
2. Die Wahl von Einheiten (units) erst erlaubt es, Zahlen zum Vergleich von Mengen heranzuziehen (Einheiten entsprechen dabei nicht notwendigerweise einzelnen Objekten).
3. Beim Planen des Mathematikcurriculums ist darauf zu achten, dass die gelernten Inhalte einer Langzeitperspektive genügen (Beispiel: vom Messen aus – ganz im Gegensatz zu: vom Zählen aus – ergibt sich ein müheloser Übergang zu rationalen und reellen Zahlen (siehe auch Venenciano, 2017), vom Messen her ist früh bereits ein Einbezug von Konzepten der Algebra (Kaput et al., 2008) möglich.

9 Take Home Messages und Desiderata

Die Zusammenarbeit zwischen Pädagoginnen und Mathematikdidaktikern einerseits und Entwicklungsneurologen und – neuropsychologinnen ist unverzichtbar; sowohl in Forschung, Lehre (Ausbildung der Pädagoginnen) wie auch im Unterricht (Schule). Wenn Mathematik die Wissenschaft der *Muster* ist und das ZNS ein selbst organisierendes, *Muster* erkennendes dynamisches System, so müssen Erkenntnisse über die Interaktionen zwischen Funktion und Struktur auch für die Mathematikdidaktik von Interesse sein.

Nur ein auf seine Nachhaltigkeit (vgl. den letzten Absatz in Kap. 6) hin geprüftes, *neues* Mathematikcurriculum (konkret: **„Raum und Form"** zuerst) wird es (fast) allen Schülerinnen erlauben, Freude an Mathematik zu entwickeln und im Vertrauen auf die eigenen Ressourcen (Mindset) erfolgreich zu lernen.

Der Kompentenzbereich Raum und Form ist der ideale Raum (!), den Königsweg des Lernens zu begehen: **Inventionen** ermöglichen, Irrtümer als „productive failures" (Kaipur, 2014) zu analysieren und den Konventionen Sinn zu verleihen.

Red flags: Es gibt auch in der Mathematikdidaktik „no go areas": Das endlose Üben arithmetischer Operationen bei einem Kind mit diagnostizierter **Entwicklungs dyskalkulie** entspricht aus medizinischer Sicht einem Kunstfehler.

Yellow flags: Pädagoginnen müssen während ihrer Ausbildung mindestens in einem kurzen Crashkurs „Entwicklungsneurologie" sensibilisiert werden, Symptome einer **Dyspraxie** (wie Langsamkeit, Unaufmerksamkeit) und einer **minimalen Bewegungsstörung** (wie z. B. Zehengang, Tremor, Dysmetrie) und Muster von Komorbiditäten zu erkennen.

Es bleibt, zwei Kollegen herzlich zu danken: Gerhard Stettler für unsere langjährige Freundschaft und Zusammenarbeit, Bernd Wollring für mir unvergessliche Stunden des Gedankenaustauschs.

Literatur

Barsalou, L. W. (2016). Can cognition be reduced to action? Processes that mediate stimuli and responses make human action possible. In A. K. Engel, J. Friston, & D. Kragic (Hrsg.), *The pragmatic turn toward action-oriented views in cognitive science* (S. 81–99). Cambridge: MIT Press.

Barsalou L. W., Dutriaux L., & Scheepers C. (2018) Moving beyond the distinction between concrete and abstract concepts. *Philosophical Transactions of the Royal Society B, 373,* 20170144, 1–11. https://doi.org/10.1098/rsb.2017.0144

Bénézet, L. P. (1935). The teaching of arithmetic I, II III: The story of an experiment. *Journal of the National Education Association.* www.inference.org.uk/sanjoy/benezet/

Berchtold, L., Ghio, M., Antoch, G., Turowski, B., Wittsack, H. J., Tettamanti, M., & Bellebaum, C. (2019). How words get meaning. The neural processing of novel object names after sensorimotor training. *NeuroImage, 197,* 284–294.

Beutelspacher, A. (2015). *Wie man in eine Seifenblase schlüpft.* Beck.

Boaler, J. (2016). *Mathematical Mindsets.* Jossey-Bass.

Bowers, J. S. (2016). The practical and principled problems with educational neuroscience. *Psychological Review, 123*(5), 600–612. https://doi.org/10.1037/rev0000025

Braitenberg, V. (1986). *Künstliche Wesen. Verhalten kybernetischer Vehikel.* Vieweg.

Butterworth, B. (1999). *The mathematical brain.* Macmillan.

Butterworth, B. (2019). *Dyscalculia. From science to education.* Macmillan.

Dehaene, S. (2010). *La Bosse des maths: Quinze ans après.* Odile Jacob.

Dehaene, S., Molko, N., Cohen, L., & Wilson, A. J. (2004). Arithmetic and the brain. *Current Opinion in Neurobiology, 14,* 218–224.

Dougherty, B. J., Flores, A., Louis, E., & Sophian, C. (2010). *Developing essential understanding of number & numeration in pre-kindergarten-grade 2*. The National Council of Teachers of Mathematics.

Gallese, V., & Lakoff, G. (2005). The brain's concepts: The role of the sensory-motor system in conceptual knowledge. *Cognitive Neuropsychology, 22*(3/4), 455–479.

Glenberg, A. M., & Gallese, V. (2012). Action-based language: a theory of language acquisition, comprehension, and production. *Cortex; a journal devoted to the study of the nervous system and behavior, 48*(7), 905–922. https://doi.org/10.1016/j.cortex.2011.04.010.

Goldberg, E., Podell, K., & Lovell, M. (1994). Lateralization of frontal lobe functions and cognitie novelty. *The Journal of Neuropsychiatry and Clinical Neurosciencees., 6*, 371–378.

Gowers, T. (2002). *Mathematics. A very short introduction*. Oxford University Press.

Hebenstreit, S. (2013). *Friedrich Fröbel: Menschenbild, Kindergartenpädagogik, Spielförderung*. Garamond.

Howard-Jones, P. A., Varma, S., Ansari, D., Butterworth, B., De Smedt, B., Goswami, U., Laurillard, D., & Thomas, M. S. C. (2016). The principles and practices of educational neuroscience: Comment on Bowers (2016). *Psycholoical Revies, 123*(5), 620–627. https://doi.org/10.1037/rev0000036

Kaipur, M. (2014). Productive failure in learning math. *Cognitive Science, 38*, 1008–1022. https://doi.org/10.1111/cogs.12107

Kaput, J. J., Carraher, D. W., & Blanton, M. L. (2008). *Algebra in the early grades*. Routledge.

Karagiannakis, G., Baccaglini, A., & Papadatos, Y. (2014). Mathematical learning difficulties subtypes classification. *Frontiers in Human Neuroscience, 8*(57), 1–5. https://doi.org/10.3389/fnhum.2014.00057

Kosslyn, S. M., Thompson, W. L., & Ganis, G. (2006). *The case for mental imagery*. Oxford University Press.

Koziol, L. F., & Lutz, J. T. (2013). From movement to thought: The development of executivefunction. *Applied Neuropsychology: Child.* https://doi.org/10.1080/21622965.2013.748386

Lakoff, G. (1987). *Women, fire, and dangerous things. What categories reveal about the mind* (1990 pbk). The University of Chicago Press

Lakoff, G., & Nuñez, R. E. (2000). *Where mathematics comes from. How the embodied mind brings mathematics into being*. Basic Books.

Luginbühl, L. (2017). Handeln und hirnen. Die Arbeit mit den Händen beeinflusst unser Denken. Mehr noch: Sie macht uns eigentlich zum Menschen. *Folio (BCH), 12*, 14–17.

Luginbühl, L. (2020). *Developmental Coordination Disorder (DCD) is not a diagnosis but an invitation to make one*. Poster presentation. Developmental Medicine and Child Neurology, in press.

Luginbühl, L., & Loukombo, C. (2019). Dyspraxien und minimale cerebrale Bewegungsstörungen (CP). *Ergotherapie, 6*, 6–10.

Mac Lane, S. (1986). *Mathematics. Form and function*. Springer.

McGilchrist, I. (2009) *The master and his emissary. The divided brain and the making of the western world* (2012 pbk). Yale University Press

Quinn, F. (2010). Cognitive neuroscience and mathematics education. https://pdfs.semanticscholar.org/1150/997b6518793d64a92859973e07c1cab4da39.pdf

Randall C. (2005). Big ideas and understandings as the foundation for elementary and middle school mathematics. *Journal of Mathematics Education Leadership, 7*(3). https://www.cambridgemaths.org/Images/266726-big-ideas.pdf

Rizzolatti, G., & Sinigaglia, C. (2006). *So quell che fai. Il cervello che agisce e i neuroni specchio.* Raffaello Cortina Editore.

Sophian, C. (2007). *The origins of mathematical knowledge in childhood.* Erlbaum.

Spelke, E. S. (2017). Core knowledge, language, and number. *Language Learning and Development, 13*(2), 147–170. https://doi.org/10.1080/15475441.2016.1263572

Stettler, G. (2013). baumit I. https://docplayer.org/36855777-Baumit-i-spiel-mathematik.html

Stettler, G. (2016). baumit II. https://docplayer.org/140627554-Spiel-mathematik-gerhard-stettler.html

Stettler, G. (2020). Gleichgewicht „Invention – Konvention": Versuche mit dem Rhombendodekaeder. In K. Eilerts, R. Möller, & T. Huhmann (Hrsg.), *Auf dem Weg zum Neuen – Mathematikunterricht 2.0.*Springer.

Vaivre-Douret, L., Lalanne, C., Ingster-Moati, I., Boddaert, N., Cabrol, D., Dufier, J.-L., Golse, B., & Falissard, B. (2011). Subtypes of developmental coordination disorder: Research on their nature and etiology. *Developmental Neuropsychologym, 36*(5), 614–643. https://doi.org/10.1080/87565641.2011.560696

Venenciano, L. (2017). Early curricular eperiences with nonnumeric quantities, evidence of an enduring perspektive. *International Journal for Mathematics Teaching and Learning, 18*(2), 181–202.

Venenciano, L., & Dougherty, B. (2014). Addressing priorities for elementary school mathematics. *For the Learning of Mathematics, 34*(1), 18–24.

Wilson, F. R. (1998). *The hand how its use shapes the brain, language, and human culture.* Random House.

Printed in the United States
by Baker & Taylor Publisher Services